国家社会科学基金项目“以大数据驱动军队思想政治教育创新研究”（17BKS126）成果

U0636911

创新思维新论

李小平　程　平　李忆辛◎著

A NEW VIEW ON INNOVATIVE THINKING

科学出版社
北京

内 容 简 介

本书是作者二十多年来为研究生开设“创造学”“创新思维及其培养”课程的实践心得。针对科学主义心理学对于创新思维研究的物性化局限，本书从“人性”与“人力”、“科学”与“人文”的双重视角，以整体人性的观点对创新思维的内涵、特征、培养策略等问题进行了新的论述。本书以哲学、教育学、心理学、社会学的综合视野，反思了创新思维认识和培养中的“唯认知”“唯逻辑”倾向，揭示了创新思维及其培养中的人格因素和教育意蕴，并系统分析了创新思维形成发展的科学依据与具体方法。本书采撷梳理了科学家发明创造中的一系列优秀思维品质和特征，总结提炼了成功思考者所具有的优秀思维品质和独特方法，以期给读者带来新的启示。

本书理论性与实用性并重，可作为创新思维研究的参考文献，也可作为大学本科生和研究生创新思维培养的辅助读物。

图书在版编目（CIP）数据

创新思维新论 / 李小平，程平，李忆辛著. —北京：科学出版社，2023.8
ISBN 978-7-03-076307-5

Ⅰ. ①创…　Ⅱ. ①李…　②程…　③李…　Ⅲ. ①创造性-思维　Ⅳ. ①B804.4

中国国家版本馆 CIP 数据核字（2023）第 170742 号

责任编辑：崔文燕 / 责任校对：郑金红
责任印制：徐晓晨 / 封面设计：润一文化

科学出版社 出版
北京东黄城根北街 16 号
邮政编码：100717
http://www.sciencep.com
北京建宏印刷有限公司 印刷
科学出版社发行　各地新华书店经销
*
2023 年 8 月第　一　版　开本：720×1000　1/16
2023 年 8 月第一次印刷　印张：16 1/2
字数：300 000
定价：108.00 元
（如有印装质量问题，我社负责调换）

前　言

思维是人类最重要的高级心理活动，创新思维是人们在创造发明的社会实践过程中所体现的独特、新颖的思维品质和特性。创新思维不是远离现实生活和个体活动的抽象事物，它是融入日常工作生活的现实性思考艺术。《创新思维新论》针对科学主义心理学对于创新思维研究的物性化局限，从“人性”与“人力”、“科学”与“人文”的双重视角，以整体人性的观点对创新思维的内涵、特征、培养策略等问题进行了新的论述。笔者以哲学、教育学、心理学、社会学的综合视野，反思了创新思维认识和培养中的“唯认知”“唯逻辑”倾向，揭示了创新思维及其培养中的人格因素和教育意蕴，并系统分析了创新思维形成发展的科学依据与具体方法。本书采撷梳理了科学家发明创造中的一系列优秀思维品质和特征，总结提炼了这些成功思考者所具有的优秀思维品质和独特方法，以期给读者带来新的启示。

本书是笔者二十多年研究与实践经验的总结，书中的部分成果来源于笔者的硕士学位论文《大学数学创造性学习的心理分析》、博士学位论文《大学创造教育的理论与方法》、博士后研究报告《创造性的教育蕴涵与大学生创造性的反思》，以及笔者完成的全国教育科学规划教育部重点课题“大学生创造性发展理论与大学教学模式改革”成果。同时，本书也是笔者二十多年来为研究生开设

“创造学”“创新思维及其培养”课程的实践心得。

本书共十一章，第一至第四章主要阐述创新思维的历史演进、理论基础、内涵与特征、构成要素，回答创新思维“是什么”的问题。第五至第八章在创新思维认识的视角拓展基础上，围绕创新思维的形成过程与机理、形成发展的影响因素、创造技法，回答创新思维“如何形成”的问题。第九至第十一章基于创新思维培养的方法论思想，进行创新思维发展的理论分析和创新思维培养的现实反思。第一至第四章由李忆辛执笔。第五至第十章由李小平执笔。第十一章由程平执笔。

本书理论性与实用性并重，可作为创新思维研究的参考文献，也可作为本科生和研究生创新思维培养的辅助读物，有助于培养学生的创新思维品质和能力，希望这本书所提供的创新思维理论和方法对读者训练自己的创新思维有所帮助。

感谢科学出版社的领导和编辑，他们在书稿的选题策划、排版校对方面付出了巨大的心血。本书参考了大量文献，在此一并感谢。书中难免存在疏漏，欢迎读者批评指正。

李小平

目　　录

前言

第一章　创新思维的历史演进 …… 1

一、人类早期文化与创造性意识的起源 …… 1

二、早期哲学关于创造性的理性探索及其意义 …… 5

三、由“创造性的发现”到“创造性的物性化” …… 16

第二章　创新思维的理论基础 …… 28

一、马克思主义关于人的全面发展学说 …… 28

二、道家哲学中蕴含的创新思维 …… 35

三、创新思维的心理学基础 …… 38

第三章　创新思维的内涵与特征 …… 67

一、创新思维的概念界定 …… 68

二、创新思维的内涵理解 …… 70

三、创新思维的基本特征 …… 72

四、创新思维的案例分析 …… 76

第四章　创新思维的构成要素 …… 81

一、联想：观念的连接 …… 81

二、想象：形象的塑造 …… 84

三、灵感：“顿悟”、突发的认识 …… 87

四、直觉：非渐进、非逻辑的洞察 …… 90

第五章 创新思维认识的视角拓展……93
一、人的本质视角……93
二、人的生存状态视角……96
三、哲学史的视角……99
四、人类种系演进与个体发展视角……101
第六章 创新思维的形成过程与机理……103
一、关于创新思维形成过程的不同观点……103
二、创新思维的形成过程分析……106
三、创新思维的典型机理……108
第七章 创新思维形成发展的影响因素……112
一、知识因素……112
二、智力因素……116
三、情感因素……122
四、人格因素……126
五、动机因素……142
六、环境因素……146
第八章 创造技法……156
一、创造技法概论……156
二、头脑风暴法……164
三、集思法……173
四、检核目录法……186
五、其他创造技法……191
第九章 创新思维的方法论思想……197
一、德波诺的思维训练观……197
二、奥斯本的创造力激发思想……202

三、戈顿的创新思维开发思想……206
第十章 创新思维发展的理论分析……210
一、创新思维发展的基本目标……210
二、创新思维的新颖独特品性……216
三、创新思维的“双重超越”……218
四、创新思维发展的基本要求……221
五、“创造性人格”的人文意蕴……222
第十一章 创新思维培养的现实反思……231
一、创新思维培养的人文性偏差……231
二、创新思维培养的认识前提……234
三、创新思维培养的现实关键……238
四、创新思维培养的实践路径……240
参考文献……251

第一章　创新思维的历史演进

创新思维的历史演进体现了人类关于创造性认识的思想历程。在不同的历史和社会文化背景下，人们对于创造性的理解不尽相同。从文化发展的历史看，人类的创造观念经历了几次重大思想革命，这些演进历史体现在早期的神话、宗教和不断发展的哲学思想及文化形态之中。从历史角度考察人类创造观念的形成和发展演变进程，对于正确理解人的创造性本质是十分必要的。

一、人类早期文化与创造性意识的起源

创造性是指向改变和至臻完善的品质，是人为了更加完善而超越不完善现状的能力或特性。当人的实际境遇与其内心追求完善的冲动有差距时，人就寻求超越式的改变，打破常规，追求新颖，这就是人的创造性本性。在人类早期文化中，古老传说、神话、宗教等都反映了人们对世界的初期认识，也反照出人自身寻求超越的原始冲动。现代语境下“创造”一词的基本语义正是源自这些早期文化意识。

（一）第一个创造主体：拟人化的神

人类关于创造的观念最早显现于远古神话、宗教和以此为基础的哲学思想中。早期的东西方神话和宗教都与创造有关，这些神话与宗教都首先描述天地万物有一个造物主存在。这个造物主创造并主宰一切，其实际上是人们心目中的创造者，具有人性与人情特征，即古希腊文化中的所谓“神人同形”（anthropomorphism）的人格神。可以说，人们对于创造性的最早认识和最基本的含义就起源于这种神话和宗教。

在中国文化中，也有大量关于神创造天地万物的传说，以神为本的文化也经历了漫长的历史时期。据记载，殷代就出现了“帝”的观念，如“帝其令风”（殷墟文字乙编-3092 片）、“帝其令雨”（殷墟文字乙编-6951 片）等。“帝”能

决定风雨变化、年成好坏、战争胜负、行动吉凶等。可见，“帝”在当时的中国文化中相当于西方的上帝或神，主宰自然界和人类社会的万事万物。殷墟卜辞表明，在商代，人们对天神的崇拜几乎支配着一切思想和重大行为[①]，《礼记·表记》也有“殷人尊神，率民以事神”的记载。这种以神为主流的文化一直延续到春秋战国时期。不过，与西方文化不同的是，以神为本的文化意识并没有像在西方那样统治人们的思想达十多个世纪之久。从春秋战国时代开始的人本文化后来成为中国文化的主流，这种文化没有十分清晰的宗教情结和鬼神意识。

由于中国哲学“既不依附科学亦不依附宗教”[②]，孔子也说“敬鬼神而远之”(《论语·雍也》)，因而在中国文化历史上并没有人格神这样的创造者。如果在孔子的哲学里要找一个类似于“神”的存在的话，那就是“天”或者“天命”。但是“天”不是完全人格化的，相当于自然规律的化身，“天何言哉？四时行焉，百物生焉，天何言哉”(《论语·阳货》)。在中国文化中，“天”没有被看作拟人化的创造者。然而，自汉代儒家文化成为中国文化的主流，儒家所推崇的“圣人”实际上成为人们心目中的创造者和超越者。“圣人”虽然不是无所不为、无所不能的，但是具有常人不具备的“神性”，最显著的就是“生而知之”(《论语·述而》)。“生而知之”就超越了常人的人力，因而“圣人”具有超越性，这种人是人群中的极少数，而且大都是遥远的古人。

在西方，古希腊传说中有大量神创世界的故事，西方古代、中世纪和近代，都有哲学家认为人是由某种超自然力量创造的。古希腊神话描述了各种各样具有人格的神，这些神可以超越自然的力量而进行创造。《圣经》更是系统地描述了基督神创造世界和创造人类的历程，并认为神是无所不能、无所不知、无所不在的创造者。在基督教里，神也是有人格的，是第一个拟人化的创造者。但是，这种神已经不像古希腊神话中的那些神，而是超凡脱俗的万物主宰，是全知全能全善的创造者，与人有着根本的分离，其存在于人类不能企及的彼岸世界。比如，《圣经》中认为神是绝对的创造者，神创造了人，而且人生来有罪，即“原罪”，人作为被创造者，永远不能达到完美的神性，更不能变为上帝，因而必须服从神意、信仰上帝，才能使灵魂超越原罪而得到救赎。到中世纪，基督教成为西欧社会主要的意识形态而达到极致，神权占主导地位，人们的一切思想和行为几乎都要遵照神的旨意。按照这个逻辑，人实际上无超越性可言，人永远被创造、服从、信仰，至多是模仿神。人要想得到超越，就必须否定自己，靠上帝的启示实现超越。

---

① 杨适. 中西人论的冲突：文化比较的一种新探求. 北京：中国人民大学出版社，1991：62.

② 张岱年. 中国哲学大纲：中国哲学问题史. 北京：中国社会科学出版社，1982：82.

（二）创造性的基本意蕴：超越和赋予存在

当人类处于文化的“童年”（即神话和宗教阶段）时，人们就已经形成对创造性的初步认识。在这个文化时期，人们用创造来表征那种“赋予存在”，也就是使虚无变为实体的创举，而这种创举不同于常规的人类行为，它是一种非凡的超越，而实现这种超越的根本力量就是“创造性”。

当然，在那时人们的头脑中，对于创造性的认识是无意识的或朦胧的，并且以一种朦胧的传说、神话等形式体现出来。这一点可以从人类的文化史反映出来：世界各地和各民族尽管地理位置、风土人情、生态气候等生存条件差距甚大，但有类似的神性文化现象，即对于造物主“赋予存在”的超越性举动的赞颂，这实际上反映了人们对于创造性朦胧的认识。正是这种朦胧的认识成为之后人类创造性观念形成的基础。

那么，谁拥有这种创造性？在先民看来，具有这种超越万物之品性和能力的主体是其心目中无所不能的神或者神性的化身。西方从古希腊至中世纪的文化中，这种意识十分清晰，神作为万物的创造者，能在虚无中“赋予存在”，能超越一切，是唯一拟人化的创造主体，而人不具备这种能“赋予存在”和超越常规的创造性。因而创造性就成了神性的代名词。将创造性视为神性是人类创造观念的初期状态，这一时期虽然人没有被视为具有创造性，但是人们关于“创造”和“创造性”的观念却从朦胧走向清晰。

在古希腊语中，“创造”与“神”是同义词。拟人化的神是人类关于创造的观念意识中第一个创造主体，也就是能实现超越的主体。不过，在神性文化中，这种超越具有特定的内涵：从外部现象看，是超越自然物质上的“无”，赋予世界万物“有”的存在；从内在本质看，是对人的生存中感觉的、有限的、暂时的、具体的事物的否定而实现生存的无形、无限、永恒和本原。

其实，这种神话文化中“超越”的观念实际上反映了人类潜藏在无意识深处的超越愿望，是人的超越本性或创造本性在无意识想象中的流露和表现，他们只不过是以拟人化的神性的超越映照所向往的人性的超越。正是在对神的创造性与创造过程的分析探究中，在对宇宙万物形成和演化的探究中，在对超越机制的探究中，人类的思想先行者奠定了关于创造性理论的根基。

神话传说和宗教中关于上帝或神对世界和人的创造过程的描述，是人类关于创造性认识的起源，也隐含着人类关于创造性认识的基本意蕴。在以后的文化和理论中，随着对自然和自身认识的加深，人们关于人的创造性的认识的描述不断深化，都是在此认识基础上的演变。例如，从创造性的主体方面，随着文化、科技的发展和思想的进步，人们将作为神性的创造性逐渐转变为人的属性，人成为创造性的主体；创造活动的领域由宇宙自然万物和人的诞生演变为文化、科技和人类活动的方方面面。人类关于创造性的观念随着历史发展不断变化，但是这种神话中所体现的关于创造性的最基本含义，即超越现状、打破常规、追求非凡等，始终作为创造性的基本要义。

（三）超越性：人的创造性生存意识的潜在映照

神话传说中神的创造是人类自身寻求超越的本能冲动意识的一种象征性投射。神话传说中的神与宗教中上帝的超越性和创造性其实反映了人类自身的超越性及创造性的潜意识感知，是人的本能的超越性冲动在人类早期意识中的反映。

人的生存中存在巨大的矛盾和困惑，这种矛盾和困惑主要表现在两个方面：一是肉体层面的自然生命生存上的困惑，即人的自然生命不如动物完善，不能像动物那样依靠自然的本能和环境而生存，这就需要人摆脱自然世界和自然环境的束缚；二是人的精神生命追求中的困惑，即人面临存在的二重性分裂，例如，肉体生命的有限和精神追求的无限之间的矛盾、生存的理想意识与现实事实（即“应是”与“是”）之间的矛盾等，这就需要人从精神上超越有限的生命而赋予生命意义，超越现实，向着可能性发展。人类的历史实践活动和思想文化的发展历程实际上就是人类为消除这种生存困惑而进行超越的过程。

从人类文化发展史看，哲学的产生和发展充分体现了人对于自然和自身的反思和超越，以及对于自身生存方式的不断追问，它指向“向善”的超越性追求。“哲学是我们透过内在活动而籍以认识‘存有’本身的一种思想，或者更确切地说，哲学是一种思想，这种思想为超越性铺路而念念不忘超越性，并且在最高境界时完成超越本身而作为整个人类的一种思想活动。”[①]如果说哲学主要是人类对于自身精神困惑的反思和超越的话，与此紧密相连的科学活动则是人类超越自然、超越外在物质生存困惑的充分体现，科学的发展历史和成就不断验证人类在早期神话和宗教中潜在表现的对于自然的超越梦想，不断脱离人类生存的物质、自然困境，它体现了人类“求真”的超越性行为。文学艺术则主要表达人类对世界和自身生存的情感体验，体现着人类“臻美”的超越性体验。总之，人类文化的发展是受人类的超越性本能意识驱使的，也体现了这种超越性本能，而这种超越性的本能意识恰恰是人的创造性的本原，它在人类最早期的神话、宗教文化形态中就已表现出来。

① 考夫曼. 存在主义：从陀斯妥也夫斯基到沙特. 陈鼓应，孟祥森，刘崎译. 北京：商务印书馆，1987：146-154.

因而，人的超越意识在人类产生之初就以“集体潜意识”的形式存在于人的原始意识之中，不断支配着人的思想和行为，外化为人的实践活动，并贯穿人类发展的始终。人的生存从本质上说是一种超越性生存、创造性生存，也就是一种“自在自为”的存在，“只有拓展人自己的力量，过生产性（创造性）的生活，人才能使自己的生存富有价值意义”①。

二、早期哲学关于创造性的理性探索及其意义

人类对于创造性的认识与哲学的发展密切相关，因为“哲学是文化的核心，是在文化整体中起主导作用的。科学、文学、艺术、教育等等莫不受哲学思想的引导和影响”②。所以，早期哲学是我们考察人类关于创造性认识的重要渊源，西方古希腊哲学和我国先秦哲学思想中蕴含着丰富的关于创造性的理性思考，对后来人们的创造观念的形成有着深远的影响。

在古希腊哲学家看来，哲学起源于惊奇，是对宇宙万物溯本追源的结晶，它的理论建立在经验和理性的基础之上。早期希腊哲学体系和我国先秦哲学已经不像各自民族祖先的宗教及神话那样以想象的方式看待世界，而是以思辨的、理性的方式探究自然和自身。这些哲学思想中蕴含着朦胧、丰富的关于人的创造性、超越性生存的思想和智慧。早期希腊自然哲学是西方哲学的发源地，我国先秦时期的儒家、道家哲学也成为中国哲学的根基，因而这些早期哲学思想关于创造性的理性反思对东西方文化中关于创造性的研究有着深远的影响。不过，由于当时生产力水平低下，物质科学创造活动十分贫乏，因而关于人的超越性和创造性的论述主要集中于思辨的形而上学领域。然而，这一时期对于人的创造性的探索，形成了对于人的创造性本质的基本理性认识，也形成了东西方关于人的创造性研究的不同思维方式、研究路径和风格。

（一）古希腊自然哲学与“外部超越”意识的萌芽

古希腊哲学对自然和理智的推崇和探索，实际上都围绕人如何超越这个问题。自然哲学家对自然的探究实际上是想通过认识和超越人外部的自然世界解除生存困境、实现人的完善。在这些自然哲学家看来，人的超越所凭借的应该是对自然规律的了解和对自然的驾驭，这是一种“外部超越”。而偏重理智的哲学家想通过对人内在心灵的探究实现人的超越和完善，通过自身精神的超越，实现人

① 马斯诺，等. 人的潜能和价值：人本主义心理学译文集. 林方主编. 北京：华夏出版社，1987：108.

② 张岱年. 文化与哲学. 北京：中国人民大学出版社，2006：127.

对于外部自然的超越，这种超越所依赖的是人的理智，这是一种“内在超越”。这样看来，古希腊哲学隐含着这样两种创造性思想：一种是将人的创造性寄希望于人对自然世界的外部力量，另一种则将人的创造性寄希望于人对自身精神的内部力量。

早期希腊自然哲学家没有去探讨神话和宗教中的神及拟人化的神谱关系系统，而是将神存而不论，以不依赖外力生长、变化的自然为思考对象，探讨和解释万物何以生成。他们首先探索的是构成自然物的最后因素，而不是谁创造了它，并提出了“本原”这一哲学范畴。“本原”就是创造万物的始点，是现象背后的基础，是万物存在和生成的质料。早期希腊自然哲学家通常以物质性的因素为万物的“本原”，如泰勒斯的水、阿拉克西美尼的气、毕达哥拉斯的数、赫拉克利特的火、德谟克利特的原子等。其中德谟克利特的原子论哲学代表了希腊自然哲学的顶峰，虽然其形式俭朴，但其基本精神却是科学的。按照该原子论的观点，不可分割的，不能为感官所感知的，在形状、次序和位置上相互区别的原子以及虚空是宇宙万物的本原，万物的生成过程就是不同原子在虚空中的运动和组合。①这些自然哲学思想关注自然、探讨客体，这实际上越过了早期神话宗教关于“谁是万物的创造者”（即创造主体）的问题，甚至否定了灵魂和上帝的存在，而是探究“万物是如何被创造和生成的”（即创造的过程）这一问题。因而，从神话宗教到早期的自然哲学，人们关于创造的思想实际上由物质世界的创造主体的非理性想象转化为对物质世界的创造机理和过程的思考。

德谟克利特的原子论哲学对科学心理学以及创造性的认识与研究产生了很大影响，是最早的机械论自然观的体现。“原子主义可借比喻的方法引申到心理学，业已表明，在心理学领域，原子主义是各种心理学假说中最经得起时间检验的”，“而且，除了格式塔心理学之外，它仍然以某些形式构成一切心理学体系的基础”。②早期的科学心理学根据原子论的观点，认为可以将人的经验和行为分析为几种基本元素。冯特认为，人的心理是可以而且必须被分析的，分析到最后不可再分解的部分或成分便是心理元素，它们是感觉和简单的情感。铁钦纳继承了原子论的思想，对人的意识经验进行了更具体的分解。华生（J. B. Watson）将人的行为简化为刺激和反应两个基本元素。现代认知心理学也通过计算机模拟将人的复杂的心理现象分解成最基本的部分。原子论的方法是近代自然科学取得伟大成就的重要研究方法，但是，在研究人的心理现象时，它忽略了心理现象的整体性。按照原子论的理论，创造性作为一种整体心理品质必然被肢解，创造的过

① 苗力田，李毓章. 西方哲学史新编. 北京：人民出版社，1990：38.

② 托马斯·H. 黎黑. 心理学史（上）. 李维译. 杭州：浙江教育出版社，1998：73.

程作为由“多”种事物组合成为“一”个新事物的过程也被解释成机械的累加，但是创造过程毕竟是人的心理因素和环境相互作用的复杂的机体性过程，不能简单地等同于物理和化学的物质性组合过程。

（二）“认识你自己”：“精神超越”的开端

苏格拉底批判了自然哲学的局限性，将哲学的对象从自然转向人本身，为人类对自身的总体认识和对人创造性的全面认识打下基础。他认为对世界原因的真正探究就是要寻求世界之善，哲学的对象不是自然而是心灵，是人自己，人应该认识自身的善，即人的德性，“知识即德性，无知即罪恶”。然而这种知识不是研究自然的认识，而是对人的心灵研究的认识，是先天具有的，最终还是归结为神。苏格拉底使哲学从纯粹研究自然转向人本身，即“认识你自己”的方向，使哲学进入社会生活和精神领域。在苏格拉底以前，也有哲学家对人进行反思，但那只不过是对于人的感性直观的认识，而苏格拉底将“认识你自己”作为哲学的根本任务，这是哲学研究的一种有益的新途径。把道德与知识等同，使得道德成为科学的对象，奠定了理性主义伦理学的基础，对以后斯宾诺莎和康德的伦理学体系的形成有着重大的影响。“将自身作为对象来认识，这是人类主体性的重要特征”①，也是认识人的创造性的前提，只有理性地把人作为认识对象或者对自身进行“内向观察”，而不是通过对自然的“外向观察”映照对人的认识，才能直接地从主体的角度全面认识人的创造性。

其实，苏格拉底的学说还暗含着这样的创造性思想：人要实现超越从而成为一个更完善的人的话，不是要探究和超越自然世界，其根本在于超越自身精神世界，即寻求自身的善。善是人之所以成为人的根本，而获得这种善的过程是通过启发诱导使个体自身醒悟，这其实是一个内在的超越过程，是一种创造性领悟。关于如何获得普遍意义的绝对的知识，从而实现内在的超越，苏格拉底提出了独特的“问答法”，就是通过对话诘难使对方陷入矛盾，承认其无知，然后让人领悟知识的本质定义，用黑格尔的话说就是“帮助已经包藏于每一个人的意识中的思想出世”②。苏格拉底还提出了归纳的思想和定义的方法，发现了具有事物普遍意义的概念，这是科学的出发点。从创造性的心理过程来看，问答法实际上是激发人的潜意识的过程，使人产生顿悟，从而获得创造性认识，这就是创造性过程中的“原发过程”；概念的形成也是创造过程的第二个阶段即“继发过程”中

① 韩庆祥，王勤. 从文艺复兴“人的发现”到现代“人文精神的反思”：近现代西方人的问题研究的清理与总结. 北京大学学报（哲学社会科学版），1999（6）：13-24.

② 黑格尔. 哲学史讲演录（第二卷）. 贺麟，王太庆译. 上海：上海人民出版社，2013：57.

最重要的功能。苏格拉底将哲学对象引入人的内心世界和人的主观性，并揭示了知识获得的一般过程，这为创造性研究从客体转向主体、从对自然的超越转向对人自身精神的超越、从宏观的思辨引向科学理性的研究奠定了基础。但是，知识与道德的等同实际上是将真与善等同，将人的超越过程或内在的创造性过程看作纯粹的理性认识过程，否定了非理性的成分，正如亚里士多德“在把德性看作知识时取消了灵魂的非理性部分，因而也取消了激情和性格”①。“每个人都会正确无误地行善，可是在苏格拉底看来，这个人并非真正善良和具有价值，除非他对自己的行为能够提供理性的证明。”②

（三）柏拉图和亚里士多德：创造的非理性与理性

苏格拉底的学生柏拉图沿着苏格拉底的思想把绝对的本质独立化、个体化，并提出了“理念论”，他将世界分为可感世界和理念世界，把苏格拉底所寻求的普遍本质独立出来，在可感世界之外构造了一个理念世界。按照柏拉图的观点，人的知识不是由对象在心灵中产生的，而是心灵自身的产物，人的心灵中原本就有知识，这样，一切的研究与学习只不过是回忆而已。他提出了模仿创世说，即可感世界是造物主以永恒不变的理念为模式创造出来的。一切的创造不过是根据永恒存在的理念模式通过模仿做出的，就像木匠是按照桌椅的理念而通过模仿制造的。柏拉图虽然也认为神创造了世界，但这种创造是“从无序中造出有序来”，而不是从无物中创造出世界，是把预先存在的质料重新加以安排，这一点与宗教是有区别的。③宗教中认为神的创造性是绝对地从无到有，这是人无法实现的，因而这种创造性对人来说是不可能的。按照柏拉图的模仿创世说，神创世界不是随意的，神也不是万能的，神必须以理念为模式，而不是任意地“无中生有”，也就是说，超越也是有条件的；神创世界必须用存在于创造之先的给定材料，如水、火、土、气等；神按照模式结合物质元素创造事物的过程必须在空间中进行。这就使得神的创造更接近于人的活动，为以后人们将作为神性的创造性引入人的属性和活动范畴奠定了基础。

可见，在柏拉图看来，人的创造性其实从根本上还是归结为神性而不是人的理性，是神性在人身上的体现。如果说人有创造性的话，那只是人拥有一定的神性而已。但是他关于创造性的非理性过程、关于创造过程中的灵感机制的思想是有一定智慧的，这在后来的格式塔心理学和精神分析心理学中有所体现，因为人

① 苗力田，李毓章. 西方哲学史新编. 北京：人民出版社，1990：55.
② 托马斯·H. 黧黑. 心理学史. 李维译. 杭州：浙江教育出版社，1998：80.
③ 罗素. 西方哲学史. 何兆武，李约瑟，马元德译. 北京：商务印书馆，2020：166.

在创造的过程中的确需要获得一些非理性启示，需要对理性以外的领域的知识和思维直观感悟。另外，木匠制造桌椅、造物主创造世界都是以理念为模式进行模仿，暗含着人的活动只不过是造物主活动的缩小，人的活动其实也有创造属性。但是柏拉图否定创造活动中的理性逻辑成分，认为人的创造活动主要依靠对心灵中知识的回忆，因而诗人的创造主要是对美的回忆，而这种美是可感世界没有的，需要以癫狂的、忘我的心态直观灵魂，从而得到有神力附着的灵感。因而，他在《伊安篇》中说，诗人的创造需要失去平常的理智和技巧而陷入迷狂，否则就没有能力创造。①

亚里士多德是古希腊哲学的集大成者，他批判分析了德谟克利特的原子论和柏拉图的理念论，将自然哲学家的质料与柏拉图的理念相结合。他认为不论是形式还是质料，都不能单独成为事物生成和存在的条件及原因。形式和质料，或者说理念和具体事物、一般和个别，是不能分开的，形式和质料的分离只能在认识中发生。在认识中，形式先于质料，形式是现实，即存在的事物本身或者实现了自己本质或目的的事物；质料是潜能，即还未实现自己的本质或目的的事物，但是有能够实现其本质或目的的潜在力量。显然，这就是将人的认识过程中的观点、思想和认识对象统一起来，也就是将主观和客观统一起来；同时还表明，人的理性是实现质料的潜在力量，强调了在人生产新事物的过程中人的理性的重要作用。亚里士多德的形式逻辑理论更是为创造活动提供了理性思维的有力工具，被认为是创造技法的最早期理论。②他还强调诗人的创造活动或天才的成功不是出于神性化的灵感作用，而是对人生的模仿，重在技巧。③在亚里士多德看来，理性是人的本质，“对每一事物是本己的东西，自然就是最强大、最使其快乐的东西。对人来说这就是合于理智的生命。如果人以理智为主宰，那么，理智的生命就是最高的幸福”④。这里的理智或者理性主要是指人的认识能力，如他所说“求知是所有人的本性”⑤，他的这种观点可以说是古希腊哲学“爱智慧”传统的集中体现。照此展开，人的创造性的核心就是理性，人对于自身生存困境进行超越所凭借的本质力量就是人的认识能力，这对西方心理学以逻辑和认知为主线的创造性研究产生了巨大影响。现代心理学很重视创造过程中的认识作用，而人的创造活动只要有认识过程的参与，则“这个过程一般都会遵循亚里士多德逻辑

① 张序. 天才之道：西方思想史上的天才观. 成都：四川人民出版社，2000：03.
② 李小平. 创造技法的理论与应用. 武汉：湖北教育出版社，2002：28.
③ 张序. 天才之道：西方思想史上的天才观. 成都：四川人民出版社，2000：03.
④ 亚里士多德. 亚里士多德全集（第8卷）. 苗力田主编. 北京：中国人民大学出版社，2016：228.
⑤ 亚里士多德. 亚里士多德全集（第7卷）. 苗力田主编. 北京：中国人民大学出版社，2016：27.

或正常的逻辑思维，用弗洛伊德精神分析学的说法就是遵循着继发过程（意象、内觉）的思维”[①]。

（四）儒家哲学中的创造性：社会取向的心性超越

在部分创造学著作中，儒家思想被认为是缺乏创造性的，这通常是因为它主张“述而不作”。实际上，这只是从狭窄的具体层面认识人的创造性。只有从人的超越本性的角度将创造性理解为人对于生存困境的超越本能与倾向，人们才能看到儒家哲学关于创造性的思想。

孔子是儒家哲学的首创者与奠基人，孔子所处时代的社会特征决定了儒家哲学在论述人的创造性时强调一种社会倾向的超越精神，即人的超越、人的创造以社会为本位。在孔子所处的时代，社会动荡、民心涣散，那个时代生产力水平很低下，人的生存面临自然环境的束缚。由于战争频繁，人们难以安居乐业，因此对于人的生存来说，最突出的困境是道德和社会秩序的困境，需要安邦治国、恢复礼制、提升道德境界，这就决定了儒家哲学具有丰富的关于如何走出这种社会困境的探索和智慧。

在儒家哲学看来，人要走出社会困境必须从两个方面着力：一是以修养和完善人性为主的自我超越，就是修身养性，超越自身精神的“心性”，主要体现为道德内省、立德立言、提高精神境界；二是由心推物、由身及世的超越，就是将内在的修养转化为外在力量的“社会性超越”，主要体现在实现社会的创新和改造，有所作为、“立功立业”。这就是中国传统文化所蕴含的“内圣外王”的理想人格。“心性超越”或“内圣”的思想集中体现在儒家心性学说中，而“社会性超越”或“外王”的思想集中体现在其天命观和社会学说中。

“内圣外王”是普通人超越的目标，也是作为理想人格的基本的固有特质，它集中体现于“圣人”身上。在孔子那里，“圣人”这种“内圣外王”特质的具体规定就是“仁”和“礼”的统一。对此，《荀子·解蔽》中有比较具体的论述：“圣也者，尽伦者也；王也者，尽制者也；两尽者，足以为天下极也矣。故学者以圣王为师。”其既尽伦（道德修养与精神原则）又尽制（社会作用与行为规范）的“圣人”是超越性、创造性的人物。只有“圣人”才“知天畏命”“敬天事人”，才能达到从人道向天道的超越。因此，“圣人”是普通人需要达到的榜样，是普通人超越心性的结果。冯友兰先生总结道：“内圣是就其修养的成就说；外王是就其在社会上的功用说”；“所谓‘内圣外王’，指有最高精神成就的

---

① 阿瑞提. 创造的秘密. 钱岗南译. 沈阳：辽宁人民出版社，1987：65.

人，按道理说可以为王，而且最宜于为王”。①

“心性超越”与“内圣”强调人性的超越与完善，而人性与天道是合一的，因而实现人性完善的途径是通过认识天道而“天人合一”。儒家认为，天道既是人性的超越性来源，又内在于人性，两者合而为一。在孟子看来，人的心性是“天之所与者”，天道实现在人的本性中就形成了善的道德本体，即所谓的“诚”。《孟子·离娄上》曰：“诚者，天之道也；思诚者，人之道也。”《孟子·尽心上》载，“思诚”就是“尽心”，“尽其心也，知其性也；知其性则知天也”。因此，天道不在心性之外，人的先天本性与天道统一。但是环境的干扰可能使人性善端扭曲发展，所以人要想超越人生困惑，不使人性扭曲而保持形而上的道德本体（即天道），不必向心性之外去寻求，只要尽心尽性就能知天。张载作为北宋思想家、教育家、理学创始人之一，继承了孟子的理论，他认为人可以通过主观努力认识天道，达到“诚”的境界，“诚”贯通天人，达此境界就是“天人合一”；“儒者则因明致诚，因诚致明，故天人合一，致学而可以成圣，得天而未始遗人”（《正蒙·乾称篇》）。可见儒家的这种“内在超越”不是对人性的否定，而是人性善端的生长，是人道向天道的发展。

“心性超越”与“内圣”是一种精神内守的心性和人格修养。在儒家看来，这种“内圣”修养的目的是实现对社会困境的“社会性超越”或“外王”，也就是实现社会的创新，建立理想社会。由“内圣”到“外王”就是由修身到治国、建立理想社会的过程，这里包括由“敬天”到“事人”的一系列环节，这就是《礼记·大学》里所说的“物格而后知至，知至而后意诚，意诚而后心正，心正而后身修，身修而后家齐，家齐而后国治，国治而后天下平。自天子以至于庶人，壹是皆以修身为本”。因此，在儒家哲学中，人的创造性体现为人对于心性困惑的超越和对于社会困境的超越的统一，从以修身为本发展到以社会创新为最终目的。

（五）道家哲学自然本位的精神超越

如果说儒家哲学是从“入世”或者适应社会的角度来论述人的创造性，那么道家哲学则具有鲜明的“出世”和批判、超越社会的特点。道家思想与儒家思想相比，其根本不同就在于不从社会、伦理的角度，而是从更为广泛和深刻的宇宙的、自然的角度来揭露社会的弊端与人的异化，通过宇宙万物的最本质范畴“道”来表征人的本性，以“同于大道”来说明人的超越性生存方式。人通过克服社会弊端和人的异化而达到自然的人性，这就体现了人的创造性。

① 冯友兰. 中国哲学简史. 台北：蓝灯文化事业股份有限公司，1993：8.

人性的本来状态是自然的，如同无欲无邪的婴儿，但是随着社会环境的影响而逐渐异化，因而为物所役，不能发挥其力量。人只有通过超越，才能达到自然人性的境界。老子认为，世界万物由不可言说、抽象而具体、“无为而无不为”的“道”而生，人的创造性体现为个体摆脱和超越险恶的社会现实环境的一切束缚，超脱于社会等级、宗法制度对人性的钳制，使生命与“道”融为一体。老子认为“道法自然”，而庄子更为透彻地引申出“道即自然”，因此“道”的境界就是自然人性的境界。人生的困境乃至社会的困境就在于人与道（即人与自然）的分离和异化，在于人的精神受到外物的扰乱和束缚而偏离人性的自然，而人的创造性体现在能超越外在社会环境和社会制度对自然人性的破坏，挣脱物欲，使人做到静虚淡泊、返璞归真，从而“同于大道”，并实现个体的精神自由。

在老子看来，完善的人或者“圣人”实现“同于大道”的具体品格就是“无为而无不为”，即经过自觉修养，达到超越知识和智慧、超越仁义道德，达到无知无欲、“常德不离，复归于婴儿”（《老子》第二十八章）的自然精神境界。这种境界就是人性没有被异化的纯真无邪的自然状态。“无为而无不为”也可以说是一种超越社会常规的创造性的人格。“无为”实质上就是从道的高度超越世俗的“妄为”，以实现个体的自主、群体的和谐以及人与自然的和谐，从而实现生命的最大价值（即实现“无不为”）；庄子提出，理想人格就是逍遥无待、与万物齐一，这是一种绝对自由的精神境界，也就是道的境界。

如果理解老子的学说，那就根本无所谓“有为”的创造活动，因为“道生万物”，而道是一种无为的原则和自然的规律。人能够发明创造，也正是道的体现，因为“物皆自生”。道家是从否定的角度，即从更高、更为本质的角度来说明人的创造性。人的创造性恰恰表现在如何超越“有为”而实现“无为”上，因为“圣人处无为之事”（《老子》第二章），人只有做到像圣人那样同于大道而清静无为，才能说是一种超越性的生存，才能具有巨大的人性力量，具有常人所不具有的创造性。由于老子和庄子所追求的创造性是一种境界极高的精神自由，超脱于社会现实，因而通常被认为是“出世”的哲学，或者是消极、逃避社会现实的人生哲学。其实，以老庄为代表的道家哲学蕴含着积极的独特的创造性思想，道家哲学从许多方面描述了这种“无为而无不为”的自然人性所体现的超越性。

自然人性（或者“无为”品质）的超越性主要体现在以下几个方面：

第一，自然人性能够超越万物而“无不为”，因而有巨大的创造力。《老子》第二十五章载：“故道大，天大，地大，人亦大。域中有四大，而人居其一焉。”这里，人与“天”“地”“道”并列，并特别强调人在四大之中居其一，充分体现了人不为万物束缚的主体性。《老子》第二十五章载：“人法地，地法天，天法道，道法自然。”这里体现出人与道的关系是“法”的关系，“道”是人取法的对象，人在“道”面前是有主体性的独立个体。

尽管人能超越万物和自身，但是这种超越以遵循“道”为前提。老子强调人的创造性与“道”（也就是宇宙客观规律）的关系。只要人遵循“道”而“无为”，就能够“无不为”，也就是在遵循客观规律的前提下，人能够自由创造。在《老子》中，相当于“创造”一词的有“为”“生”等，人的使命首先是“为无为”，就是不要违反客观规律，一切都要遵循道。如何真正做到“无不为”呢，老子主张“知常”；“知常曰明。不知常，妄作凶”（《老子》第十六章），只有在“知常”基础上才能“为无为”。“知常”就是知晓客观规律，“为无为”实际上是以无为的态度有所作为，是在“知常”基础上的积极的无为，只有“知常”并“为无为”，即探索并不违背客观规律，才能知其不可而“无为”，进而才能“无不为”。“知常”与“为无为”本身就是创造活动，因为人类一切创造如科学发现、技术发明等，都是发现客观规律和利用客观规律。“为无为”是一种建立在“知常”基础上的，对待客观规律的态度，而“知常”则是“为无为”的前提和实现“为无为”的方法论原则。所以按老子的思想，创造活动的一个基本规律就是以“知常”为开端，经过“为无为”“无为”“无不为”，直到实现人性自由和自由创造。

第二，自然人性要实现对于功名与占有欲的超越，因而具有“生而弗有”的创造性态度。《老子》第十章载：“生而弗有，为而不恃，长而不宰，是谓玄德。”老子认为“功高而弗居”（《老子》第二章），“圣人之道，为而弗争”（《老子》第八十一章），就是将社会一切成就和创造产品视为一种“物皆自生”的产物，是由“道”运行而成，人没有占有的依据，因而不应该有占有的理由和想法。这一点深得英国哲学家罗素的赞赏。罗素认为，人的冲动和欲望分为两类，一是创造，二是占有。而老子的“生而弗有”的思想就是提倡人们的创造冲动而抑制占有欲的，所以老子的哲学是最高尚最有益的哲学。只有弘扬创造并抑制占有，人类才能减少争斗，社会才能进步和发展。①创造和占有，用老子的话说就是“生”和“有”。与“生而弗有”意思相近的句子在《老子》中出现多次，可见老子对“生而弗有”的思想是极端重视的。

弘扬创造与抑制占有，两者是统一的，因为占有使对象越来越少，人们必趋于争斗；而创造使对象越来越多，创造者在给予别人的同时，自己丝毫不损，反而获得快乐。事实上，科学家和艺术家将自己的创造成果公之于众或奉献社会

① 梁启超. 人文心语录. 成都：四川文艺出版社，1998：116.

时，也获得了最大的乐趣，这就是老子所说的“既以为人己愈有，既以与人己愈多”（《道德经》第八十一章）。可见，弘扬创造就是抑制占有，弘扬人的创造性是教育完善人性的核心。

第三，自然人性需要对精神枷锁的彻底超越，因而需要具有“心斋”与“坐忘”的创造性境界。庄子主张用“内省”的方法来实现个体精神的自由，从而达到创造的精神境界。比如“心斋”“坐忘”“惟道集虚，虚者，心斋也”（《庄子·人间世》），摒除杂念，专心致志，达到空明的心境，这就是“心斋”，用老子的话说就是“涤除玄鉴”（《老子》第十章）即清洗杂念而深入观察心灵。只有达到心斋，才能体悟到事物的本质；“堕肢体，黜聪明，离形去知，同于大通，此谓坐忘”（《庄子·大宗师》）。虚静空寂，彻底忘掉一切，精神离去肉体的躯壳，才能摆脱物役，达到精神的自由。这里“坐忘”并不是真正地从根本上忘掉形、知等，而是不拘泥或僵滞于事物具体的形式，要善于摆脱这些形式，把握事物内在的本质。这种心境正是创新思维激发的良好状态。

这种创造性境界的另一种描述就是个体在创造性活动中对于方法技巧的超越，也就是“道进乎技”。《庖丁解牛》中记载：庖丁为文惠君解牛，其技艺高超绝顶，如同神妙的音乐舞蹈，“文惠君曰：‘嘻，善哉！技盖至此乎？’庖丁释刀对曰：‘臣之所好者，道也，进乎技矣’”（《庄子·养生主》）。道“进乎”技，说明庖丁巧夺天工的创造性表现不仅仅停留在技法的阶段，而是达到了高于技法的道的境界，这种境界的一种突出表现就是“斋以静心”。“梓庆削木为鐻，鐻成，见者惊犹鬼神。鲁侯见而问焉，曰：‘子何术以为焉？’对曰：‘臣工人，何术之有！虽然，有一焉’”就是“斋以静心”，达到“以天合天，器之所以疑神者，其是与”（《庄子·达生》）。“梓”是木工，“庆”是名，“鐻”是一种乐器。可见，木工的创造性技艺也达到了道的境界，而不仅仅停留于“术”的层面。

创造之道是创造之法的精髓，也是获得创造性观念的必要的精神状态。人们在创造的真实体验中其实是不受创造技法限制的，从科学家的创造经历分析中我们也能看到，科学家并不是按照某一种技法从事创造性活动，他们在进行创造时，实际上进入了一种创造的精神境界，这就是中国创造学所注重的创造之“道”。我国清代著名画家石涛说过：至人无法，非无法也，无法之法乃为至法（《苦瓜和尚画语录》）。这种境界即孔子所说的“从心所欲，不逾矩”的自由境界，就是将数百种技法合而为一，达到无法而法的境地。创造者已与社会、人生、自然融为一体，忘掉了创造的技法，达到了“庖丁解牛”的境界。

（六）中西哲学超越“路径”的差异和超越本质的相同

哲学的价值体现为人类对于精神困惑的理想超越，从这个意义上说，早期哲学的核心是关于人如何超越的问题，也就是关于人的创造性的理性反思。中西哲学的早期理论都从如何走出人生困境从而得到超越、通过人对于自然和自身的超越性来表征人的创造性的。这些思想蕴含着创造性的基本内涵，即人的追求新颖和价值、追求完善的超越本性，包括对外部自然的超越和对自身精神的超越。

总之，从超越的对象、内容和本质上讲，无论是古希腊哲学还是我国先秦哲学，都关注人对于生存困境的超越，包括对于自身内在精神困惑的超越和对人外部的自然世界束缚的超越，因此本部分主要从超越对象的内外两个方面加以探讨。对外部物质世界的超越和对自身精神世界的超越是相互交融、不可分割的，只是为了分析，我们从两个方面进行有侧重的叙述。

需要说明的是，由于中西社会背景和历史文化的差别，中西哲学在表达人的超越性时对超越的“路径”是不同的，分别采用了“内在”和“外在”两种超越路径。一般认为，西方哲学强调的是指向“彼岸世界”或者“理念世界”的外在超越和路径。中国哲学则相反，它强调的是着眼于人的心性生长的内在超越。这种差异是从路径意义上来说的。“同样表达人的超越本性和形而上学追求，西方以本体论方式，把超越现实的本质存在变成了独立于感官世界之外的‘概念世界’，走的是外在性的超越路子。中国的道论同样肯定无形存在，但这个无形的本性并不脱离有形存在。道对物的超越是内在性的超越，属于既内在又超越的一体性关系。”①中西哲学所主张的人的内在超越和外在超越，不是超越对象、内容和本质的差异，而是超越的方法和路径的不同。不管是内在超越还是外在超越，都是对人的创造性的描述，最终都指向摆脱人的生存困境的两个方面，即物质生活的困境和精神生活的困境。因而，从探讨人的创造性的角度，从实现超越的对象、内容和本质看，中西哲学是一致的。

中西哲学关于人的超越路径的不同使得中西创造性研究也存在明显差异。西方以本体论的方式，从认知思维出发，在现象世界之外构建了一个本原性和终极性的“本质世界”，其以概念的逻辑体系形式建构这个世界，以表达人的超越性理想，这对于促进科学进步和人性解放起到了很大的推动作用，对于创造学体系的科学研究、创造性认知和思维的逻辑构建有很大帮助，但也导致创造性研究中以理性为核心，将人性物化、还原的弊端。中国哲学中注重义理性、重人伦的意向思维方式对于创造性的人性化研究是有其优越性的，但相对欠缺严谨、明晰的

---

① 高清海. 中国传统哲学的思维特质及其价值. 中国社会科学，2002（1）：52-55，206.

概念体系和逻辑方法。

三、由“创造性的发现”到“创造性的物性化”

西方古希腊哲学和中国先秦哲学奠定了东西方思维方式的基础，成为影响人们对于创造性研究和认识的重要理论基础。但是从神学浓雾中诞生的古希腊罗马哲学，在当时特定的社会环境下发展成了神学的工具，为神学的合理性进行论证，基督教成为哲学的精神支柱，理性和神性之间出现了前所未有的融合。随着资本主义的萌芽和文艺复兴运动、思想启蒙运动思潮的兴起，人性得到弘扬，人的个性和价值得到强调，人性取代神性、人权取代神权、人道取代神道，这时创造性从神性回归到了人性。但是，人本主义理论的核心是抽象的人性论，它在把人上升为主体的同时也把个人所处的社会关系和历史背景抽掉，剩下孤独、抽象的个体，因而创造性也成了一种抽象的人性。随着经济和科学技术的迅猛发展，科技创造活动蓬勃发展，人们将创造性研究的目光也投向了科技领域和众多物质活动领域，这在弘扬人的普遍的创造性的同时也出现了以物质为核心的创造性的物性化。

（一）创造性的“神性化”

哲学对创造性的认识可以进行理性的探索，但是它不能回答和解释人们对于创造性认识的所有问题。哲学是现时的智慧，而人的求知需要、各种欲望要求完满确定地回答，处于探索状态的哲学还做不到这一点。如同人类对世界和对自身的所有迷惑一样，人们对于创造性的迷惑也寄托于其他方式的回答（如神）。

中世纪的基督教哲学用人隶属上帝代替了古希腊哲学的人隶属自然的思想，使神性化的创造观更加系统和强化，在西方人的思想中，真理往往只有一个，那就是上帝，他们认为世界万物是由上帝创造的，上帝拥有绝对的创造性，人的一切能力只是上帝的体现而已。实际上，其将人性的真、善、美和超越的品性异化为与人相分离的上帝的品性，人的创造性被贬低和否定。

将创造的绝对主体看作神，将创造性看成一种“神性”而与人相分离，这实际上是将人的本质异化为神的本质，将人的创造性异化为神的创造性。对此，恩格斯明确指出：“基督教的神只是人的虚幻的反映，是人的映象。”“这个神所反映的也不是一个现实的人，而同样是许多现实的人的精华，是抽象的人，因而本身又是一个想象的形象。”①实际上，“神性化”的创造观的形成反映了人在摆脱

---

① 马克思，恩格斯. 马克思恩格斯选集（第4卷）. 中共中央马克思恩格斯列宁斯大林著作编译局编. 北京：人民出版社，1972：232.

生存困境时的依赖感，人为了满足自己的依赖感，就借助自己的想象，幻想超自然、超人的力量来满足自己的要求，将自己的创造性特征扩大化并赋予虚构的神，以获得精神的安慰，寻求“精神之梦”。费尔巴哈进一步指出：“属神的本质不是别的，正就是属人的本质，或者说得更好一些，正就是人的本质。”①

直到 18 世纪的欧洲启蒙时期，“创造性”一词的真正含义仍仅用于神学。然而，人们关于创造性机理的认识（尤其是物质创造活动的探究）却不断地发生深刻的改变和进步。这些思想为我们深入认识创造性的秘密打下了良好的基础，也为科学心理学对创造性的研究和认识提供了必要的理论基础。

在中国文化中，将创造性归结于“天赐”或是像圣人那样的“生而知之”，也反映了人们的依赖心理。因为在当时的社会生产力条件下，人们不能摆脱许多自然困惑和精神困惑，只有借助“神性化”的圣人与“天”，才能寄托自己的幻想。不过，与西方中世纪的“神性化”创造观相比，中国文化对于人的创造性的认识更多地着眼于人本身的潜力和“善端”，创造性的发展是从人的本质力量出发而逐步“成圣”，对人并没有完全贬低和否定，中国文化中的“圣人”虽然大都是古代圣贤，具有抽象性和不可及性，但这些“圣人”毕竟由人而来，“天人合一”的思维方式使得“天”没有与人的本质绝对分开。

“神性化”创造观曾经统治人们的思想长达若干世纪，对后世的影响极大。在“神性化”创造观的统治下，人的理性、人的创造性虽然不是绝对地被排斥，但是这种创造性有一个依附性前提，那就是人的创造性无论怎样存在，都是依附神性的，都不是以人作为主体性的力量而存在的。人的创造性不是表现出人的伟大，而是体现了神的伟大或者天的伟大，因而人的超越性不是人的本质的表现，而是对人的本质和创造性的否定。

“神性化”创造观在不同的历史时期有不同的表现，在中世纪表现为将上帝视为绝对的创造主体，到资本主义初期，尽管人的主体地位得以确立，但是由于创造性活动机理的复杂，许多人将创新思维中难以解释的非理性现象如“灵感”“顿悟”等归结为神的启示。即使当下一些人心目中依然存在将创造性“神性化”的倾向——将创造视为神秘的灵感行为，忽视人为的努力，这实际上也是对于摆脱生存困境的逃避，不仅反映了人们的依赖性和守旧心理，还恰恰反映了一种非创造性的人格特征。破除这种“神性化”创造观的心理障碍是发展人的主体性和创造性的思想及观念前提。

---

① 路德维希·费尔巴哈. 费尔巴哈哲学著作选集（下卷）. 荣振华，王太庆，刘磊译. 北京：人民出版社，1984：39-267.

（二）文艺复兴、思想启蒙与创造观的“抽象化”

“中世纪人感觉自己是代理人而不是活动主体。最后，对于中世纪的人来说，突破常规的任何差异和变化都是不可容忍的”，“对于文艺复兴时代的人文主义者来说，人首先是创造者”。[①]人的创造主体地位的确立、人的创造性真正被认识，是文艺复兴和思想启蒙运动使人类思想得到解放的直接结果，因为它们打破了人的依附性，使人的创造性成为人的主体的本质，从而使人成为名副其实的创造者。

（1）人的创造性的发现

随着早期人文主义思潮的产生与发展，人的主体意识觉醒，神学的地位开始动摇，创造性也由神性转换为人性。这一时期，人的主体性和价值得到高度关注，人的创造性也逐渐确立。“人的发现”（或者说人对自身创造性的真正认识）是这一时期最重要的成就，也是人类认识自我的一次重大飞跃。

人的创造性的真正确立需要一个思想认识上的前提，那就是人的主体性的确立，因为只有建立在主体性基础上的人，其创造性才是真正体现人的本质的创造性。古希腊哲学对于人的创造性的认识尽管十分丰富，但是人的创造性不过是宇宙的一部分，其依附于自然；中世纪神学则将人的创造性视为上帝的神性在人身上的体现，人的创造性依附于神性。文艺复兴运动以及随后的科技革命、思想启蒙运动不断地弘扬人的主体性，在此基础上，人成为名副其实的创造者，人的创造性才是人的本质的真正体现。

古希腊哲学也有人类对自身理性的反思，但这种反思只是感官的直觉和机智，并没有自觉地将人自身与外部世界区分开来，没有把自身从外部世界中上升为主体的地位和认识的对象，因而其中关于人的创造性的思想，也就是人对自然或者自身如何超越、凭借什么超越的思想是十分模糊的，人类的主体意识和客体意识、对象意识和自我意识浑然一体，只是借助对自然的外向观察来认识人自身的创造性活动。这一时期“人类还未从根本上确立人本哲学视界，核心的哲学理念主要是高于人的宇宙理性和‘逻各斯’，因此，这一时期的哲学主要是一种实体哲学、存在论哲学，探究世界的本原和终极实体成为哲学研究的最高目标”[②]。尽管许多哲学家讨论人自身的理性问题，已经开始涉及人的超越的理

---

① 伊·谢·科恩. 自我论：个人与个人自我意识. 佟景韩，范国恩，许宏治译. 北京：生活·读书·新知三联书店，1986：145-149.

② 韩庆祥，王勤. 从文艺复兴“人的发现”到现代“人文精神的反思”：近现代西方人的问题研究的清理与总结. 北京大学学报（哲学社会科学版），1999（6）：13-24.

性，把人的超越活动归结为理性活动，人的创造性也就可以在某种程度上初步归结为理性，但是从根本上讲，这种对创造性的认识不是从人本的视角出发，人的这种理性或者创造性不过是宇宙运动的一部分，是宇宙理性在人的身上的自然反映，具有依附于自然的特征。

中世纪的基督教哲学同样涉及人的创造性，但是这一时期的哲学将人与上帝对立，人的精神本质被分离出来，归结为上帝的本质。人的理性活动、创造活动不是主体的活动，而是为着启示和信仰的活动，人的创造性不过是神性的映照罢了，人如果远离上帝、没有得到上帝的启示，就会丧失这种创造性。可见，在文艺复兴运动以前的哲学思想中，人的创造性实际上是一种依附性的创造性，而不是人主体的创造性。

文艺复兴运动对于人的创造性的认识是建立在弘扬人的主体地位基础之上的，因而第一次真正发现了人的创造性。文艺复兴时期的人文主义者并没有发展到否定上帝至尊地位的程度，其突出特征之一就是避开上帝，把研究和探讨的中心由人神关系转换为人兽关系。在人的创造性的弘扬上，他们采用了两种途径：一是将人与上帝接近，使人具有与上帝一样的超越和创造的品性。意大利文艺复兴时期画家、博学家达·芬奇（L. da Vinci）明确提出，“艺术家是可以与造物主类比的创造者，艺术作品可以与自然相类比”①。这个时期的文化中，“艺术”与“自然”相对应，如果说上帝是自然的创造者，那么人就是艺术的创造者。欧洲文艺复兴时期的开拓者、意大利中世纪诗人、现代意大利语的奠基人但丁（A. Dante）说：“人的高贵，就其许许多多的成果而言，超过了天使的高贵，虽然天使的高贵，就其统一性而言，是更神圣的。”②也就是说，人通过自身的创造性成就凸显了价值和尊严，人的本质在于能够进行主体性的创造。二是在人与动物的比较中凸显了人的理性和精神，人与万物虽然都是上帝的造物，但是人的本质不在于其与上帝的区别，而在于其与万物的区别，这种本质不是原罪，而是人类通过理性所表现出的特有的尊严和价值。这就突出了人对于世界的主宰地位和创造性，人成为这个世界伟大成就的真正创造者，是世界的中心。

（2）“天才”创造性的抽象化和神秘化

虽然文艺复兴运动之后人的创造主体地位得到初步确立，但由于科学技术的落后和缺乏丰富的创造实践活动的研究和探讨，在相当长的一段时间里，创造性被普遍地认为仅存于艺术领域，“创造者”是不可理解、神秘和非理性的“天

---

① 转引自蒋永福. 西方哲学（下册）. 北京：中共中央党校出版社，1990：70-87.

② 转引自周辅成. 从文艺复兴到十九世纪资产阶级哲学家政治思想家有关人道主义人性论言论选辑. 北京：商务印书馆，1966：66.

才”的代名词，与普通人相距甚远甚至是对立的。强调知识、具有理性和逻辑特征的科学实践、科学家被排斥在天才及创造者之外。

18 世纪的英国著名诗人杨格（E. Young）否认天才的创造性与社会环境和创造性实践的关系，认为天才的创作是神秘的。创造性天才可以稳稳当当地待在家里，能神秘地从内部得到补充，而且给予我们奇妙的乐趣。德国启蒙运动时期的剧作家莱辛（G. E. Lessing）认为，天才是先知先觉的，不是凭传统的知识而是凭心灵和情感认识世界的。“天才可以不了解连小学生都懂的千百种事物。他的财富不是由经过勤勉获得的储存在他的记忆里的东西构成，而是由出自本身、从他自己的情感中产生的东西构成的。”①18 世纪法国伟大的思想家狄德罗（D. Diderot）将天才归结为人的天生的生理构成，即“人体液质的某种构造”，再加上他所说的“观察力”。他认为天才依赖的“纯粹是天赋”，这是一种神秘的、非理性的特殊素质，他否认天才的想象力、判断力、智慧、热忱机敏、敏感等因素：“我说的观察力，不必孜孜努力，专心致志便能得到；他视而不见，无师自通，不下功夫就知识渊博。他记不住任何现象，但现象却使他深受触动。”②英国哲学家、著名诗人席勒（F. C. S. Schiller）更是否认天才创造活动中的理性成分，认为天才的主要品性是“素朴”，这种素朴是神所授的自然天性，他否认学习、训练和实践对创造性的影响：“天才所以为天才的明证，只在于他能以简单的方法战胜复杂的技术。他不是依靠熟识的原则来处理，而是依照灵感和感触；但是它的灵感是神的启示。”③

德国古典哲学创始人康德（I. Kant）将天才归结为天赋的才能，并且主要体现在艺术领域。他认为在科学领域，即使是智力平庸的人也能掌握哪怕最伟大的科学成果，而艺术是“不能传达”“直接受之于天”的，因而，天才是一种对于艺术的而不是对于科学的才能，在科学中已被清楚地认识了的规则是先行的。规则决定着程度步骤。④可见，康德在创造性问题上表现出严重的形式主义倾向和主观主义倾向，只承认艺术领域的“无法之法”和“不可教、不可学”具有无目的的目的性和创造性，否认创造性所具有的理性内容，因而必然将科学领域的创造性排斥在外。德国哲学家、唯意志论的创始人叔本华（A. Schopenhauer）更是将科学与天才对立起来，把科学家从天才中排除。在他看来，天才是一种纯粹的认识，是不依据根据律的认识，以永恒理念为对象，而科学只是在现象界游刃有

① 转引自张序. 天才之道：西方思想史上的天才观. 成都：四川人民出版社，2000：27.
② 转引自张序. 天才之道：西方思想史上的天才观. 成都：四川人民出版社，2000：35.
③ 转引自张序. 天才之道：西方思想史上的天才观. 成都：四川人民出版社，2000：67.
④ 张序. 天才之道：西方思想史上的天才观. 成都：四川人民出版社，2000：16，27，35，67.

余，却不能在超越现象界的地方发挥任何作用。因而，科学家只要其作为科学家，就永远与天才无缘。[①]

这一时期，人们将创造性天才视为不同于一般人的超人，否认创造性活动中的理性与逻辑成分，使创造性充满神秘感，扩大其非理性因素，不敢涉足其研究。正如美国创造学家戈顿（W. Gordon）所言："19世纪，浪漫主义关于创造力性质的传统观念把重点放在美术和诗歌上，把它们看作仅有的创造事业，而且坚持个人天才的重要地位，以至于把人类所有的创造经验都塞进个人黑牢。"[②]因而，在科技不甚发达的思想启蒙时代，创造性尽管被视为人所拥有，但其实成了一种抽象的"人性"，仍然带有神秘的色彩。

（三）理性主义、科学技术与创造观的"物性化"

文艺复兴运动使人的主体性得以确立，体现这种主体性的人的科学和理性精神进一步得到弘扬。科学和理性不仅是破除封建思想的有力武器，更是工业文明的开路先锋。在理性主义哲学思潮的影响下，认识、知识、智慧被看作人的本质。培根提出"知识就是力量"的命题，将代表理性的科学知识看作人之所以能够控制自然、做自然的主人的根本力量，这种思维方式极大地促进了科学的发展，而理性精神在科学的发展中也得到了极大的表现和强化。随着科学技术的发展，西方各国逐渐将人的理性精神与工业化发展联系起来，科学和理性使人类取得巨大的物质成就，满足了人们冲出中世纪禁欲主义、从"彼岸"转向"此岸"而追求世俗幸福生活的愿望。这样一来，文艺复兴时期的人文精神在得到继承的同时，贴近科学和工业化实践方面要求的理性及人的主体性成为主导价值，因此，理性主义成为深入人心的文化精神，深深地影响了人们对创造性的认识。

（1）理性主义成为人们认识创造性的理论基础

广义的理性是指与人的本能相对的自觉状态，"是对行为和目的的分析、判断与设计，即一种相对于感性、直觉、情感和欲望的思想能力，它的典型或最纯粹的形态是指人在概念基础上进行逻辑判断和推理的能力，在近代科学中它得到最完美的体现。应当说，它是人从童年阶段达至成熟阶段的标志"[③]。

理性主义在不同的时期有不同的内涵，但是其基本的精神就是独尊理性，将人的认识能力视为人的最为本质的东西，古希腊"爱智慧"的哲学传统就充分体

---

① 金惠敏. 纯粹认识或世界之眼：论叔本华美学中的天才. 人文杂志，2002（2）：99-104.

② 威廉·戈顿. 综摄法：创造性思考的方法. 林康义，王海山，唐永强，等译. 北京：北京现代管理学院，1986：6.

③ 柳延延. 科学的"真"与生活的智慧. 中国社会科学，2002（1）：31-39，205.

现了这种精神。即使在中世纪，奥古斯丁（S. Augustine）的“信仰寻求理解”也体现了一种特殊的理性精神，这就是在信仰的前提下，向那些不太理解上帝启示的人们证明《圣经》的神圣真理。正是由于这些理性精神以及理性思维活动，西方近代科学才得以产生。文艺复兴运动以后，经过宗教改革、启蒙运动，古希腊和中世纪的理性精神在工业化的实践中逐渐演化为一种现代的理性精神，“其要点在于将使用理性的范围限定在人的经验可以检验的范围。从原来没有限定到用经验限定有极大的意义，它使现代理性体现出三大彼此相关的精神”，这三大精神就是对“话语合法化”得到的真理的怀疑精神、对事物解释寻求自然物质原因而不是靠人类理性理解不了的超自然能力的唯物精神和实证精神。①

现代理性精神和科学技术的结合给人类带来了巨大的社会物质财富和精神财富，科技的迅猛发展使人对于自然的非凡改造和征服能力得到淋漓尽致的体现。人们不断地仰慕理性和科学技术的神奇力量，甚至认为只要掌握科学技术，就能解决一切问题，就能创造一切。在这种理性至上的思潮推动下，大量科技领域的发明创造如雨后春笋，人由此深深认识到自己凭借理性这一有力武器，就能成为名副其实的创造者，创造对于人来说已经不再那么神秘，它只不过是人的理性的运用而已。于是，人们越来越认识到理性是人的创造性的有力体现，理性主义的思维方式也渗透到关于创造性的科学研究中，人们把创造性研究的重点也集中于物质活动领域，对于科学技术发现与发明中的创造行为的研究逐步开展起来。这个时期，人们关于创造性的研究已经把目光从人类精神困境的超越转移到了物质创新的领域，大量体现理性精神的自然科学研究方法、技术和成果应用于心理学研究，形成了以实证主义哲学为基础的科学心理学并成为心理学的主流。以认知为中心的，体现逻辑、方法、技巧的创造力研究成为创造性研究的主题，由此促进了 20 世纪初以创造技法为主要内容、着力于物质创新的创造学的萌生。

（2）创造观的“物性化”

随着现代理性精神的不断膨胀，科技逐渐成为人类文化的重要组成部分，一切依赖科技的思维方式成为时代的主要甚至唯一的思维方式，这种思维方式“只在将一切知识和认识转换成资讯能量时，才予以承认，将总体的人变成消极地接受的工具，把艺术语言变成机器语言，在这种机器语言中，一切有生命的独特的东西被置于单一的、凝固的逻辑之下，于是所有差异、矛盾、色彩、个性、独特性统统被宰割。诗与商业广告、艺术创造与机械复制在科技思维那里是同等的，都是作为资讯的符码而存在——语言仅仅是交易的工具，艺术品纯粹是一种通

① 柳延延. 科学的“真”与生活的智慧. 中国社会科学，2002（1）：31-39，205.

货，决不容忍不可比的、朦胧的、知觉的、纯属心灵的东西”①。以这种科技的思维方式看待人的创造性，则必然将人看成理性的工具，创造性也局限在单向度“人力”的层面，“充满世俗感性自然欲求的活生生的个体和具有丰富个性的个人这方面的内容被搁置不论，最多只能充当一种文化副本”②。

20 世纪以后，体现理性主义实证精神的自然科学研究方法和实证主义研究路线占领了心理学，形成了心理学的主流，即科学心理学。科学心理学在研究范式上推崇和仿效自然科学的实验方法及技术，注重可控制、可观测、可重复验证的客观现象的实证探讨，将科学技术中对物的研究实施于人的研究，使得人的错综复杂的心理现象（尤其是价值、意义层面的“应然”现象）被肢解和窄化为物质性因素，人成为物化和简单化的客观研究对象。在实证的视野下，人的创造性也就自然成了一种“能产生新颖独特和具有价值的产品”的外在“能力”，即作用于物质世界的“人力”；外在的、可测的创新“产品”是衡量这种“人力”的“创造性”的唯一尺度，而体现活生生的人性的人格、情感等个人丰富的内在精神因素不过是外在的创造能力与创造性产品的附属物和催化剂。在科学心理学中，即使是对人格、情感等现象的研究，也仅是对其可测、可验证和观察部分的局部实证研究，即物化的研究。这样，从人们的观念到研究方法，创造性被完全“物性化”。这种“物性化”创造性的重要体现就是：创造性与人性分离，仅仅靠物质性因素来表征；一个人具有创造性仅仅意味着其能产生新颖独特的“物性化”产品，外在的物质创新成就是衡量人的创造性的唯一尺度，而精神层面的自我更新和超越被忽略；体现理性的认知能力成为创造性的核心甚至唯一的组成，人格现象仅仅成为创造产品和创造能力的附庸，这样的“人格”也不能体现丰富人性的完整心理面貌，而是一种外部可测的“物性化”个性特征。

“物性化”创造观使人们在创造性的认识上仅仅关注个体作用于外部世界的创造能力的研究与发展——给人类带来了巨大的物质成就，大力促进了物质创新尤其是科学技术的发展。然而，在这种观念下，创造力的发展成为一种外在的发展而非人性的完善，人被看成具有一种生成创新产品的功能，人格成为产品的附庸，认知与人格相分离，精神被外在物质统治，人成为其创造力和创造物的“奴隶”。

“物性化”创造观与“神性化”创造观尽管都是对人的创造性的否定，但是

---

① 让-弗朗索瓦·利奥塔. 后现代状况：关于知识的报告. 岛子译. 长沙：湖南美术出版社，1996：231-232.

② 韩庆祥，王勤. 从文艺复兴“人的发现”到现代“人文精神的反思”：近现代西方人的问题研究的清理与总结. 北京大学学报（哲学社会科学版），1999（6）：13-24.

两者有很大不同。“神性化”创造观尽管对于人的超越性品质有较为系统的论述，但其前提是人的创造主体地位的丧失，因而从本质上讲，在这种创造观下，人的创造性尚未真正生成；“物性化”创造观肯定了人的主体的创造性，将创造性视为人的属性，只不过是将这种属人的创造性单向化和物化，将本是人性精华的创造性与人的整体人性相分离，这是一种对于人的创造性的扭曲、变形、破坏甚至扼杀。创造性的“神性化”与“物性化”在人的受动性和被决定性意义上尽管有相同的本质特征，但是“物性化”创造观是一种历史的进步。

（四）人本复兴与创造观的“泛性化”

20 世纪中期，针对科学主义带来的人类精神缺失，针对科学心理学对于人性的物化和割裂，人本主义心理学予以坚决的反击。人本主义心理学以人性为核心，从个人的价值出发提出了以人格为核心的创造性思想，并产生了很大影响。在人的创造性论述中，最有代表性的是美国人本主义哲学家和精神分析心理学家弗洛姆（E. Fromm）的思想，以及美国人本主义心理学创始人马斯洛（A. H. Maslow）的思想。

（1）人本主义心理学是以人格为核心的创造观

人本主义从人性的价值出发，将人的创造性首先归结为人格，而创造性产品仅仅是人格映照出来的副现象。弗洛姆认为，外在的创造性产品并不足以说明一个人具有创造性，决定一个人是否具有创造性还要看其人格的“创造指向”，因为物质创造只是属于性格部分最常有的创造表现。人格的创造指向是“指一种基本的态度及一种在人类经验的一切领域内的‘关系形式’。它包括对其他人、对自己以及对一切事物的精神、情绪与感觉的反应”①。在弗洛姆看来，这种性格的创造指向才真正体现了人的创造性。他认为“一个人尽管没有天才创造可以看到或可以表达的东西，但也能达到富于创造性的经验、观察、感觉和思想。创造性是每一个人都具备的一种态度，否则就是他在精神和情绪上有问题”②。在他看来，一些无理性的、不自主的活动有时也能产生物质上的创新成就，但是这种作为“活动的实际效果”的物质成就不能必然地说明人的创造性，因为相对于人格来说，成就是第二位的，“虽然人的创造性确能创造出属于物质上的东西、艺术作品或思想体系，但最重要的创造对象是人自己”③。

马斯洛把创造性以性格学的方式运用到人、活动、过程和态度上，提出了

① 弗洛姆. 追寻自我. 苏娜，安定译. 延吉：延边大学出版社，1987：100.
② 弗洛姆. 追寻自我. 苏娜，安定译. 延吉：延边大学出版社，1987：101.
③ 弗洛姆. 追寻自我. 苏娜，安定译. 延吉：延边大学出版社，1987：108.

“特殊才能的创造性”和“自我实现的创造性”。前者是发明家、科学家、艺术家等特殊人才身上反映出的创造性，表现为能得到社会承认的创造性产品；后者是每个人一生下来就有的继承特质，它更多的是由人格产生，表现在日常工作和生活的方方面面，是一种具有新价值的体验和特殊的洞察力。由于专业的深化，这种创造性有可能发展成为“特殊才能的创造性”。

马斯洛认为，健康、天赋、天才和多产不是同义的，因为有许多人有创造力并且是健康的，但是并不多产，反之，许多做出创造性成就的人是心理不健康的人。因此，他强调一种与心理健康相关协变（covary）的创造性，这种创造性是每个人生下来就有的特质，可以表现于任何方面，同时指出“几乎所有的角色和工作，都既可以有创造性，又可以没有创造性”①。

马斯洛认为，按照传统的创造观念，一位没有受过教育、贫穷的、完完全全的家庭妇女，她所做的那些工作没有一件是有创造性的，然而她却是奇妙的厨师、母亲、妻子和主妇。她的生活风格、技能、情趣都是独到的、新颖的、精巧的、出乎意料的、富有创造力，因而是有创造性的。“第一流的汤比第二流的画更有创造性”，“做饭、做父母以及主持家务，可能具有创造性，而诗也不必定具有创造性”。②这种创造性就是马斯洛提倡的“自我实现的创造性”。马斯洛总结道：“自我实现的创造性首先强调的是人格，而不是其成就。强调自我实现创造性的表现或存在的品质，而不是强调其解决问题或制造产品的性质。自我实现的创造性是‘放射到’或散发到或投射到整个生活中的，正如一个振奋的人没有目的地、没有谋划地，甚至也不是有意地‘放射出’兴奋一样。”③

（2）人本主义心理学的创造观的“泛性化”及其局限

人本主义心理学反对将人“物性化”，以积极健康的人性、人的潜能为出发点来阐述人的创造性，将人性价值作为其科学研究的精髓，这在西方心理学界独树一帜，产生了极大影响，被称为相对于弗洛伊德的精神分析、华生的行为主义而言的心理学“第三思潮”。人本主义这种强调人性、将人格视为核心的创造观对于弘扬创造性的人性价值、挖掘个体自我的创造潜能从而克服创造性的“物性化”和人性的异化倾向具有极大的理论价值，它对克服我国目前教育中存在的工具主义倾向、树立以人为本的教育理念具有现实意义。但是，人本主义关于创造性的思想在社会生活和教育实践中并没有产生实质性的预期影响，这也显露出其在思想和理论上的局限。

---

① 马斯洛，等. 人的潜能和价值：人本主义心理学译文集. 林方主编. 北京：华夏出版社，1987：245.

② 马斯洛，等. 人的潜能和价值：人本主义心理学译文集. 林方主编. 北京：华夏出版社，1987：244.

③ 马斯洛，等. 人的潜能和价值：人本主义心理学译文集. 林方主编. 北京：华夏出版社，1987：253-254.

第一，人本主义心理学的创造观建立在抽象和孤立的人性论基础上，与社会环境和社会活动割裂，缺乏社会现实性。人本主义心理学将创造性视为人性的体现，这一点具有十分积极的意义和价值。但是它将这种人性的核心理解为人所固有的、不可改变的生理和心理因素，而人的创造性也受到这些必须被满足的生物和心理需要驱使，这种需要与特定的社会历史文化并没有必然的联系，忽视人的创造性发展中社会性和社会实践的影响。“在马斯洛那里作为自我实现出发点的‘人’，其实质是一个生物学意义上的人，是与社会、历史文化并无本质联系的抽象、孤立的人。”[①]这样，对于处在社会实践活动中的具体的个人来说，这种创造性理论就显得空洞无力。实际上，不存在脱离社会实践活动和社会文化背景的抽象、孤立的人性，人性只能在社会关系、社会实践活动中体现[②]，体现这种“劳作”的人性的创造性也只有在社会实践活动中才能体现，人格与社会实践活动也不是割裂的，人格是活动中所体现的人格，将人格放在首位一定要以社会实践活动和社会文化为前提。

第二，人本主义心理学的创造观实际上是一种“泛性化”创造观，就是将健康人格的许多特征不加区分地归为创造性。人本主义心理学这种“泛性化”创造观将人的创造性与心理健康、完善人性、自我实现几乎看作同义语，没有明确的界定和说明，因而显得模糊和泛化。马斯洛也意识到这点，并指出“我试图打碎那种能得到广泛承认的创造力概念，而又没能提出一个精密的、明确定义的、完全区别开的代替概念。自我实现的创造性是很难下定义的，因为有时它与健康本身似乎是同义的”，“由于自我实现或健康最终必须定义为实现最完全的人性，或实现这个人的‘存在’，因此，自我实现和自我实现创造性，看来也几乎是同义的，或者说自我实现创造性是自我实现的绝对必要的方面，或是它的规定性的特征”。[③]创造性固然为人生来就具有的潜质，但是它的发展和体现必须在具体的社会实践活动中通过个体超越性的能动作用实现，创造性只能在个体超越性的活动中体现。只有新颖独特、具有社会价值和人性价值的超越性品质才是创造性的组成因素，而许多体现健康人性的人格现象、自我实现者的特征（如“自发性”“洞察生活的能力”“真与善的统一”等）是个体创造性的个性体现和超越的结果。以这些层次不一、表现各异的人格特征来界定人的创造性必然造成泛化和模糊，掩盖作为人性精华的创造性的基本特质。

---

① 吴倬，孟宪东. 人本主义自我实现观的理论特征与建立科学自我实现观问题. 清华大学学报（哲学社会科学版），1998（1）：22-26.

② 卡西尔. 人论. 甘阳译. 上海：上海译文出版社，1985：87.

③ 马斯洛，等. 人的潜能和价值：人本主义心理学译文集. 林方主编. 北京：华夏出版社，1987：254.

同时，创造性的“泛性化”也造成“特殊才能的创造性”和“自我实现的创造性”的割裂。应该说，这两类创造性都具有同一种创造性特质，那就是人的超越性品质，只不过前者表现在个体对于自然对象的超越而有所发明创造，后者表现在个体对于平凡个性和心理的超越而产生超越性的生活、工作态度、人格；前者更多地表现为创造能力，后者倾向于表征创造性人格。真正的创造性是指人寻求超越的品性，这种品性在两类创造性中都存在，也就是两者所共同的、体现人的超越品性的因素。将这种超越品性“泛性化”，就会出现各种彼此割裂的创造性，因为人的超越性在任何领域都有特定的体现和形式。

第三，人本主义心理学在创造性取向上存在个人价值本位。人本主义心理学主张在发展人的创造性时从自我出发，通过自我认识和自我体验了解自己的先验本性，再进行自我设计、挖掘自我潜能，从而做到自我实现。这种忽视人的社会性、历史性、实践性和具体性的自我实现是不可能的，因为离开社会关系，个人无法自我认知；离开社会活动，个人也无法挖掘潜能；离开社会价值，个人价值也无法体现。

为了弘扬人性的价值，人本主义心理学在很大程度上以抽象的先验人性论为基础来论述人的自我实现和创造性发展，造成人们以纯粹的个人价值为本位，主张一种封闭的自我完善，这必然导致个人主义的滋长以及个人价值实现与社会、他人的矛盾冲突。这一点在美国的社会生活中得到了验证。正如美国心理学家扬克诺维奇（D. Yankelovich）在分析美国人追求自我实现所遇到的困境时所言：“若只凭昼夜考虑个人的感情、潜能、需要、欲望和要求，只凭学习如何更自由地维持它们，你是绝对不会成为一个更自由、更具有本能的、更富有创造性的自我，你只会变成一个更加狭隘、更以自我为中心、更加孤独的自我。你不会生长，只会萎缩。”①

人本主义心理学这种纯粹以个人价值为本位、封闭的自我完善的创造观，在实践中必然导致人的创造性发展脱离社会的、历史的、实践的和具体的个人，成为一种脱离实际的空洞理念。缺少考虑社会现实条件以及个人发展与社会进步的辩证关系，忽略了人的社会责任和能力维度，过多强调个人的自由和潜能，还会造成人们创造观念上的个人主义和自我中心意识的滋长。因此，我们要结合中国目前的社会历史条件，认真汲取人本主义心理学的智慧，并创造性地实现时代的转换，使其成为我们在教育视野下构建创造性理论的有益资源。

① 丹尼尔·扬克诺维奇. 新价值观——人能自我实现吗？罗雅，姜涛译. 北京：东方出版社，1989：414.

第二章　创新思维的理论基础

一、马克思主义关于人的全面发展学说

人的全面发展学说是马克思主义教育理论的重要组成部分，也是社会主义教育实践的基本理论依据。马克思主义关于人的全面发展学说不仅是研究创造教育理论最重要的哲学基础，也是大学创新教育实践的方法论。

由于马克思、恩格斯关于人的全面发展的论述很多，散见于多部著作之中，而且大量的是在论述其他问题时涉及人的全面发展问题，因而许多关于人的全面发展的论述有很强的针对性，与一定的社会背景相联系，没有统一、完整的定义。这就使得教育理论界对于人的全面发展众说纷纭。如何将历史与现实相结合，全面、整体地把握和理解马克思主义关于人的全面发展学说的内涵，而不是拘泥于个别词句或单本著作的字面内容，是运用马克思主义理论探讨创造教育理论和开展创造教育实践的关键。

马克思、恩格斯在分析人的本质的基础上，通过对人类社会发展的历史考察，揭示了不合理的社会分工和私有制造成的人的片面发展及畸形发展的现象，提出了大工业生产对人的全面发展的客观要求，从而在科学的基础上建立了人的全面发展学说。马克思主义关于人的全面发展学说是一个丰富的理论体系，它从多个层面、不同角度论述了人的发展的基本内容、历史背景和理论前提等。本章结合创造教育的理论与实践，着重探讨以下几个问题。

（一）人的本质与创造性的全面性

马克思认为，人既是自然的存在，又是社会的存在，因而人既有自然的属性，又有社会的属性。创造性作为人的本质的体现，也应该是人的自然属性和社会属性的统一。人作为生产力的主要因素，其创造性应充分表现在劳动能力上；同时，人作为社会成员，其创造性更多地表现为健全的精神品性。也就是说，人

的创造性是“人性”与“人力”的统一。

但是，“人的本质并不是单个人所固有的抽象物。在其现实性上，它是一切社会关系的总和”①。因而，按照马克思主义的观点，人不是抽象的人，也不存在抽象的人性。大学教育所强调的创造性的“人性”特征，不是抽象和空洞的人性，而是建立在现实社会性基础之上的。

马克思在论述人的自然属性时就肯定了人属于自然界，是受自然界制约和限制的存在物，从这一点上讲，人的自然属性与动植物一样，同时他又强调了人是能动的自然存在物。“一个种的全部特性、种的类特性就在于生命活动的性质，而人的类特性恰恰就是自由的自觉的活动。”②这种自由的自觉的活动就表现为人能以自身的创造性认识和利用自然规律，改造客观世界。生产劳动是人的基本活动，也是人类社会存在的基础。因此，人的创造性首先应该体现在其劳动能力之中。人的劳动能力是身体和精神方面的才能的统一，是体力与智力的总和，因而创造性首先应表现为体力与智力的充分运用和发展。

除此之外，人的体力与智力的运用和发展是统一于社会生产之中的。人作为社会存在，作为社会关系的总和，其发展与整个社会的发展是密切相关的。正如马克思所说：“一个人的发展取决于和他直接或间接进行交往的其他一切人的发展。”③这就意味着人的体力与智力的充分运用和发展必然依赖精神道德及审美情趣的发展。这些方面的发展是调节人与人之间的关系、促进社会发展的保障。可见，人的体力、智力、精神道德、审美情趣等诸方面的全面发展是人的本质要求，也是创造性的重要组成部分。因而，发展创造性，就是发展人的以体力与智力为核心、以精神道德和审美情趣为保障的全面的创造性。

（二）人的片面发展的实质是创造性受到抑制

在低生产力水平和私有制的生产关系的社会背景下，社会分工造成人的片面发展和畸形发展。片面发展的根本危害是抑制了人的创造性。

恩格斯指出，“城市和乡村的分离，立即使农村人口陷于数千年的愚昧状况，使城市居民受到各自的专门手艺的奴役。它破坏了农村居民的精神发展的基

---

① 马克思，恩格斯. 马克思恩格斯全集（第 3 卷）. 中共中央马克思恩格斯列宁斯大林著作编译局译. 北京：人民出版社，1972：5.

② 马克思，恩格斯. 马克思恩格斯全集（第 42 卷）. 中共中央马克思恩格斯列宁斯大林著作编译局译. 北京：人民出版社，1979：96.

③ 马克思，恩格斯. 马克思恩格斯全集（第 3 卷）. 中共中央马克思恩格斯列宁斯大林著作编译局译. 北京：人民出版社，1972：514.

础和城市居民的体力发展的基础”[①]。城市与农村的分离、物质劳动与精神劳动的分离，使专门的体力劳动者与脑力劳动者的发展片面化。随着资本主义生产的发展，社会分工纵深发展到生产的内部，人的发展依然是畸形的。“工场手工业把工人变成畸形物，它压抑工人的多种多样的生产志趣和生产才能，人为地培植工人片面的技巧”，“不仅各种局部劳动分配给不同的个体，而且个体本身也被分割开来，成为某种局部劳动的自动的工具”。[②]在资本主义大机器生产时代，科学作为一种独立的生产劳动能力与劳动相分离，“生产过程的智力同体力劳动相分离，智力变成资本支配劳动的权力，是在以机器为基础的大工业中完成的”[③]。在这种情况下，“大工业的机器使工人从一台机器下降为机器的单纯附属物”[④]，所以资本主义的社会分工造成了人的发展的畸形化。

从以上论述可以看出，片面发展具体表现为体力发展与精神发展的不平衡、能力的局部发展、人成为机器或机器的附属物。实质上，片面发展就是限制人的发展，使人的发展不能变为现实，人的潜能得不到发挥。片面发展的最终结果就是人背离本性而成为一种被动物，从而导致人性发展的不完善，以及人的主体性（尤其是创造性）的抑制。

全面发展与片面发展的本质区别不在于人是否成为无所不能的全才，而在于人的本质属性（即创造性）是否得以充分发展。只有人的创造性得以充分发展，人的发展才可以说是全面的发展，才是真正意义上的发展。因而，教育促进人的发展的本质要义就是发展人的创造性。

（三）人的劳动能力的发展是人的全面发展的核心

（1）人的劳动能力的含义

马克思将劳动能力理解为“人的身体即活的人体中存在的、每当人生产某种使用价值时就运用的体力和智力的总和”，“整个所谓世界历史不外是人通过人的劳动而诞生的过程，是自然界对人来说的生成过程”[⑤]。恩格斯也指出，“只要

① 马克思，恩格斯. 马克思恩格斯全集（第3卷）. 中共中央马克思恩格斯列宁斯大林著作编译局译. 北京：人民出版社，1995：330.

② 马克思，恩格斯. 马克思恩格斯全集（第23卷）. 中共中央马克思恩格斯列宁斯大林著作编译局译. 北京：人民出版社，1972：399.

③ 马克思，恩格斯. 马克思恩格斯全集（第23卷）. 中共中央马克思恩格斯列宁斯大林著作编译局译. 北京：人民出版社，1972：469.

④ 马克思，恩格斯. 马克思恩格斯全集（第23卷）. 中共中央马克思恩格斯列宁斯大林著作编译局译. 北京：人民出版社，1972：331.

⑤ 马克思，恩格斯. 马克思恩格斯全集（第42卷）. 中共中央马克思恩格斯列宁斯大林著作编译局译.北京：人民出版社，1979：131.

人的最重要的历史活动，使人从动物界上升到人类并构成人的其他一切活动的物质基础的历史活动”[①]，劳动也属于最重要的历史活动。因此，劳动是人的自我实现和肯定的手段，是人类社会存在和发展的条件。

人的劳动能力（即体力与智力的总和）是在生产劳动中形成的，同时也是生产劳动的基础。人的劳动能力发展的程度是个人发展的标志，更是人类社会发展的标志。因而人的劳动能力是人的本质力量的体现。

人的劳动能力不仅仅包括我们通常所说的体力与智力，根据马克思关于人的本质的论述，人的劳动能力的全面发展还体现为道德情操和审美情趣的发展。劳动作为一种最重要的人类活动，既有自然属性，又有社会属性。人的体力与智力的水平只是作为个体潜在的力量而成为实现劳动的前提，人的体力与智力的发挥还有赖于一定社会关系的保障。

人在形成劳动能力的社会劳动实践中，必然形成一定的社会关系，这种社会关系在很大程度上体现为人与人之间的合作关系。为了进行这种合作，社会必然建立一定的行为规范，以协调人与人之间的关系，而道德正是协调人与人之间的关系的行为规范。道德是人形成劳动能力的基础，又是人发挥其劳动能力的保障，还是人的劳动能力的组成部分。马克思还指出，人与动物的根本区别之一就是“人也按照美的规律来建造”[②]。可见，审美是人的劳动能力的特有方式。只有审美的劳动方式，即将审美纳入劳动能力和劳动活动之中，才能达到人的劳动与享受的统一，劳动才能成为人的生存和发展的统一体现。所以，劳动能力的全面发展也包括人的审美情趣的发展。

（2）劳动能力的发展是全面发展的核心

人的劳动是一种生存与发展、工作与享受相统一的活动，人的劳动能力既不单指智力，也不单指体力，而是体力与智力、能力与志趣、道德精神与审美情趣等多方面的整合体。人的劳动能力在其从事具体的活动中就体现为其各种活动能力。人的各种活动都是人的体力与智力的一般运用。人的劳动能力的全面发展表现为各种具体活动能力的全面发展，如果人不具备从事多方面活动的能力，就谈不上劳动能力的全面发展。因而，人的身体与精神、体力与智力全面、统一、协调地发展，正体现了人的全面发展，也就是集中体现在人的劳动能力的发展。劳动能力的全面发展是人的全面发展的核心。

---

① 马克思，恩格斯. 马克思恩格斯选集（第 3 卷）. 中共中央马克思恩格斯列宁斯大林著作编译局译. 北京：人民出版社，1995：457.

② 马克思，恩格斯. 马克思恩格斯全集（第 42 卷）. 中共中央马克思恩格斯列宁斯大林著作编译局译. 北京：人民出版社，1979：95.

劳动作为是人类特有的活动，其根本特点就在于劳动凝聚着人的创造性。离开创造性，劳动就不能显现人类的本质力量。因而，发展学生的创造性，本质上就是发展其劳动能力。

（四）人的全面发展的方式

对于教育来说，人的全面发展最基本的含义应该包括发展什么（发展的内容）和怎样发展（发展的方式）两个方面的内容。从以上的论述中我们不难看出，人的全面发展的内容从范围上讲，应该是德智体美劳等方面的全面发展；从层次或程度上讲，应该是人的创造性的发展。与此相适应，人的全面发展的方式是全面、自由、充分地发展。

（1）全面发展

全面发展是对主体人的理想要求，就是指人作为一个整体来发展，具体地说就是人的德智体美劳等方面全面、统一、协调地发展。

马克思在论述人的本质的基础上，通过对私有制下的社会分工造成人的片面发展和畸形发展的揭露和批判来阐述人的全面发展。按照马克思主义观点，片面发展实际上就是非人性发展。因为它使人性发展得不完善，且严重抑制了人的创造性发展，所以发展大学生的创造性不是片面地发展其创造能力或创新技巧，而是在培养其全面素质的基础上发展其创新能力、创新精神、创新人格、创新道德等，不断完善其人性，从而达到“人性”与“人力”的统一。

（2）自由发展

马克思主义认为，共产主义社会是“个人的独创的和自由的发展不再是一句空话的惟一社会”①。自由发展，马克思主义认为其有以下几种含义：第一，人的发展不屈从于强加给他的任何条件和活动。也就是说，自由的发展应该是主动的发展，发展的活动是生存与享受的统一。第二，人的发展能被个人驾驭。人有充分的闲暇，使自身的个性、积极性和创造性得以施展。第三，人的发展不为物所役。马克思主义认为，在资本主义社会，“物的关系对个人的统治、偶然性对个性的压抑，已具有最尖锐最普遍的形式”②。“不仅是工人，而且直接或间接剥削工人的阶级，也都因分工而被自己活动的工具所奴役；精神空虚的资产者为

① 马克思，恩格斯. 马克思恩格斯选集（第3卷）. 中共中央马克思恩格斯列宁斯大林著作编译局译. 北京：人民出版社，1995：516.

② 马克思，恩格斯. 马克思恩格斯选集（第3卷）. 中共中央马克思恩格斯列宁斯大林著作编译局译. 北京：人民出版社，1995：515.

他自己的资本和利润欲所奴役；律师为他的僵化的法律观念所奴役，这种观念作为独立的力量支配他；一切‘有教养的等级’都为各式各样的地方局限性和片面性所奴役，为他们自己的肉体上和精神上的近视所奴役，为他们的由于受专门教育和终身束缚于这一专门技能本身而造成的畸形发展所奴役，甚至当这种专门技能纯粹是无所事事的时候，情况也是这样。”①人只有冲破物的束缚，完善人的本性，才能实现自由发展。

自由发展体现了人的创造性发展的客观规律，然而我国部分大学教育中有些因素是不符合这一规律的。功利主义的教育思想使部分大学在培养人才的目标上过分迎合市场，满足市场的短期专业需要，因而重物轻人，注重“人力”及经济效益，忽视提升人的精神境界。这样就使一些大学生的发展违背其本性而受外物的驱使，必然阻碍其创造性的自由发展。

除此之外，一些大学教学管理中存在对大学生个性过分束缚、大学生的学习处于被动地位等有违大学生创造性的自由发展的个别情况。值得注意的是，自由发展并非放任自流。从创造性人物的个案分析中可以看出，创造性发展既需要兴趣和闲暇也需要毅力和自制力。因而，在提倡大学生自由发展时，不能一味地强调个性、兴趣、闲暇，而应充分认识到艰苦的思索和顽强的毅力是创造性发展的根基。

（3）充分发展

人的充分发展就是对人的潜在本质力量（潜力）的充分唤醒。人的潜力是人的全面发展的前提。人的潜力是巨大的，是“人类生成发展的自然历史过程在个人身上的自然积淀和文化积淀”②。这种积淀的精华就是人的潜在的创造性。人的充分发展就是要将这种潜在的创造性转化为现实的创造性，教育的过程就是促进人的潜在的创造性最充分地转化。只有这样，人的全面发展才能在程度上得以提高，人的本质力量的创造性才能得以丰富和提升。社会实践是人的创造潜力充分发展的唯一途径和实际过程。充分发展的标志是对个体而言的，只要个体的潜能得以充分挖掘，个体的发展就是充分的，哪怕其成就相对他人而言并不显著。

（五）人的全面发展的实现条件和途径

（1）实现人的全面发展的条件

第一，社会生产力的高度发展。人的片面发展是生产力不发达条件下的分工

① 马克思，恩格斯. 马克思恩格斯选集（第3卷）. 中共中央马克思恩格斯列宁斯大林著作编译局译. 北京：人民出版社，1995：331.

② 高清海主编，邹化政等编撰. 马克思主义哲学基础（下册）. 北京：人民出版社，1987：466.

造成的，“个人是什么样的，这取决于他们进行生产的物质条件”①。生产力大发展，不仅能为人的全面发展提供物质基础，而且能为全面发展教育提供物质和技术的保障，还能减小其劳动强度，缩短其劳动时间，使其有可能扩大自己的活动领域，获得更全面的发展。

第二，社会关系的改善。人的全面发展的实现直接取决于其社会关系。在资本主义私有制条件下，尽管生产力和物质条件高度发达，但人的发展依然受资本主义的社会关系力量的统治。马克思主义认为，只有废除私有制，才能为人的全面发展铺平道路。

第三，教育的作用。马克思主义认为，教育能使年轻人“摆脱现代这种分工为每个人造成的片面性”②，但教育本身也是受生产力、社会关系制约的。因而，并不是所有教育都会起到促进生产力、改善生产关系、消灭旧式分工和促进人的全面发展的作用，屈从于物统治人的关系、屈从于旧式分工的教育是不利于人的全面发展的。因此，在社会主义条件下，教育也必须进行改革。

社会生产力的发展使现代教育呈现一个明显的特征：培养全面发展的个人的理想和理论逐渐走向实践。发展大学生全面的创造性，从而造就创造性人才，是21世纪发展的要求，同时，21世纪高度发展的社会生产力和不断完善的社会生产关系也为大学教育培养高素质的创造性人才提供了可能。

（2）实现人的全面发展的途径

生产劳动与教育相结合，开展全面的实践活动，是人的全面发展的根本途径。马克思指出，“人应当通过全面的实践活动获得全面的发展”③，但这并不是说，只要人参加德智体美劳等多方面的活动，就能实现全面发展，更重要的是要认识和处理人与活动以及人与物的关系。“人的发展不能解释为劳动（体力劳动和脑力劳动）的发展，不能解释为劳动的结合。只有当我们把体力劳动和脑力劳动相结合理解为人的劳动能力获得了多方面的、充分的、统一的发展时，才能与人的全面发展含义联系起来。”④人的活动应是生存与发展、工作与享受、功

① 马克思，恩格斯. 马克思恩格斯选集（第3卷）. 中共中央马克思恩格斯列宁斯大林著作编译局译. 北京：人民出版社，1995：24.

② 马克思，恩格斯. 马克思恩格斯选集（第1卷）. 中共中央马克思恩格斯列宁斯大林著作编译局译. 北京：人民出版社，1995：223.

③ 马克思，恩格斯. 马克思恩格斯选集（第3卷）. 中共中央马克思恩格斯列宁斯大林著作编译局译.北京：人民出版社，1995：332.

④ 厉以贤主编，国家教育委员会人事司组织编写. 马克思主义教育思想. 北京：北京师范大学出版社，1992：87.

利与理想的统一。“真正做到人是目的，人才能得到真正的全面发展。”①因此，大学教育活动的开展应充分遵循大学生创造性发展的规律，在全面的创造性实践活动中完善大学生“人性”与“人力”相统一的创造性。

二、道家哲学中蕴含的创新思维

以先秦哲学为核心的中国哲学蕴含着丰富的创造教育思想的资源。然而，中国哲学由于表达思想的方式偏重比喻、暗示等手法，显得不够明晰，因此一些教育者不能充分吸取其思想精华。充分挖掘中国哲学的丰富资源是创造教育理论研究的题中之义。本部分仅讨论道家哲学的创新思维。

（一）人有巨大的创新潜能

老子的哲学思想为创造教育奠定了坚实的哲学基础。这首先表现为它赋予人创新主体的地位，并认为人有巨大的创新潜能。在中国文化历史上，人的创新主体地位的确立并不像西方那样经历了一条漫长而曲折的道路。中国哲学“既不依附科学亦不依附宗教”②，从一开始就弘扬了人的主体性和创新精神。

老子认为，“道”是产生天地万物之母。将人列入道、天、地之列，老子否定了人格化神的存在，从而否定了神对人的主宰。在“道”“天”“地”“人”四者的关系中，“道”是老子哲学的最高范畴，是宇宙最根本的存在，因为它“先天地生”“可以为天地母”（《老子道德经》第二十五章）。这里，“天”与“地”是物质的存在，不称其为主宰。而“道”是宇宙中的最高主宰，但道的主宰作用只是让万物顺其自然而不要违背自然规律，其主宰实际只是宇宙的普遍规律而已，因而道并不像西方圣经中的人格化的神那样主宰人类。只有人才是宇宙中唯一的主体。

老子又说：“人法地，地法天，天法道，道法自然。”（《老子》第二十五章）“无为而无不为。”（《老子》第四十八章）人取法地，地取法天，天取法道，而道之法是自己如此。这里又讲到人、地、天、道这四者的关系。在这个关系中，人是主体，地、天、道是人取法的对象，归根到底，是人取法道。人取法道可以说是“无为”，以“无为”为前提，人就能“无不为”。“为”指人的一切活动，自然也包含我们现在所说的创造性活动。

老子“无不为”的思想在弘扬人的创造性方面，与当代人本主义代表人物马

---

① 高清海主编，邹化政等编撰. 马克思主义哲学基础（下册）. 北京：人民出版社，1987：466.

② 张岱年. 中国哲学大纲：中国哲学问题史. 北京：中国社会科学出版社，1982：164.

斯洛的“人人都有创新的潜力”相比有过之而无不及。根据这种思想，人可以在不违反自然法则的前提下自由创造，因而具有巨大的创新潜能。老子从哲学的高度肯定了人具有“无不为”的创新潜能，这就为创造教育提供了思想前提。

（二）教育完善人性就是要弘扬人的创造性

英国哲学家罗素认为老子的“生而弗有，为而不恃，长而不宰”（《老子》第十章）是专门提倡人类的创新冲动而抑制占有欲的，所以老子的哲学是最高尚、最有益的哲学。只有弘扬创新并抑制占有，人类才能减少争斗，社会才能进步和发展。[①]创新和占有，用老子的话说就是“生”和“有”。与“生而弗有”意思相近的句子在《老子》中出现多次，可见老子对“生而弗有”的思想的重视。从这个意义上引申，弘扬创新并抑制占有是促进人性完善和社会健康发展之道，应成为教育促进人的发展的本质。

老子还提出了弘扬创新并抑制占有的方法论思想，那就是“物皆自生”的哲学思维模式：哪怕是你生产的，你的生产活动也是此物自身运动的组成部分，谁也没有占有的依据。[②]西方所谓“优胜劣汰”的思维模式在很大程度上助长了人的占有欲。

弘扬创新与抑制占有，两者是一个统一的过程。因为占有使对象越来越少，人们必趋于争斗；而创新使对象越来越多，创新者在给予别人的同时，自己丝毫不损，反而获得快乐。事实上，科学家、艺术家将自己的创新成果公布于众和奉献社会时，自己也获得了极大的快乐，这就是老子所说的“既以为人己愈有，既以与人己愈多”（《老子》第八十一章）。弘扬创新就是抑制占有，弘扬人的创新性是教育完善人性的核心，同时，“生而弗有”也是道德的最高原则。充分领会老子的创新思想对于今天协调创新活动中的行为冲突、弘扬美德是极其有益的。

（三）发展人的创新性与客观规律

“无为”是老子哲学的一个基本思想。“无为”并不是教人消极地不进行创新，相反，这里体现出老子深谙创新规律，同时也反映出老子鼓励人们去创新的积极态度。这是因为：第一，“无为”蕴含着“无违”，即不要违背客观规律。“无为”体现的是创新与客观规律的关系。人的所为（包括创新）不能违反客观规律，这正是创新的前提和创新成功的保障。然而，人的创新的奇妙之处就在于利用规律所允许的偶然性作用，通过自身有目的的活动创造出规律本身无法产生

① 涂又光. 楚国哲学史. 武汉：湖北教育出版社，1995：248.

② 涂又光. 楚国哲学史. 武汉：湖北教育出版社，1995：248-252.

出来的东西。只有“无为”，才不会出现像发明“永动机”之类的荒唐的发明创新，由此可见，老子深谙创新规律。第二，老子又说“无为而无不为”（《老子》第四十八章），这里“无不为”充分阐明了人的创新潜能。“无为”并不是仅仅停留于无所事事，而是为了“无不为”。第三，如何真正做到“无不为”？老子主张“为无为”（《老子》第六十三章）。“为无为”是积极的无为，只有“为无为”，即探索客观规律且不违背客观规律，才能知其不可而“无为”，进而才能“无不为”。“为无为”本身就是创新活动，因为人类一切创新如科学发现、技术发明等，都是发现客观规律和利用客观规律。因而，按老子的思想，创新活动的基本规律是“为无为—无为—无不为”。

同时，“无为”也是一种创新性人格，是圣人处世的态度。“是以圣人处无为之事”（《老子》第二章），只有极具智慧、懂得自然规律而品格高尚的人，才能不强作妄为。老子的“无为”的思想对大学创造教育具有极大的方法论启示。教师就是要“行不言之教，处无为之事”，充分遵循学生的个性和创新性发展的自然规律，并在此基础上发展其创新性。

（四）创新的精神境界

涂又光认为：“至于老庄思想的积极作用，则在一个‘放’字，帮助人冲决思想网罗，解除精神枷锁，把社会成员个人能量尽量释放出来，成为中国历史和文化的创造力量。在释放中国人创造力方面，老庄的积极作用首屈一指，其他各家无法相比。”①“精神生活必谴是非之类，否定一切条条框框，不受任何约束，从而获得无限的精神解放，无限的精神自由。这样的精神状态，才能无限释放精神能量……《庄子》全力开发这样的创新精神。”②这两段话揭示了庄子创新思想的精华。

庄子哲学从人的本性意义上极力突出个体的价值与尊严，呼唤人性的复归。他认为“自三代以下者，天下莫不以物易其性矣”（《骈拇》）。人的自然本性被外在的物（如名和利等）掩盖、扭曲、伤害，人只有超越这一切的束缚，复归人的自然本性，才能真正实现价值，达到精神的自由，也才能激发人的创造性。按照这种思想，教育中重物轻人的功利主义思想是有碍创造性发展的。

庄子主张用“内省”的方法来实现个体精神的自由，如“心斋”“坐忘”“唯道集虚。虚者，心斋也”（《庄子·人间世》）。颜回曰：“堕肢体，黜聪明，离形去知，同于大通，此谓坐忘。”（《庄子·大宗师》）虚静空寂，彻底忘掉一切，精

---

① 涂又光. 中国高等教育史论. 武汉：湖北教育出版社，1997：49.

② 涂又光. 楚国哲学史. 武汉：湖北教育出版社，1995：405.

神离去肉体的躯壳，才能摆脱物役，达到精神的自由，这种状态正是创新思维激发的良好状态。

现代心理学认为，创新观念的获得就是要摆脱思维定势，让精神处于自由轻松状态，从而激发人的潜意识思维，获得灵感。庄子用很多形象的故事让人体悟这样的创新精神境界，这对发展人的创新性特别是发展创新思维能力是有启发意义的。同时，庄子的思想还启示我们，过分注重名利物欲而忽视人的本体价值是不利于创新性发展的。因此，要发展大学生的创新性，就应引导其投身探究未知事物的奥秘和宇宙的和谐规律，使其不那么注重功名利禄。

三、创新思维的心理学基础

心理学理论研究为创造技法的研究和应用提供了许多科学的理论依据。了解、提炼和分析这些理论，对完善创造技法的理论研究、更好地应用创造技法是十分必要的。有关创新性的心理学研究内容十分庞杂，本书在这里仅就与创新方法问题联系密切的心理学理论进行阐述与分析，从而有利于从学理上论证创造技法的科学内涵和心理机制，为创造技法的应用和学生创造力的开发挖掘出丰富的心理学理论资源。

下面要介绍的与创造方法问题的研究关系较为直接和密切的心理学理论主要包括：①吉尔福特（J. P. Guilford）的创造力理论；②潜意识思维的“可调控说”理论；③元认知理论；④创造力社会心理学理论；⑤人本主义的心理学理论；⑥斯滕伯格的创造力理论。

（一）吉尔福特的创造力理论

吉尔福特被誉为“美国创造性心理学之父”，他的智力结构说、创新思维等理论使美国及其他各国兴起了创造力研究和开发的高潮。尽管人类创造行为的专门研究起自 1869 年英国科学家、心理学家高尔顿（F. Galton）的《遗传与天才》（*Hereditary Genius*）一书的出版，但真正对创造性才能的心理机制进行科学深入的研究，从而使创造性才能研究成为规范科学理论，却是从吉尔福特开始的。

吉尔福特关于创造力的普遍性的认识，特别是关于发散思维的理论，为创造技法的研究奠定了重要的心理学基础。他的理论为发展大学生的创新能力（尤其是创新思维能力）提供了科学依据。本部分将吉尔福特的创造力理论归纳如下。

(1) 创造力的基本特征

1）创造力的普遍性。在吉尔福特以前，人们通常认为一种创造性行为必然产生一种有形的产品，如艺术作品、技术发明、科学理论等，而且这种产品对所有人来说都是新颖的，并且对于社会是有用的。对此，吉尔福特等认为，“心理学家所要求的新颖性，是指这个观念在拥有该观念的那个人的心理生活中是新的，或那个人以前在同样的情况下不曾想到过这个观念”①。至于对社会的有用性这一要求，吉尔福特认为，从科学心理学的角度看，这种要求是过分的。

吉尔福特关于创造力的普遍性的论述具有深远的意义，它使人们从广泛的领域和研究对象上对创造力进行研究，这对创造技法的研究与推广、普通人创造力的开发（特别是推动学校的创造力培养）起到了巨大的作用。

尽管人们从哲学意义上早已认识到创新性是人的本性，人具有巨大的创新潜力，但只有在心理学意义上对学生的创造力予以确立以后，才能对教育发展人的创新性起到实质性的推动作用，也才能使创造技法研究与应用得到广泛开展。事实上，正是受到吉尔福特创造力理论的影响，美国及其他国家才开始广泛兴起创造技法研究与应用的热潮，并在学校广泛开展创新性教学与各种形式的创造力开发活动。

2）创造力与人格的关系。吉尔福特认为，创造性可以决定个体能否显示出显著水平的创造性行为。具有种种必备能力的个体能否产出具有创造性质的成果，还取决于其动机和气质特征。有时具有创造力的人表现并不出色，就在于其不具有良好的人格特征。

对于教育来说，有关创造性人格的两个问题尤为重要：一是什么样的人格特征是有益于创造的，二是有益于创造的人格特征是否可以培养。在这两个问题上，吉尔福特的研究极有价值。吉尔福特用因素分析的方法考察了有助于创新性表现的各种人格因素，并且这些人格因素可以通过环境和教育条件的种种变化而得到提高。吉尔福特提出了许多重要的人格特征，例如，“场独立性”的认知风格，即一种寻找转化的倾向，它对转化有促进作用；兴趣的倾向性，即对多样性有高需求的兴趣特征，也就是渴望新的体验、不愿重复等倾向，这些倾向有助于思维的首创性。除此之外，能力倾向的“冲动性”和自信心等品质都与发散性加工有正相关关系，对问题持开放态度的气质特征也有助于创造性的发展。

吉尔福特的这些研究对创造技法的应用有着重要的启示，它使我们看到，创新不仅仅是一个纯粹的智力方法与技巧的问题，人格特征对创造技法应用和创造

---

① 吉尔福特. 创造力与创造性思维新论. 唐晓杰，沈剑平译. 华东师范大学学报（教育科学版），1990（4）：9-18.

力开发的成效有着巨大的影响。同时，这一理论也引起了教育者在发展学生创造力的过程中对人格因素的关注，从而为学生创新性的发展提供了更为多元的途径。另外，这一理论也为创造力的评价打下了基础，使人们将创新性人格特征作为创新性的一个重要组成部分，这样学生创造性测量的内容就更为丰富。

（2）智力结构与创新思维的实质

吉尔福特在南加利福尼亚大学进行了 5 年的“能力倾向研究方案”，研究了 40 多种理智能力以及它们之间的逻辑关系，运用因素分析法提出著名的“智力结构说”①。他认为智力是用各种对不同种类的信息进行加工的能力和功能的系统组合。智力不仅是学习的能力，还应包括对创造性表现特别重要的种种能力，它是由多种能力组成的，而每一种能力都有 3 个维度的属性，即运演、内容和产品。所谓运演，就是人们操作信息内容的方式，这种方式共有 5 种：认知、记忆、发散性加工、复合性加工及评价。内容指加工的信息内容，共有视觉、听觉、符号、语义和行为 5 种。产品就是操作信息的结果或信息的形式，包括单位、门类、关系、系统、转化和含义 6 种。因此，人的基本能力共有 150 种。

在此基础上，吉尔福特将创造力界定为“多种能力的组织方式”，他还进一步指出，尽管创造性活动在不同领域的表现方式不尽相同，但创造力一般具有思维的灵活性、对问题的敏感性、观念的流畅性与首创性等特征。他认为，对创新思维来说，智力结构中最为重要的功能是运演这一类别中的发散性加工和产品这一门类中的转化。其他类别中的各种功能也许起作用，但在没有明确特征的情况下不能说出现了创新思维。运演和产品这两个类别是思维的多产性和新颖性的源泉。创新思维与信息内容的种类无关，在所有信息内容中都会出现创新思维。②

从吉尔福特的智力结构说中可以看出，创新思维的实质体现在思维具有发散性和转化的特征。发散性主要体现为从不同的角度来认识问题，强调观念的数量。转化主要体现为从一个新颖的角度来认识问题，强调观念的质量。发散和转化是两种密切相关的思维方式，但是两者在创新思维中所起的作用是不一样的。流畅性问题通常涉及发散性加工，而灵活性问题一般既涉及转化，也属于发散性加工运演这一类别。观念的首创性基本能力的测验分数则与语义转化发散性加工的转化有关。因此，在智力结构中，最能体现创新思维的因素是思维的发散性加工。但是，发散性加工能力并不能代表智力因素中的所有创造性方面。发散性加

① 吉尔福特. 创造力与创造性思维新论. 唐晓杰，沈剑平译. 华东师范大学学报（教育教科版），1990（4）：9-18.

② 吉尔福特. 创造力与创造性思维新论. 唐晓杰，沈剑平译. 华东师范大学学报（教育教科版），1990（4）：9-18.

工能力与思维的流畅性有关，即其目的是满足某一特定需要而产生许多可供选择的信息项目，因而它只注重观念的数量而忽视了观念的质量。

转化实际上是对于问题的意义的重新认识，它可以使思维摆脱定势影响，使人从多种新的角度考虑问题，这样就能减少观念的重复性，保证所需观念的质量。因而，转化和发散性加工的结合（即发散性加工的转化）是创新思维的实质。这一理论为创造技法的研究奠定了理论基础。以发散性思维和转换为创造思维的核心，就意味着应将促进个体的发散性思维和思维的转化作为创造技法的关键准则，如何使个体思维发散地进行和有效地转化是创造技法的核心机理。此外，以集体的方式进行思考，就是利用不同个体知识和信息的优势，为发散思维的进行奠定知识信息量的基础。例如，头脑风暴法和集思法都要求以集体的形式思考，并要求在人员结构中充分吸纳各种不同专业背景的人员参加，以创设发散式思维的有利条件。

发散性思维理论对于学校教学活动中学生创造力的开发有着尤为重要的意义。我国一些学校教学恰恰忽视了促进学生的创造力训练和创造性发展这两个方面。发散性思维的培养需要增强知识的综合性（特别是人文知识和科学知识并重），注重不同学科领域的思维方式的互补和融合等。这是因为发散性思维既需要多学科、多种类的知识资源，也需要思维方式的多样化。思维的转化这一特征往往更容易被学校教育忽视，转化需要思维者对问题有更高层次的认识，从而才能对问题有新的理解，这就需要其有高度的概括能力。概括能力的提高不仅需要丰富的知识和广阔的知识类别，更需要对知识的深度领会。人只有通过创造性的学习途径，才能真正领会知识的丰富内涵，从而提高概括能力。

（二）潜意识思维的“可调控说”理论

潜意识理论是创新思维最重要的理论基础，在创新思维研究的初期就有许多创造学家开始研究潜意识的心理机制，并试图利用潜意识理论来解释通过实践总结出的创造技法，并利用潜意识理论来开发和完善创造技法。许多重要的创造技法（如奥斯本的头脑风暴法、戈顿的集思法等）从本质上看就是以调动和激发潜意识为方法依据的。

（1）潜意识与创造的关系

潜意识既是一种独特的人类思维活动，也是重要的心理现象。这里的潜意识是指主体意识不到、不能主观控制的意识。潜意识有时也被称为“无意识”，但这里的“无意识”并不是没有意识，而是意识不到的思维。人们很早就注意到了思维活动中的潜意识现象，但只有弗洛伊德的精神分析学说才以临床实践为依据将潜意识理论系统化，并从精神病学角度证实了潜意识的客观存在及其奇特的创造功能。

潜意识领域思维的存在性以及对创造的重要作用，已被众多科学家、艺术家和其他发明创造者证实。许多科学家在总结自己创造的心理过程时明确无误地证实了这一点：美国生理学家坎农（W. B. Cannon）在实验中发现，当超强度紧张状态即将发生时，人的脉搏加快、血压和血糖升高、肾上腺素分泌增多，此时往往出现“颖悟的闪光”。他对 23 位学者进行了调查，发现 50%的学者有过此现象。①这种“颖悟的闪光”就是我们说的灵感或顿悟。著名科学家爱因斯坦（A. Einstein）、法国哲学家和数学家彭加勒（J. H. Poincaré）、英国数学家哈密顿（W. R. Hamilton）等一大批创造者以自己的创造实践证明了潜意识思维对于创造性观念获得的不可替代的作用。直觉、灵感、顿悟等现象就是潜意识思维的直接结果，是潜意识思维水平达到一定程度时的飞跃，是潜意识成果转化为显意识（主体能够觉察、意识到的意识）领域时的表现。

20 世纪 80 年代末，有学者就科学创造中的直觉问题对我国几位著名科学家进行了有关调查，也得到了同样的结论。下面是著名科学家张光斗教授的自述：“（在我的科学创造历程中）有借助于知觉的，即研究一个问题，事先想了一整套意见或设想，到处理这一问题时，忽然凭直觉想到一个新意见，解决了关键性的问题，但事先是没有考虑到的。例如：1950—1951 年，北京官厅水库原来设计的是混凝土坝，我作为工程顾问就参与研究，帮助工程师们设计好混凝土坝，头脑中想的就是混凝土坝。有一天凭直觉，提出改为土坝，后来证明是正确的，水库也是这样修起来的；1972—1973 年，在长江葛洲坝工程中，已开工的设计是保留葛洲坝这个江中岛，于是大家都按照这一前提来解决各种复杂的技术问题。我去了也是按照这个思路来考虑如何解决各种复杂的技术问题。后来在现场，凭直觉提出挖掉葛洲坝这个江中岛，经过研究，证明这个想法是正确的，许多复杂的技术问题就较容易解决了。当然，还要做许多试验和研究工作。现在的葛洲坝工程是照此设想做出的设计修建的。”②

（2）直觉与创造的关系

在科学研究中，这种直觉有什么特点？就是在很长一段时间的研究工作后，研究者考虑了各个方面，有了一套想法和意见，似乎很周密了，但后来又突然凭

① 坎农. 躯体的智慧. 范岳年，魏有仁译. 北京：商务印书馆，1982：27.

② 张光斗. 我的人生之路. 北京：清华大学出版社，2002：109.

直觉有了一个新想法，虽然只是一个苗头，但过去没有想到过，经过进一步研究证明这个新想法是正确的、可行的。

直觉对于科学创造有什么作用？它往往使人获得正确的途径和方法。但是这种直觉是有前提的：①必须有丰富的理论和实践经验基础，不能凭空拍脑袋，要靠平时的学习和钻研；②思想不能僵化，不要以为已经周密考虑过就不再进行思考了；③不被个人的患得患失所影响，这与世界观也有一定的关系。①

彭加勒在1913年出版的《科学的价值》一书中详细叙述和分析了潜意识在创造性观念产生时的作用。他以数学中的富克斯函数的发现为例，论证了潜意识思维的发生：在经历一段时间的深思熟虑后，问题始终得不到解决，于是他暂时搁下所思考的问题，出外旅游。潜意识思维就在这种轻松的情形下转入显意识，从而产生顿悟，即他所描述的“当我的脚踩上踏板的一刹那，一种想法涌上我的心头”②。

由于科学创造成果的表述常常是经严密逻辑组织的，所以科学创造过程往往显得连续和有条理。其实不然，人们在研究科学创造的心理过程时发现：任何真正意义的科学创造，其心理过程都会出现间断性，并伴随直觉、灵感、顿悟等非常规和超逻辑的心理现象。而这些心理现象都与潜意识有关，都是潜意识作用的必然结果。由于人们不清楚潜意识的内部机制，潜意识被披上了神秘的外衣。正如英国哲学家、批判理性主义的创始人波普尔（K. Popper）所言：“每一科学的发现是非逻辑的，它具有某种神的权威。”③他认为“经验观察必须以一定理论为指导，但理论本身又是可证伪的，因此应对理论采取批判的态度。可证伪性是科学的不可缺少的特征，科学的增长是通过猜想和反驳发展的，理论不能被证实，只能被证伪，因而其理论又被称为证伪主义”④。20世纪50年代以后，波普尔的研究重点转向本体论，他提出了“三个世界”的理论。

近十几年，由于脑科学的进展，人们进一步开始认识到潜意识思维的理性特征。下文将从潜意识思维的基本要素入手，分析其运行、转化的心理机制，从更深的层面探讨潜意识思维的可控性，尝试为创造技法的研究与应用提供理论依据。特别需要指出的是，潜意识思维只有成为可调控的，创造技法才有其逻辑的合理性，而对潜意识思维的调控机制的研究必将为创造技法的应用提供心理

---

① 周义澄. 科学创造与直觉. 北京：人民出版社，1986：391-392.

② 彭加勒. 科学的价值. 李醒民译. 北京：光明日报出版社，1988：378-379.

③ 卡尔·波普尔. 客观的知识：一个进化论的研究. 舒炜光，卓如飞，梁咏新，等译. 杭州：中国美术学院出版社，2003：407.

④ 卡尔·波普尔. 猜想与反驳：科学知识的增长. 傅季重，纪树立，周昌忠，等译. 上海：上海译文出版社，2005：216.

学依据。

(3)科学创造的心理过程与潜意识思维

创造性思维是一种整合的心理现象，它是智力与非智力、常规思维与非常规思维、潜意识与显意识的对立统一。从科学发明创造的历史看，常规思维（主要是逻辑思维）在创造的过程中起着重要作用，但不能直接获得创造性观念。培根（F. Bacon）在 1605 年就说过，人类主要凭机遇或其他而不是逻辑，创造了艺术与科学。彭加勒也认为逻辑学与发现、发明没有关系。在捕获创造性新观念的那一刻，通常要经历一个思维突变的阶段，这时就会出现循序渐进的常规思维的中断。在思维的这个“中断期”，对于所思考的问题，大脑仿佛一片空白，即意识不到这个问题。恰好经历这样或长或短的“中断期”后，新的具有创造性的科学观念以灵感、顿悟的形式出现。

在创造过程的这个“中断期”，显意识的思考几乎停止，但大脑皮层并没有停止活动。当显意识摆脱复杂的思考活动而进入轻松、休息状态时，原来解决问题的信息加工活动进入潜意识，继续以不同于显意识（以逻辑为主）的活动方式进行着，这就是所谓的“潜意识思维”。潜意识中的信息加工灵活、迅速，产生大量信息组合，但大部分结果是无用或与创造无关的。当潜意识中的信息加工出现有利于创造的组合，在某些偶然机遇受到某种触媒的触发时，潜意识便由朦胧、不可言状的模糊状态变成语言或某种表象而进入显意识，这就出现了显意识的灵感或顿悟，“中断期”也就结束了。可见，“中断期”并不是思维链条的真正中断，而是思维形式的转化，是思维由显意识转入潜意识而后再进入显意识从而出现顿悟的必经之路。灵感或顿悟是潜意识思维的直接结果在显意识中的反映。

(4)潜意识思维的基本要素与运行规律

思维是人脑对客观事物的本质和事物内在的规律性关系的概括与间接的反映，是在感觉的基础上，借助言语（特别是“内部言语”）对丰富的感性材料进行抽象和概括的过程。任何形式的思维都离不开人脑这个特殊的结构及其机能，思维是脑神经网络结构的某种运动，与神经元的一定的物理、化学、生物学变化相联系。除此之外，思维也离不开客观物质对象，包括直接的表象或被人脑加工变形的各种信息，以及主观的操作，如抽象、概括、重组、选择、评判等信息加工的处理方式。由此可见，思维的主体（人脑）、客体或称载体（信息）及运行（操作）方式是思维的基本要素，潜意识思维作为一种特殊形式的思维也包含这三大要素，但它有如下特征。

1）潜意识思维的主体。作为潜意识思维主体的人脑及其思维机能，往往表现为大脑左右半球通过“联络脑”相互作用、功能互补和协作来进行思维，并且与右脑关系更为密切。1981年诺贝尔奖获得者斯佩里（R. Sperry）关于“裂脑”的研究成果表明：大脑两半球功能各异，左半球与语言、逻辑、抽象思维、象征性关系等有关，右半球逻辑分析的功能比左脑差，但具有更高级的功能，如认识空间、识别三维图像等，两者通过两亿个排列规则的神经纤维联系着，每秒钟之内可往返传输40亿个神经冲动而相互作用。据此，有学者认为潜意识功能主要集中在右半球而显意识功能主要集中在左半球。这一点尽管还有待于脑科学的进一步研究证实，但至少可以说，人脑进行潜意识思维时，大脑右半球变得异常活跃，因为此时以逻辑和语言为主的大脑左半球几乎没有或暂时没有直接起作用。

2）潜意识思维的载体。潜意识思维的载体（或原料）是主体意识不到的模糊的心理意象，彭加勒和数学家阿达玛（J. S. Hadamard）称之为“基本思想元素”、“带钩的原子”和“观念原子”。这种“观念原子”并非凭空产生的，它是由显意识中的信息（如现实世界的形象、语言、符号、图形等清晰可意识的载体）转化到潜意识域而形成的。显意识的这些信息随主体的学习活动的深入而不断储存，留下各种痕迹，由于知识的日积月累、思考的多样和复杂，大脑中信息的储存量日益增加，并以不同程度的变形形式潜于大脑的不同层次中，其中大部分进入潜意识而不被主体所意识。这些信息进入潜意识后位于不同层次，离显意识的远近不同，并不停地游离，在意识阀边缘时隐时现，使人感觉模糊。爱因斯坦在给阿达玛的信中曾说：“无论是写作还是论述的时候，所使用的单词或语言对我正进行的思维活动几乎不起丝毫作用，作为思维元素的心理实体是某些符号，以及时而清楚时而模糊的意象，它们可以自愿地再生和复合。”[①]由此可见，潜意识域的“观念原子”来源于显意识活动，其数量的多少取决于主体的知识信息量和思考的程度。除此之外，信息经显意识、潜意识转化后产生了变形，这种变形体现为原信息具体内容的丢失和信息所含的抽象特征的强化。例如，梦境中的信息是经潜意识加工的，它往往不是白天显意识信息的忠实再现，但保留了信息的本质特征。化学家凯库勒（F. Kekule）在思考苯的分子结构时百思不得其解，他一次梦见碳原子长链像蛇一样盘绕卷曲，其中一蛇衔住自己的尾巴并旋转不同，这使他顿然悟出苯分子的结构正是这样一个环形。苯分子含6个碳原子和6个氢原子，碳原子为四价，而氢原子为一价，按当时已知的开链结构模式、运用逻辑方法是推不出苯分子结构的。然而这种信息进入潜意识加工后，仅保留了问题的本质方面（即结构的特征）而变形为“火蛇”，碳原子、氢原子、化合

① 爱因斯坦. 爱因斯坦文集（第1卷）. 许良英，等编译. 北京：商务印书馆，1976：63.

价等具体信息都被丢掉了，这样反而有利于解决问题。

3）潜意识思维的操作方式。思维的操作方式是潜意识与显意识差别最大的一个要素。心理学认为，创造性地解决问题需要个体重新组织若干已知的规则，形成新的高级规则。显意识思维的操作方式是运用逻辑（包括形式逻辑、归纳逻辑、数理逻辑、辩证逻辑等）方法进行的分析、综合、抽象、概括等信息加工方式，它的重要性是不言而喻的，但个体往往不能仅凭它创造性地解决问题。潜意识思维的操作方式是超逻辑的、生动而灵活的信息交合、重组、选择等，并且其速度快、容量大。它摆脱了逻辑规范的束缚，有利于排除因思维定势产生的心理抑制因素，引起思维平面的转换。其信息组合的新异程度更高，形成“高级规则”的可能性也更大。但大多数组合是荒谬的和无意义的，只有出现对解决问题极其关键或有启发意义的组合，并受到一定的激发和牵引而进入显意识，灵感或顿悟才可能出现。

（5）潜意识和显意识的转化机制探析

潜意识思维与显意识思维既是对立又是协同的，两者在创造性活动中的作用不同，但都很重要。潜意识和显意识思维的交互通融、相互作用与转化是创新思维的一条基本规律，这已成为理论界的共识，但人们对其转化规律却研究得不够深入。探讨潜意识和显意识的相互作用与转化机制，对揭开灵感与顿悟的神秘面纱、培养创新思维能力有着重要的意义。从大量科学创造的实际过程看，潜意识、显意识思维的相互作用与转化有以下基本规律。

1）显意识思维进入潜意识的条件。按潜意识的特点，显意识信息随主体认识活动的深入源源不断地转入潜意识，但很多信息并没有在潜意识里进行充分的重组加工，而仅得到潜藏储存，一旦被主体搜寻就进入显意识，即我们常见的记忆现象，这大体相当于有些学者称道的“名词性潜意识”。这种记忆信息由于未受到或极少受到潜意识的加工重组，因此不能说是潜意识思维的结果，更谈不上灵感或顿悟。

显意识的思维活动要进入潜意识需满足下列两个条件：

条件一，显意识思维的强度和时间必须达到一定的极限。灵感、顿悟乃是稀罕之物，并非随意产生的。从科学创造的实例看，它产生之前，显意识的思考时间和强度均达到一定的极限，这个极限是对思考主体及问题程度而言的，因人而异。数学家哈密顿（W. R. Hamilton）发现四元数是顿悟的产物，然而他艰苦思索这个问题长达 15 年之久；彭加勒对富克斯函数问题的解决也有一段百思不得其解的过程，他曾用两周时间力图证明不可能存在类似于后来的富克斯函数，每天独自一人坐在办公桌前一两个小时，尝试过大量的组合，皆一无所获。一定强度的显意识的思考可引起大脑特别是右半脑的高度兴奋，增加潜意识思维的势能，并且驱动“无意识的机器”。这就是说，潜意识思维的启动需要一定强度的显意识的激发，而长时间的思考有利于潜意识接收更多的信息，增大信息加工重组的概率，由此可见，一定的知识信息量和顽强毅力是每个科学发明者所必备的特征和素养。

条件二，常规思维的过程必须出现“中断期”，这是许多科学家总结的一条规律。“不论是创造观念的孕育，还是导致科学创造突破性进展的猜测阶段，其思维过程都不同程度地具有非连续性的特征，非连续性必然导致间歇性，间歇性是科学思维活动转入潜意识的原因。”①在“中断期”之前，显意识的紧张思考通常会压抑潜意识，使潜意识思维的水平极低。显意识思考对潜意识思维的驱动作用往往是滞后的，在同一时刻，显意识、潜意识的强度是成反比的，这其实是由人脑左右半球相对独立造成的。例如，我们通常无法在同一时刻用左右手做两件不同的事情，只有在“中断期”，即显意识思维松弛到一定程度，让左脑充分地放松时，潜意识思维才会发挥作用。

2）主体的思维品质影响和决定潜意识思维的效果。在常规思维链条中断并且进入潜意识思维之后，创造性观念的获得还需要两个关键的工作：一是潜意识思维必须是有效果的，即产生能解决问题的新观念或新组合；二是这种观念或组合必须进入显意识。事实上，不同个体，其潜意识思维的效果是不同的，主体的思维品质是影响和决定潜意识思维效果进而影响科学创新发明的重要因素。

3）潜意识思维的成果进入显意识域的机制。由于潜意识思维具有信息容量大、转换与重组速度快、超逻辑等特点，故“观念原子”的组合机会与新颖程度比显意识思维大得多，出现有利于创新组合的可能性也更大。适合解决问题的“高级规则”进入显意识时，才能出现解决问题的灵感与顿悟。

潜意识的信息组合如何进入显意识，它与下列因素有关：

一是科学的美感。所谓科学的美感，通常指人们在科学创造和鉴赏中对于自然界的合乎规律性（亦即和谐美）的一种感受、体验和欣赏，是对科学技术及理论在形式上的简单性、对称性、相似性、奇异性、统一性、有序性等的追求和陶醉的心理状态。彭加勒认为，只有有趣的组合才能闯入意识领域，有用的组合恰恰是最美的组合。只有某些组合是和谐的，同时也是有用的和美好的，才会把人们的注意力引向它们，从而为它们提供转化为显意识的机会。阿达玛认为，数学

① 爱因斯坦. 爱因斯坦文集（第1卷）. 许良英，等编译. 北京：商务印书馆，1976：45.

发明就是将各种观念原子进行千千万万的组合，再从中选出有用的组合，而这种选择的标准正是科学的美感。科学的美感经过主体在科学创造实践中不断内化和积淀，在意识的不同层次上形成特定的科学审美意识。正是这种深层的审美意识在潜意识中筛选着千千万万的组合，从而找到有用的组合并使之进入显意识。美国心理学家索里（J. M. Sawrey）和特尔福德（C. W. Telford）设计了一项关于价值观的测验，以测出有高度创新性的人们关于六个方面（理论、经济、审美、社会、政治和宗教）的评价和兴趣大小的相对数字，结果发现其理论和审美能力方面的得分最高，而数学家和科学家在审美方面的兴趣之高尤为突出。

二是创造的心理意向。这里所说的心理意向是指心理活动的倾向性，教育心理学认为，顿悟式解决问题指学习者具有一定的心向，努力发现手段与目标之间有意义的联系，而这种联系正是问题得以解决的基础。对潜意识中有意义的信息组合进行选择除取决于科学的审美意识外，还与创造的心理意向有关。数学教育家玻利亚（G. Polya）在《数学的发现》中写道：一旦我们认真钻入问题中，就会预见解答的大致轮廓是怎样的，这个轮廓可能是模模糊糊的，几乎意识不出。从科学发展史看，许多科学家在出现顿悟之前，对问题的钻研往往达到如醉如痴的程度。由此可见，创新的心理意向是潜意识思维成果显化，从而产生顿悟的“助产师”。

三是主体显意识域的问题意识。在思维“中断期”，显意识有关问题的信息并未全部潜入潜意识，而是有选择地保留着曾激烈思考过的那个悬而未决的问题，即带有某种期待。这样，一旦潜意识输出解决问题的方法，就会被及时地“迎接”，使问题迎刃而解，出现令人激动的顿悟，这就是人们常说的灵感的“捕捉”。由于潜意识中的信息转瞬即逝，需及时捕捉，因而灵感捕捉的必要条件是显意识时刻带着悬而未决的问题。问题意识与审美意识通力合作、里应外合，才是潜意识思维成果显化从而产生顿悟的诱因。

（6）潜意识思维可以被主体有意识地调控

根据上述分析，我们可以初步勾画科学创新发明中，潜意识思维过程的轮廓：科学创新始于问题，具有一定思维品质的主体借助足够的知识经验对遇到的问题进行长期的高强度的思考，在一段百思不得其解之后，显意识的思考逐渐松弛，出现显意识的“中断期”；在这个“中断期”，显意识仅保留着悬而未决的问题而几乎放弃对问题的思考，显意识思维由此进入潜意识；由于主体的科学审美意识及心理意向的评价、筛选、激发与提取等作用，潜意识思维的结果——对科学创新发明有用的信息组合或高级规则进入显意识，与原有的问题产生碰撞，顿悟就出现了，问题也就迎刃而解，接下来便是逻辑梳理工作。值得强调的是，这个过程通常不是一次完成的，在每个环节都可能出现往复。

可见，潜意识思维过程与结果表面上不为主体意识或无法为主体所控制，实际上受主体理性的知识信息量、思维品质、科学审美意识、心理意向、思维策略和方法等诸多因素的影响和控制。对这些因素加以影响和改变，虽然不能立竿见影式地改变潜意识思维的运行，但终究可以使之朝着主体所需要的方向发展，这样，主体也就实现了对潜意识思维的调控，这便是潜意识思维的“可调控说”。对潜意识思维的调控，具体说来可从以下几个方面实施：

1）增加主体的知识信息量。增加主体的知识信息量，可以使潜意识中的“观念原子”来之有源，其重新组合的机会与数量也必然增多。增加知识信息量应首先优化头脑中的知识结构，提高知识学习效率，还应充分吸收多学科、多领域的知识信息，学会发散的思维方式，重视信息多途径的组合，提高知识的概括性，形成高质量的“知识块”。

2）培养良好的思维品质。良好的思维品质可以增大潜意识思维的强度并提高其水平，还可以提高显意识域捕捉灵感的能力。

3）培养科学的审美意识和创新的心理意向。科学审美意识的培养应注重“科学素养”与“艺术素养”两方面并重，使其在科学创新的实践中不断体悟和积累；而创新的心理意向取决于主体创新动机的激发、创新人格的塑造、创新精神的培养等诸多方面。

4）强化显意识领域的思考。只有对问题进行深入的思考，才能增强潜意识思维的势能，这一点已成为广大学者的共识。在思维品质具备的情况下，显意识的思考达不到一定的强度和水平，也不会使潜意识思维出现理想效果，顿悟的背后其实是大量的、长期不懈的、艰巨的思索。

5）注重思考的策略。科学创新发明过程中充满盲目性，培养良好的思维策略对把握思维的正确方向至关重要。许多心理学家比较注重元认知的研究，即对思维的定向、监控、调节等认知策略的研究，研究表明：元认知是创造的基础并影响创造力。例如，斯滕伯格[a]（R. J. Sternberg）认为计划、监控、评价认知操作是作为创新发明基础的元认知过程。其中的主要成分包括三个方面：认识问题的存在、问题的界定、形成解决问题的策略和心理表征。调控潜意识思维必须注重策略：当显意识思考达到一定的强度和水平而问题得不到解决时，个体应暂时放下紧张的思考，干些轻松的事情，让思维适时进入“中断期”而为潜意识活动铺

---

① 有学者译为“斯腾伯格”，本书未做强行统一。

平道路，但在轻松中依然要保持问题意识，等待灵感的来临。除此以外，个体还应时常进行心理暗示，对问题的解决充满信心，以乐观的态度对待暂时的思维受挫。心理暗示能有效地调动以非逻辑功能为主的大脑右半球的功能，激发潜意识的信息重组。

科学创新既是辛勤劳动的结晶，也是机遇的产物。灵感顿悟实质是必然中的偶然、偶然中的必然，是必然性和偶然性对立统一的体现。潜意识思维的“可调控说”正是对灵感顿悟的这种对立统一的科学诠释。形式上富有非理性色彩的潜意识思维，其要素为主体理性决定，其过程被主体理性影响，其结果被主体理性选择和激发，从实质上看，仍属于理性认识，具有认识论的理性特征。

（三）元认知理论

关于元认知的思想，在中外众多著述中早有论及，但在心理学领域对元认知的系统研究则起始于20世纪70年代，“元认知”概念最初由美国心理学家弗拉维尔（J. H. Flavell）提出。元认知是指认知主体对自身思维认知活动本身的反思，或者说是对思维的思维，包括思维个体对其思维的自我定向、监控和调节等。

（1）元认知的概念

弗拉维尔于1976年在其《认知发展》一书中指出，元认知就是对认知自身进行反思的一个知识系统，即对认知的认知。实际上，元认知就是指一个人所具有的关于自己思维、认识活动本身的有关知识和实施的控制。也可以说，元认知是个体对自己的认知加工过程的自我察觉、自我评价、自我监控和调节等。按照弗拉维尔的观点，元认知包括三个方面：元认知知识、元认知体验和元认知监控。

元认知知识是指个体关于自己的认识活动、过程、结果以及与之相关的一切知识。它主要包括：①有关认知材料和认知任务方面的知识，即对于认知材料的性质、结构特点、呈现方式和逻辑性等方面的认识和掌握，以及对认知目标、任务、性质的认识，例如认知的任务与认知成绩、认知方式的关系等；②有关自我认知方面的知识，包括自身在认知方面的技巧、能力和特点等，即俗语所说的“自知之明”，如在记忆材料方面，能意识到自己记单词比记数字容易一些，还能明白年龄差异对记忆能力有较大影响等；③有关认知策略方面的知识，即关于各种不同的策略对于提高认知成绩作用的知识，例如进行认知活动有哪些策略、各种认知策略有哪些优点和不足，适宜于在什么样的条件和情境中运用等，如在记忆毫不相关的词组时，知道采用视觉表象记忆法比反复默念法更有效。

元认知体验是认知主体随着认知活动的展开而产生的认知体验和情感体验，它是认知主体在认知进行的过程中，对自己已有的元认知知识的某种意识或半意识状态。例如，我们阅读时一旦遇到熟悉的内容，可能马上意识到“哦，这个我知道”，这便是元认知体验的表现。这种元认知体验与元认知知识有密切联系，元认知知识是元认知体验的基础。但两者有所区别：元认知体验是一种与认知活动同时产生的即刻反应，元认知知识则是储存在大脑中，并可从记忆中提取的概念和知识系统。元认知体验是在元认知知识基础上不断训练和实践的结果。

元认知监控是指主体在认知过程中，对正在进行的认知活动积极进行监控、调节，以达到预定的认知目标的过程。它主要包括制订计划、预测结果、构想策略、及时评价、及时调整策略、检查认知效果、采取补救措施等。

按照认知的含义，元认知也可分为元记忆、元理解、元注意等形式。目前，心理学界大多数关于元认知的实验研究集中于元记忆领域。近年来，我国心理学家通过深入研究，认为人的思维结构包括目标系统、材料系统、操作系统、产品系统和监控系统，其中监控系统属于元认知范畴，处于支配地位；元认知与思维品质其实是同一事物的两个方面，两者均是完整思维结构的重要组成部分，思维品质是思维整体结构功能的外在表现形式，而元认知则是思维整体结构功能的内在组织表现形式。也就是说，思维品质代表的是表层结构，元认知代表的是深层结构。①可见，元认知的实质就是人对于自己认知活动的自我意识和自我监控，是一种相对独立的深层次认知活动，这种认知活动广泛地存在于每个人的认知活动之中。

（2）元认知的作用

心理学研究表明，元认知能力是智力的重要组成部分，元认知活动在人的整个思维活动中起着支配作用，它控制和协调着思维的运行。元认知发展水平的高低直接决定着个体思维、智力发展水平的高低。特别值得注意的是，元认知在人的创造性活动中起着关键性作用，是创造力的重要组成部分。

关于元认知在问题解决中的作用研究是20世纪90年代心理学研究的一个新领域。许多心理学家经过大量试验研究，认为元认知与许多认知能力和一般能力倾向有关系，但是元认知不等同于一般的能力倾向或一般认知能力。元认知能弥补一般认知能力的不足，它能有效地提高人的解决问题能力。斯诺佩评估量表（Swanson Nolan and Pelham，SNAP）的编制者之一斯旺森（H. L. Swanson）运用元认知问卷量表测验学生问题解决中的元认知知识，用认知能力测验量表和基本

---

① 林崇德，辛涛. 智力的培养. 杭州：浙江人民出版社，1996：173-174.

技能综合测验量表（包括阅读、数学、语言、社会科学、自然科学等）测验学生的一般能力倾向。然后采用 2×2 设计将小学四、五年级的 56 名学生分成 4 组，即高元认知能力——高一般能力组、高元认知能力——低一般能力组、低元认知能力——高一般能力组、低元认知能力——低一般能力组，然后令这 4 组学生解决皮亚杰研究使用过的两个问题：钟摆问题和液体混合问题，以检测学生解决问题的能力。结果表明，无论一般能力高与低，高元认知能力的两个组解决问题的成绩都比低元认知能力两个组好。而且高元认知能力——低一般能力组的成绩比低元认知能力——高一般能力组成绩更优，其解决问题的效率更高，解题时所需的步骤更少。①

由此可见，元认知活动是一种不同于一般认知的独立心理活动，元认知能力和一般能力各自作为独立的加工过程而起作用。如果一个人缺乏元认知知识和能力，不使用有利于问题解决的元认知策略，那么即使其一般能力水平很高，这个人的能力也得不到有效和充分的发挥。

元认知技能与创造力之间有密切联系。由于创新思维是一个特殊的认知过程，因而元认知对创新思维活动有重要影响。20 世纪 90 年代以来，国外许多心理学家经过大量研究认为，元认知是创造力的重要基础，是创造力的一个重要组成部分。美国认知心理学家、智力三元理论的建构者斯滕伯格认为，计划、监控、评价认知操作是作为解决问题和创造力基础的三个基本的元认知过程。在这个过程中，个体的思维有三个主要元成分，即认识问题的存在、问题的界定、形成问题的策略和心理表征，还有三个与创造活动过程有关的知识获得成分，即选择性编码、选择性联结、选择性比较。美国创造教育学家菲尔德豪森（J. F. Feldhusen）认为，元认知技能与知识基础、人格因素并列为创造力的三个方面。创造性过程中应当有一系列加工新信息和使用原有知识基础的元认知策略。②

（3）元认知的训练方法

培养和训练元认知技能是发展智力、提高创造力的重要途径。国内外许多心理学家对此进行了大量研究工作，探索出一些有益的方法。

1）通过使用认知策略，努力获得元认知体验。这种方法就是要教会学生一些认知策略，而不是直接教给学生各种策略的知识。这种方法使学生在具体的认知过程中，通过运用认知策略获得元认知体验，从而培养元认知能力。美国发展

---

① Swanson H L. Influence of metacognitive knowledge and aptitude on problem solving. Journal of Educational Psychology，1990，82（2）：306-314.

② Feldhusen J F. Creativity：A knowledge base，metacognitive skills，and personality factors. The Journal of Creative Behavior，1995（4）：255-268.

心理学家弗拉维尔是该方法的主要倡导者之一。他认为，元认知体验是指个体对于认知目的、认知活动及元认知知识的意识和体验，这些体验反过来可能改变认知目的和认知活动。例如，个体意识到认知任务超出自己的能力时，就会放弃认知目的；当先前采用的策略失效时，个体就会考虑改变策略。因而，元认知体验在许多认知因素中居于最重要的地位，各种元认知体验对于提高元认知水平非常重要，而这些丰富的体验只有在具体的认知操作活动中才能获得。也就是说，主体元认知水平在使用策略的过程中会自动提高，无须进行专门的元认知知识的学习。

许多心理学家通过实验研究验证了弗拉维尔的思想。这些研究要求被试（学生）尝试两种不同的词汇学习策略，然后通过测验检查学习的效果，从而唤起学生的元认知体验，获得有关这两种策略的有效性方面的知识。例如，在一项记忆外语生词的学习实验中，实验者向被试呈现一系列（24 个）拉丁语和西班牙语生词，并事先告诉他们，学完之后将测验这些生词的英文意思。同时，实验者告诉被试两种不同的学习策略：一种是“复述”策略，即反复念叨生词及英文意思，也就是我们常说的“死记硬背”；另一种叫“关键词”策略，即从一个生词中找出类似于某英文单词的部分作为关键词，并在这个关键词与该生词的英文意义之间建立联系，如拉丁语 artpota 的意思是“面包师”，要记住该生词，可以用 art 作为关键词，然后联想一位面包师正在为 artpota 制作一件艺术品。这样就通过关键词 art 把“面包师”和 artpota 联系起来了。①

在这项实验中，研究者主要关心被试学习生词所选择的策略情况。实验表明，被试在没有练习的前提下，对策略的选择主要依赖于实验者的推荐，表现出盲目性。被试经过一定的练习，在策略选择上就不会依赖实验者的推荐，而是根据练习和测验的效果选定。如在这项生词学习实验中，练习前大部分被试接受实验者的建议采用“复述”策略，但经过 24 个生词的学习和测验后，被试则无视实验者的建议，主动选择了“关键词”策略，因为在练习的过程中，被试深深体会到“关键词”策略比“复述”策略更加有效。可见，个体的亲身练习和效果的测验对其学习策略的选择是有明显影响的。准确地说，被试上述练习和测验过程也就是元认知体验的具体过程，它使被试获得了关于这两种具体学习策略的知识，而这些新的元认知知识又进而指导被试后来的策略选择。

值得注意的是，通过实验发现，采用这种元认知培养方法对于成人比对儿童更为有效。因为儿童无论在练习与测验前还是经过一定学习的练习和测验，他们

① 保罗·洛克哈特. 极简算术史. 王凌云译. 上海：上海社会科学出版社，2021：61-64.

都很依赖实验者的策略选择建议，仅凭其自身的认知实践还不能有效地自动获得元认知体验。这说明，儿童的元认知基础较差，思维监控能力较弱，在做出策略选择时，他们不能很好地对策略的不同效应进行监控。因而，对于儿童来讲，要想有效地培养其元认知能力，仅仅“使用”认知策略和进行认知实践是不够的，必须对其进行更明确和更直接的元认知指导。

2）在认知实践中有意识地直接传授元认知知识。这种方法要求教师在教学中直接、具体地为学生提供关于元认知方面明确的知识。对于认知水平较低者，特别是年龄较小的学生，自我发现元认知知识是很难的，有时即使他们自己发现了这些元认知知识，也不能自动地运用这些知识，因而直接传授他们这些特定的元认知知识很关键。例如，教师在指导学生学习时，告诉他们什么样的学习策略有益于学习这类材料，如何进行策略的学习，该策略有何优点和缺点，何时何地运用，如何评价策略和根据材料的变化来改变和调整策略等。

在学习实践中告诉学生一些相应的元认知知识，包括思维策略的选择、监控、调整等知识，是提高其元认知水平的关键，对于优化教学效果、发展学生的思维品质十分有利。心理学实验表明，元认知知识的学习有助于学习的迁移，从而提高学习能力，这一点对于低年级学生尤为明显。心理学家普莱斯利（John Pressley）于 1984 年进行了一项这方面的实验。该实验表明，对学生进行元认知知识的详细指导，如告诉学生“哪些策略可以改善学习和记忆、这些策略在什么条件下使用最为有效、如何具体使用该策略”等，比一般性的指导，比如仅仅讲授某策略的要点，以及不明确指导而仅让学生体验策略选择技能，更能促进学生元认知水平的提高，它能有效地促进策略迁移。①

值得注意的是，该方法的使用效果与教学对象的年龄、心理发展水平有密切关系。如果教学对象年龄较小、元认知水平较低，这种方法就十分有效；但对于成人以及元认知基础较好者，这种方法未必最佳。

我国心理学家在培养学生元认知水平方面也做了大量实验研究，并取得了大量成果，值得我们在教学中借鉴。董奇等于 1988 年在儿童阅读教学中进行了元认知培养的实验。②他们以初中二年级学生为实验对象，选取 200 名为研究对象，培养措施主要涉及两个方面：一是在阅读教学中注意丰富学生的各种阅读元认知知识；二是在学生实际阅读过程中，注意培养他们的元认知监控能力。具体做法包括：①让学生充分认识阅读活动的特点与实质，包括阅读活动有哪些心理

① 黛安娜·帕帕拉，萨莉·奥尔茨，露丝·费尔德曼. 发展心理学. 李西营译. 北京：人民邮电出版社，2013：359.

② 董奇. 心理与教育研究方法. 北京：北京师范大学出版社，2004：125.

活动参与，其特点是什么，阅读过程包括几个阶段，每个阶段的特点如何，阅读的功能有哪些等。②让学生充分了解影响其阅读活动与效果的三个主要因素：个人因素、课题因素、策略因素。个人因素，包括兴趣、爱好目的、知识经验、现有阅读水平、努力的作用等。课题因素，包括阅读材料的性质、特点、难易、阅读任务量等。策略因素，包括有哪些策略、各策略的有效性、使用的条件等。③在阅读前如何做计划，包括怎样根据不同目的采取不同的阅读策略，根据所读材料采用不同的学习方式，如何选用最适宜的方法解决某些特定问题，如何分配阅读时间等。④阅读过程中如何进行有效监控、调节，包括阅读过程中如何进行推理、提出假设、检验假设、自我提问、自我测试、发现自己理解的难点和未理解之处、自动校正错误等。⑤阅读后如何检查结果，获取反馈信息，采取相应行动，包括如何检查自己的掌握程度、正确评价自己的理解水平、发现问题及时纠正并采取释放的补救措施等。经过一年多的实验表明，这些措施对培养学生的元认知能力有显著效果。该实验表明，元认知能力的提高也必然引起思维品质的改善。按照以上方法进行教学，与一般学生相比，学生思维的敏捷性、灵活性、深刻性、批判性、独创性等指标都有明显提高。

陈英和等于 1995 年就小学儿童形成合取概念问题进行了实验研究。他们以小学四年级两个班学生为实验对象，采取别具特色的教学方法，取得了良好的效果。该方法分 4 个阶段：一是明确要求。熟悉和认识学习材料，明确形成合取概念的任务要求，让学生自己操作并解决问题。二是策略讲授。教师逐一讲授 4 种策略，学生边听边练。练习的方式有两种，即全班集体练习和两人一组的练习。三是讨论比较。在第二阶段逐一掌握四种策略的基础上，教师组织学生讨论并总结，比较 4 种策略的优劣、适用情况等。四是练习巩固。学生进行练习，反复体会 4 种策略的适用情况。①

3）对认知活动进行有意识提问。这种方法是指教师和学生在认知活动中对他们的认知进程进行有意识的提问，比如“你为什么那样做”，或进行“出声思维”（thinking aloud），以展现自己的思维轨迹，使思维者的注意力从问题本身转到对问题的加工过程上，从而更好地评价、调节、修正自己的认知策略，提高元认知水平。这种方法的具体实施办法如下：

一是教师的“心理示范”（mental modeling），即教师在进行思维活动时出声，道出自己的思维过程特别是思维监控过程，从而示范自己的元认知活动，“现身说法”，让学生感受和体验元认知过程。

---

① 陈英和. 认知发展心理学. 北京：北京师范大学出版社，2013：129.

心理示范在学科教学中的一个重要体现就是突破传统的“逻辑——演绎”式的教学线索，充分注重“心理——认知”式的教学线索，即充分展现获取知识的思维过程，按照知识获得的心理过程进行教学。①元认知活动过程是主体内在的过程，难以让学生观察到，而且它总是与具体的、特定的活动相联系，所以难以程序化，不容易被系统地讲解和指导。因此，教师应结合具体的教学内容，通过出声思维展现自己的思维过程，使学生较为准确地认识和体会元认知技能，消除元认知的神秘感，减少学生的模糊认识和猜想。

二是通过自我提问练习来体验元认知技能，即要求学生在思维过程中通过自我提问对思维的每一步进程进行反思或自我解释，以引起元认知活动，树立元认知意识。学习者自我提问的方式很多，如用出声思维描述自己的思维过程、自我提问，或学习者相互提问、交互教学、合作学习等。值得注意的是，并不是所有出声思维都能引起元认知活动。心理学家对一些优等生和学困生进行过出声思维的实验研究，结果表明优等生的言语活动更倾向于自我解释和自我监控性质，学困生的出声思维不具备元认知性质，只有具备元认知性质的言语活动才能促进问题解决。②由此可见，出声思维应指向元认知活动，而不应是机械的表述。

值得注意的是，思维者在进行出声思维时，应以不干涉个体的正常思维为原则，过分地追求思维的言语描述有时反而影响问题的解决。因而，应针对学生的元认知基础采取出声思维的方法，循序递进，逐步训练。

4）通过专门训练来培养元认知技能。除了通过大量认知实践获取元认知体验、直接传授元认知知识、通过认知活动中的出声思维和心理提问等方法提高个体的元认知水平以外，进行有意识的元认知技能训练也是发展元认知的必不可少的手段。

元认知技能训练的主要内容应包括认知的基本技能和认知监控技能。单纯的认知基本技能训练不能自动地代替元认知技能的训练，但元认知技能的提高是离不开认知基本技能的，基本的认知技能是元认知技能的重要基础。在进行元认知技能训练时，应将基本的认知技能训练作为其关键环节和重要组成部分。例如，对于阅读理解活动，其基本的认知技能包括重读技能、略读技能、释义技能、总结技能、查字典技能等，元认知技能主要包括个体对于策略的选择技能、监控技能、评价技能、调整技能、迁移技能等，两种技能的训练是相互促进的。国内外许多心理学家经过大量实验总结出一些训练元认知技能的方法，下面进行

---

① 李小平. 突破大学传统教学的单一模式——论大学学科教学的基本线索及其整合. 高等教育研究，1999（3）：67-71.

② 林崇德，辛涛. 智力的培养. 杭州：浙江人民出版社，1996：216.

简要介绍。

第一，规程化训练。规程化训练就是将活动的基本技能，如解题技能、阅读技能、记忆技能等分解成若干个有条理的小步骤，在适宜的范围内作为固定程序，经过反复训练使其自动化，从而提高思维的效率和速度，使个体能熟练地解决问题，以利于个体元认知活动的进行和元认知技能的提高。其基本步骤包括：一是训练者将某一认知活动按有关原理分解为可执行、易操作的小步骤；二是通过活动实例的示范，展示如何按步骤进行活动，并要求训练对象按步骤活动；三是要求训练对象记忆小步骤并坚持练习，直至使之自动化。

第二，元记忆获得程序（metamemory acquisition procedure，MAP）模式。元记忆是元认知研究领域中的重要内容，国外心理学研究大都集中于元记忆的技能培养，提出了多种元记忆获得程序模式，根据这些实验情况，笔者将这些模式的主要步骤总结为：①熟悉记忆策略；②运用策略，并对记忆效果进行测验；③将多种策略的优劣进行对比，或将一种策略运用于其他类型记忆中；④对策略进行评价和重新运用；⑤一段时间后再次运用该策略，以确定该策略是否具有长期效应。如此反复练习和总结，使元记忆活动技能自动化。

（4）元认知与创造技法

创造技法并不存在一个固定的创新过程规范或者思维操作程序，因为创新发明活动是没有预知、固定的操作程序的。创造技法实际上是关于如何间接调控思维者的潜意识，从而激发其产生新观念的策略、方法与技巧。因此，创造技法的运用是一种元认知层面的思维活动，它与元认知有密切关联。

1）创造技法是一种特殊形式的元认知技能。创造技法作为一种激发创造的技能和方法并不仅仅直接指向具体问题的思维过程，还是建立在个体原有认知能力基础之上的认知策略和认知调控方法。由于创造技法是一个十分广义的方法体系，几乎所有有利于创新的方法均可被称为创造技法，对于创造技法与元认知的关系也不能一概而论。但是，从创造学研究的历史和现状分析，一些有代表性的经典创造技法，比如头脑风暴法、集思法等，其实是关于如何激发灵感、调动潜意识的思维策略和调控技巧的方法。创造技法运用的精彩之处不在于解决问题时的直接思考，而在于对这种思考的监控和调节。

我国心理学研究表明，在儿童的认知发展中，元认知系统居于核心的决定性地位，它对儿童认知策略起着定向、调控、整合等重要作用；反过来说，儿童运用认知策略的自觉性、积极性和有效性程度展示其深层次的元认知水平的高低，因而认知策略是元认知水平最直接的客观表征。①真正意义的创造技法应该是一种有利于创造的优化的思维策略，创造技法的运用则主要是对这种策略进行监控和调节，以达到突破传统思维束缚、产生新观点的目的。因而从这个意义上说，创造技法是一种特殊形式的元认知技能。

2）元认知水平的高低影响创造技法实施的效果。创造技法的真正掌握和运用的效果如何，取决于个体自身的许多因素。其中，元认知因素对于创造技法应用的效果起着重要作用。

现代心理学研究表明，创造是一组基本的认知过程，而元认知作为其基础并影响着它的重要因素；计划、监控和评价认知操作是作为创新基础的三个基本元认知过程。②创新过程应该说是一个认识过程，与一般认识过程不同的是，它一定有一个思维飞跃的过程。这个飞跃的过程需要逻辑思维与非逻辑思维、显意识思考与潜意识加工的共同作用和协调互补，而它的关键就是调动和激发潜意识思维。创造技法不同于一般认知方法之处就在于，它是针对创新思维飞跃过程而设计的思维策略。在这个飞跃过程中，一般的认知运用已起不到实质性作用，这个时候就需要主体灵活地监控和调节自身的认知活动，抓住思维的机遇，激发顿悟的产生。显而易见，元认知能力在这个环节起着决定性作用。

元认知研究还表明，元认知能力对解决问题效果的影响程度如何，视问题的难度而定。美国心理学家德尔可洛斯（D. Dweck）于 1991 年做了一项试验证实：在简单问题的解决上，元认知水平高的小组与元认知水平低的小组无显著差异；而对于复杂的问题解决，高元认知水平组则显现出明显的优势。③这是因为对于较为简单的问题，在其解决的过程中只需认知的直接参与，而元认知的参与相对较少，元认知技能对于问题解决的作用也不是很明显。但是，一个创造性的问题解决一定依赖个体的元认知水平，元认知策略的使用是问题解决的关键因素。正因如此，美国创造教育学家菲尔德豪森（J. F. Feldhusen）将认知技能作为与知识基础、人格因素相并列的创造力的三个方面之一。④

元认知方法与创造技法尽管有如此密切的联系，但它们并不是一个概念。元认知方法与一般认知方法的主要区别在于认知对象、认知层次的差别，而创造技法与一般技法的不同则在于所解决问题的性质不同，即创造技法着力于解决创新

---

① 林崇德，辛涛. 智力的培养. 杭州：浙江人民出版社，1996：178.

② 武欣，张厚粲. 创造力研究的新进展. 北京师范大学学报（社会科学版），1997（1）：13-18.

③ 程素萍. 问题解决中的元认知研究综述. 教育理论与实践，1996（3）：16-19，60.

④ Feldhusen J F. Creativity：A knowledge base，metacognitive skills，and personality factors. The Journal of Creative Behavior，1995（4），255-268.

性问题，尤其是激发潜意识。因而，元认知的培养不能简单地替代创造技法的训练，但是元认知能力对于创造技法水平的提高是十分重要的。

（四）创造力社会心理学理论

创造力社会心理学着重探讨社会环境因素对人的创造力的影响，使人们从更广阔的社会背景中理解人的创造性，为创造技法的研究与创造力的开发，特别是在学校教育中如何发展学生的创造性提供了新的途径。如果说吉尔福特的科学创造心理学存在方法上过于客观化和定量化、对人的社会性因素缺乏考虑的话，美国社会心理学家、创造学家阿姆贝尔（T. M. Amabile）的创造力社会心理学理论，则是对吉尔福特理论的一个弥补，阿姆贝尔的创造力社会心理学理论主要包括以下重要内容：

（1）创造力与工作动机

阿姆贝尔提出，人在各种领域的创造力都是由三个部分相互作用的结果，这三个部分是领域技能、创造技能和工作动机，它们的共同作用决定了个体创造力水平的高低。①

“工作动机”的提出是阿姆贝尔创造力理论的独特之处。工作动机包括两个方面：一是个体对于工作的基本态度，二是个体对于所从事工作的理由认知。阿姆贝尔认为，工作动机对于创新尤为重要，也是容易被忽略的一个因素。阿姆贝尔通过对 72 名在写作方面富有创造力的学生的实验研究得出：如果领域技能和创造技能欠缺，只要有足够的动机，主体可以通过适当的学习和训练来弥补；但如果工作动机不足，即使有较高水平的领域技能和创造技能，也难以取得高水平的成就。

（2）动机对创造力的影响

社会心理学将动机分为内部动机和外部动机。内部动机指由对工作本身的兴趣和对自身信念的追求而产生的动机，外部动机则是由外部的压力或功利的驱使而产生的动机。阿姆贝尔认为，在监督下工作以及限制反应，以获得好评和物质奖励等外部强制因素，将导致低水平的内部动机和高水平的外部动机，从而导致低创造力。这些外部强制因素从两个方面抑制人的创造力，它可以分散对工作本身的注意以及对环境中与任务有关方面的注意，而把注意指向外部目标；另外，它会使个人不愿冒风险，因为风险有碍于达到外部目标。因此，阿姆贝尔提出了

---

① 艾曼贝尔. 创造性社会心理学. 方展画，胡文斌，文新华编译. 上海：上海社会科学出版社，1987：114-120. 注：由于翻译不同，阿姆贝尔也被翻译为艾曼贝尔，脚注未做强行统一，正文中统一用阿姆贝尔。

内部动机原则：人们被工作本身的满意和挑战所激发，而不是被外部的压力所激发时，才表现得最有创造力。

总体来说，内部动机有助于创新，而外部动机不利于创新，但这不是绝对的。①在内部动机不足的情况下，外部动机对维持创造活动是必要的；②外部动机对掌握领域技能有帮助，从而能对创造力的发挥起积极作用；③当个体的内部动机水平很高时，如果能把外部诱因，比如奖赏、评价等看成肯定信息，而不是当作受到“控制”和受到“摆布”的话，那么外部动机不一定是有害的。除此之外，外部动机更有助于规则式问题的解决，而相比之下不利于创新性工作的完成。[①]

阿姆贝尔的动机理论对人的创造性开发和学生全面创新性的发展具有指导作用。动机因素作为创造力的一个重要组成部分，应被创造技法研究重视。如何激发动机是创造技法研究的首要因素。头脑风暴法的出色之处就在于：在禁止批评的条件下，使与会思考者自由畅想，而要想让思考者尽量不产生荒唐可笑和无用的观念，一个重要的前提就是思考者必须具有较强的责任心和强烈的解决问题的动机。头脑风暴法要求参加者尽可能与所要解决的问题有切身的利害关系，就是要通过组织的形式增强参加者的内部动机。在进行集体思考时，只有集合一批“志同道合”的人，才能不计名利、不被迫地应对问题，而是从内心积极地思考问题。

我国一些学校在创造性教育教学中对学生动机问题不够重视，其现行的教学激励机制、评价制度过多地注重学生外部动机的提高，在一定程度上助长了部分学生的功利思想，这不利于学生创新思维发展。因而，在激发学生学习动机时，要避免滥用奖赏和竞争的手段，应该加强其科学精神和创新精神的境界提升，增加其内部动机。

（3）评价期望对创造力的影响

阿姆贝尔认为，评价期望即对个体进行“怎样才是创造性的”特别指导，对创造力有消极作用。人们之所以高度赞赏创新性活动，是因为不可能事先知道怎样去进行新颖、恰当的反应，即创新性反应。在理论意义上，“创造性”这个词本身的概念就意味着，完成得到特别指导的工作行为并不具备创造性。[②]创造性工作必须是启发性的，而非规则性的，如果工作是规则性的，那么评价期望就会

---

① 艾曼贝尔. 创造性社会心理学. 方展画，胡文斌，文新华编译. 上海：上海社会科学出版社，1987：145-160.

② 艾曼贝尔. 创造性社会心理学. 方展画，胡文斌，文新华编译. 上海：上海社会科学出版社，1987：160-178.

提高其效率。

阿姆贝尔关于评价期望的这些理论对创造技法的运用和学校教育具有很强的现实意义。戈顿强调在运用集思法进行思考时，应简明扼要地提出所要解决的问题，同时还提出问题的本质特征，避免对问题做过于详细和主观的介绍，这是为了尽量避免评价期望对创新活动的消极影响。我国一些学校教学在培养学生解决问题时，评价期望是非常强烈的。这主要表现为问题大多是标准的，答案也大多是唯一的，解决问题的指向明显，没有不确定性，这就大大限制了学生创新思维的空间。一些教师的指引过多，习惯于将学生的思路引向自己的思路，在评价方法上，倾向于接受标准答案，导致学生求异的观念没有获得鼓励，这些都有悖于学生的创新思维发展。

（五）人本主义心理学理论

人本主义心理学思想，特别是人本主义心理学对人的创造性的阐述，对于我们正确认识创造性的内涵，对创造技法的应用功能进行重新审视，以更好地发挥创造技法在发展人的创造性中所起的作用有着重要意义。

人本主义作为一种思想由来已久，它并不是一种固定的信仰，用弗洛姆的话就是，每当人们感到某种体制形成政治的、道德的或思想的权威暗中损害人类的尊严和人类个体时，它就出现了。最早的人本主义是直接反对宗教教义，反对宗教剥夺人自由思考的权利和对人的尊严的损坏。当代人本主义心理学的产生以现象学和存在主义为理论基础，发源于20世纪五六十年代的美国，其代表人物有马斯洛和罗杰斯（C. R. Rogers）等。

人本主义心理学的主题就是弘扬人的本性，特别是创新性，强调人的价值和尊严。它反对行为主义把高度主观性的人还原成由环境决定的简单的刺激——反应单元，也反对弗洛伊德精神分析理论将人还原为受无意识本能驱使的动物。它反对为了强调客观性而牺牲意义，主张根据主观意义来选择、研究问题，主张对人格发展进行整体分析和个案研究。

人本主义心理学并不是有严密体系的单一学派，它可以说是一种强调人的尊严和人的价值的多学派的松散联盟。由于二战之后西方资本主义社会人受物役的现象有新的变化，科技和经济发展的同时也伴随着失业、犯罪、道德堕落等一系列社会问题，这些问题的根源就在于缺乏对人的内在价值的认识，因此，人本主义心理学受到人们的高度关注并得到迅速发展。在我国大学教育中也存在忽视人本体的现象，因而人本主义心理学对我们反思大学教育的本质有启示作用。人本主义心理学的主要思想体现在以下几个方面：

（1）人的创造性

吉尔福特已将创造力的范围扩展到普通人，但是吉尔福特的“创造力”的概念并没有跳出智力的范围。马斯洛认为，创造性是每一个人生下来就有的继承特质，这种创造性与心理健康是相关协变的。他把创造性不仅运用到产品上，“而且以性格学的方式，也运用到人、活动、过程和态度上”[①]；不仅运用到标准的和普遍认可的诗、理论、实验和小说等作品上，还运用到形形色色的产品上。因此，他提出了“自我实现的创造性”和“原动的、二级的和整合的创造性”。

第一，自我实现的创造性。马斯洛认为，“自我实现的创造性”是难以下定义的。“自我实现的创造性”更多的是由人格引发的，而且在生活中广泛地显露出来，如以某种念头表现出来，这种创造性是创造性地去做任何事情的一种倾向，如管理家务、从事教育等。

自我实现创造性的本质是一种特殊的洞察力，就是能看见新颖的、未加工的、具体的、个别的东西，正如能看见一般的、抽象的、成规的、范畴化的东西一样。同时，自我实现创造性在许多方面像完全快乐的、无忧无虑的、儿童般的创造性，它是自发的、不费力的、天真的、自如的，是一种摆脱了陈规陋习的自由。

“自我实现创造性”的提出，在心理学上首次突破了将人的创造性定位于创造能力或“人力”范畴的局限，这对创造技法研究以及人的创造力开发提出了新的问题。创造技法的提出在打破创造的神秘感、建立普通人的创造观方面功不可没。但是，在以往的创造技法研究与应用中，似乎仅关注人的创造性中的创造能力、创造产品或创造性的“人力”方面，对于创造性的“人性”维度关注不够，创造技法仅作为一种方法体系并不涉及或很少涉及价值范畴。但是，如果将创造技法与开发人的创造潜力、发展人的创造性联系在一起，考察创造技法在发展人的创造性方面的作用，就有必要引起我们重新审视如何通过创造技法发展人的全面创造性。

第二，原动的、二级的和整合的创造性。在弗洛伊德的理论中，创造过程的原发过程是指心理的无意识活动方式，继发过程指处于清醒状态下使用正常逻辑思维时的活动方式。马斯洛提出的原初过程或自发性过程并不是被压抑或被潜意识压抑的，而是被遗忘的，表现为“思想的闪光”“灵感”“高峰体验”，而一件创造性作品的完成不仅仅是这种自发性的直觉、想象等，还需要一个二级过程，即逻辑、批评、现实的考虑等。

---

① 马斯洛，等. 人的潜能和价值：人本主义心理学译文集. 林方主编. 北京：华夏出版社，1987：245-246.

马斯洛将那种出自原初过程并且应用原初过程多于应用二级过程的创造力称为“原初创造力”，而把以二级思维过程为基础的创造力称为“二级创造力”。以良好方式融合或良好交替的方式、自如而完美地运用两种过程的创造力被称为“整合的创造力”。伟大的艺术、科学、科学产品的出现正是来自这种整合的创造力。①

马斯洛“整合的创造力”的思想，对创造活动中的逻辑与非逻辑过程进行了辩证的描述，这对创造技法的研究有着很大的理论启示作用，对学校教学过分注重逻辑演绎、知识传授而忽视非逻辑思维也有启发意义，同时也为潜意识思维的“可调控说”提供了进一步的理论支撑。

（2）自我实现理论

自我实现是人本主义心理学的核心观念，也是马斯洛需求层次理论的最高层次的发展。在马斯洛看来，自我实现是人的需要的最高水平，是指人的天赋、能力、潜能等的充分开拓和利用，是完满人性的充分实现。由于是完满人性的实现，因而并非所有多产、成功的人或天才都是自我实现的，如拜伦、梵高、瓦格纳等，尽管从产品上看有极高水平的创造性，但其心理发展却并不一定健康，因而还不能被称为自我实现的和有创新思维的人。

马斯洛通过对一些著名人物如斯宾诺莎、贝多芬、爱因斯坦、林肯等进行个案研究和对他的学生进行抽样调查，概括了自我实现的人的基本特征。在他看来，自我实现的人主要有以下特征：①创造性特征。在马斯洛研究的所有自我实现的人中，创造性是一个普遍的特征，创造性与健康、自我实现和充分的人性几乎是同义词。与这一创造性相适应的特点是灵活、自发、有勇气、不怕犯错误、坦率和谦虚。这种创造性与孩童的创造性是相似的，即不怕嘲讽、以新鲜的眼光毫无成见地看待事物。②自发性。自我实现的人较少抑制感情，他们善于表达，更自然、简单。他们不掩饰感情和思想，不装腔作势，在错误面前是谦卑的，但为了维护一个新思想时他们又是傲慢的。他们有“心理自由”，即使面临众人的反对，仍能做出自己的决定。③真、善、美的统一。人们通常认为，认识越是客观、实际、科学，就越远离道德和价值观。许多人相信事实与价值是相互矛盾、相互排斥的。马斯洛通过对优秀人物的研究动摇了这一现代科学信仰的基石②。马斯洛认为，健康的人很少对是非、善恶问题辨别不清，他们有明确的伦理道德标准，对于他们来说，真同时也是善和美。自我实现的人，也是心理健康的人，

---

① 马斯洛. 动机与人格. 许金声，程朝翔译. 北京：华夏出版社，1987：33-36.

② 戈布尔. 第三思潮：马斯洛心理学. 吕明，陈红雯译. 上海：上海译文出版社，1987：30.

具有更和谐的个性，能将工作与娱乐融为一体，也就是将劳动与享受统一起来。④民主的性格结构。自我实现的人能宽容和接受一切人，不论社会阶级、教育程度、政治、宗教、种族或肤色。他们以平等的态度待人，随时倾听别人的意见，虚心向任何有见识的人学习。⑤关心社会，富有合作精神。自我实现的人关心每个成员，有同情心，能和他人打成一片，同时有很强的独立性。可见，马斯洛认为的自我实现的人与他所说的创造性的人、完善人性的人是根本一致的。这种人的创造性即完善人性，既是其对生活、对自然、对他人的态度，也是其自身的人格特征和行为特征。

人本主义心理学第一次将人的本性与价值提到心理学研究对象的首位，这在人类心理学史上是一个创举，对教育思想也产生了重大影响。人本主义主张把尊重人、理解人、相信人提到教育的首位，使人们将人性，特别是人的创新性与教育的本质联系起来。我国一些学校教育重物轻人、重“人力”轻“人性”的现状下，人本主义思想值得借鉴。人本主义关于人的创造性、人性以及自我实现的论述，对创造技法研究和人的创造力开发，特别是创造技法的教育意义的探讨，具有新的理论价值。创造技法的研究不能游离于教育之外，如果将创造技法的应用定位于教育领域，创造技法的功能就应该扩展，至少在创造技法训练中，不能脱离人性的健康发展和创造道德、创造伦理意识的提升。

（六）斯滕伯格的创造力理论

美国认知心理学家斯滕伯格提出了创造力理论，其中，“三元智力理论”“创造力三维模型和投资理论”“成功智力理论”这三个较为重要的理论为创造技法研究注入活力。

（1）三元智力理论

斯滕伯格于 1985 年出版《超越智力》一书，提出了三元智力理论。该理论包括情景亚理论、经验亚理论和成分亚理论。其中，情景亚理论涉及个体现实的外部世界，它与智力行为的内容有关，对不同的个体和文化而言，判断智力行为的标准存在差异，由情景亚理论所确定的智力行为对具体的人而言，必须处于一定的经验水平之上者才算是智力行为；经验亚理论涉及个体外部和内部世界，经验是联结主体内部世界和外部世界的桥梁；成分亚理论则与个体的内部世界相联系，抛开智力行为的具体内容，成分亚理论考察构成智力行为基础的心理机制的潜在模式，探索智力行为究竟是如何产生的。

成分亚理论在三种智力结构中处于最底部的操作层面，是一种最基本的信息加工过程，它包括三种成分：元成分、操作成分、知识获得成分。其中与创造力相联系的关键因素是元成分。创造性的问题解决中关键的一步就是重新定义问题，在重新定义问题阶段，首先要通过选择编码、选择组合等选择比较来发现问题及其实质所在，然后再通过元成分的计划、控制和评估的信息加工过程来实现对创造智力过程的计划和调节。

元成分理论揭示了过去创造技法研究和学校教育的创造力开发所忽视的一个重要方面，即元认知能力的训练。发展学生的创造力，必须将认知训练与元认知训练紧密结合起来，注重对思维方法本身的反思，加强方法论的教育。

（2）创造力三维模型和投资理论

斯滕伯格于 1988 年提出创造力三维模型[①]。三维指创造力的智能、创造力的智能风格和创造力的人格。在这里，他强调这三个维度的相互作用以及每个维度的内部多因素的相互作用。他还认为这个模型强调的是创造力的内部特征，作为一个完整的模型也应该把环境变量考虑进去。

1991 年，斯滕伯格与拉巴特（T. I. Lubart）合作提出了创造力投资理论[②]。他们认为，创造力就像市场上的投资一样，是将人的能力和精力投入新的、高质量的思想中，投资讲究花最低的成本创造最大的利润，而创造要用现成的知识和才能等创造出有价值的产品。尽管有的人想做出有创造性的成绩，但常常受到自身和环境等多方面的限制。创造力是由智力、知识、思维风格、人格、动机和环境六种因素相互作用的结果，六种因素必须恰到好处地相互作用和凝聚起来，才能产生创造力。创造力投资理论为创造性的培养提供了方法论的启示，也为创造技法的研究与应用开拓了更为广阔的空间。

（3）成功智力理论

1996 年，斯滕伯格提出成功智力理论，对智力的定义和智力研究进行了一次新的尝试。他认为，成功智力包括分析性智力、创造性智力和实践性智力三个关键方面。分析性智力用来解决问题并用来判断思想成果的质量，创造性智力帮助人们从一开始就形成好的问题和想法，实践性智力则可将思想及其分析结果以一种行之有效的方法加以实施。

成功智力是一个有机整体，只有在分析、创造、实践能力三方面协调、平衡时才最为有效。知道什么时候以何种方式来运用成功智力的三个方面，要比仅仅

① Sternberg R J. A three-facet model of creativity. In Sternberg R J，The Nature of Creativity. New York：Cambridge University Press，1988：125-147.

② Sternberg R J，Lubart T I. Investing in creativity. American Psychologist，1996，51（7）：677-688.

具有这三个方面的素质更为重要。具有成功智力的人不仅具备这些能力，而且还会思考在什么时候、以何种方式来运用这些能力。从智慧和智力的功能这一角度出发，分析、创造、实践正是成功智力的核心内容。

按照斯滕伯格的观点，智商（intelligence quotient，IQ）测验所测试的内容体现分析智力，但分析智力的范围远远大于IQ测验所涉及的学业领域内容，在生活中需要人们运用和发展这种能力，而创新性智力和实践性智力在IQ测验中根本得不到体现。成功智力所包含的实践性智力可以代表教育中经常说的“非智力因素”。斯滕伯格的成功智力理论超越了传统智力研究中将智力与非智力截然分开的观念，将创造力、智力、非智力结合起来，这一点尤为值得我们在创造技法的研究与应用时借鉴。

第三章　创新思维的内涵与特征

思维是人脑对外部信息进行加工的活动，创新思维（或者说创造性思维）不同于一般的思维活动，它是高水平、复杂性的信息加工，是多种思维形式协调形成的综合性思维。[①]创新思维是人们在已有经验、知识、信息的基础上，对新的情况和事物去粗取精、去伪存真，进行筛选、加工和制作，做出新的判断，得出新的结论，产生新的有社会价值的思想、理论的思维活动，因而是一种能想别人所未想、见别人所未见、勇于除旧立新的思维活动，其核心就在于“新”。

创造（创造力或创造性）是人类思想和行为的本质特征，创造活动（尤其是创新思维）是人类非常复杂的活动。创新思维与创新实践不仅能带来财富的增长，更能使人的精神得到真正满足。因而，创新创造历来为人们所崇尚，对创新思维以及创新实践方法的探求更为人们所注重。

从信息加工的角度看，创新思维就是以新颖独特的加工方式产生新颖独特且具有一定价值的思维产品的活动，它是在一般思维的基础上发展起来的，是多种类型的思维在创造活动中的一种有机结合、聚变式重构并产生突破性飞跃的思维新形态，是人类思维能力高度发展的表现，是发明创造的核心关键。关于创造力和创新思维，自古就有很多阐述。古希腊哲学家亚里士多德的《工具论》可被看作早期涉及创新思维的著作，此后的许多哲学家、科学家对创新思维有重要的论述和研究。中国文化更是蕴含大量的创新思维思想，例如孔子的“温故而知新”“举一反三”，老子的“生而弗有”“无为而无不为”等相关论述，都蕴含创新思维思想。儒家经典《大学》中提出“苟日新，日日新，又日新”，集中体现出儒家学说对于创新思维的推崇。只是，中国的学术传统在创新思维理论构建上缺少严谨的概念系统和理论体系，没有形成诸如《逻辑学》《心理学》《创造学》等系统的逻辑演绎理论，使得这些创新思维思想没有形成流传后世的专门化理论体系，但这些关于创新思维的思想依然为今天我们系统研究创新思维提供了丰富的

① 孙煜，黄浩森，赵平，等. 思维与符号学论丛. 北京：北京出版社，1991：25.

理论养分。

一、创新思维的概念界定

关于什么是创新思维，很多文献进行了界定，但主要是对于“创造性”“创造性思维”的界定。

（一）与创新思维相关的概念

（1）创造

《辞海》把创造解释为：首创前所未有的事物。[①]《新华汉语词典》将其解释为：想出新的方法，建立新的理论，做出新的成绩。[②]创造就是人类主动地改造现实世界、建立新生活、获得新价值的开拓性活动。从广义上说，创造是指个体发展过程中对个人生活的价值创新。一个人对某一问题的解决如果富于创造性，不管这一问题及其解决过程是否有前人提出过，都可以被看作广义的创造。从狭义上说，创造是指对整个人类社会的进步过程的价值创新，如科学上的新发现、技术上的新发明、文学艺术上的杰作等，这些都是前人不曾实现的创造活动，都能对整个人类社会产生新的价值。

创造是一种开拓性实践活动。在人与环境的接触过程中，信息的处理不是总停留在一个固有的水平上，人自身需要发展，而人的发展又融入新的环境之中，对环境的变化起到相应的作用。创造性带来了人、环境的积极变化。人们通过自己的创造过程的完成，实际上也取得两个方面的积极意义：人自身能力提高及对社会进步的贡献。

（2）创新

西方著名经济学家熊彼特（J. A. Schumpeter，1883—1950 年）首先提出了“创新”（innovation）的概念。1912 年，他在《经济发展理论》一书中提出创新的观点，创新理论是用来解释经济周期的理论，他认为经济周期是由创新引起的对旧均衡的破坏和向新均衡的过渡。所谓创新，就是建立一种新的生产函数，包含以下五种情况：引进新产品；引用新技术，即新的生产方法；开辟新市场；控制原材料的新来源；实现企业的新组织。前两种情况可被看作技术创新，中间两种情况可被看作市场创新，最后一种情况可被看作管理创新。他的这一创新理论直到 20 世纪 40 年代前后才引起人们的注意，美国在 20 世纪 50 年代末期开始对

① 辞海编辑委员会. 辞海. 6 版. 上海：上海辞书出版社，2009：325.

② 新华汉语词典编委会. 新华汉语词典. 北京：商务印书馆，2004：196.

创新进行研究，到20世纪80年代则大大系统化。

《新华汉语词典》对“创新”的解释是：抛弃旧的，创造新的。①人们在科学、艺术、技术和各个实践活动领域中，产生具有经济价值、社会价值、生态价值的新思想、新理论、新方法和新产品的各种复杂的活动行为都可被称为创新。创新是由主体、新成果、实施过程和更高效益四种要素构成的综合过程。创新既可以是有形的物质成果，也可以是无形的精神产品，但必须获得更高效益（经济效益或社会效益）。《第五项修炼》的作者说：“当一个新的构想在实验室被证实可行的时候，工程师称之为发明，而只有当它能以适当的规模和切合实际、稳定地加以重复生产的时候，这个构想才成为一项创新。”②因此，创新是人类的一种高级创造活动，是人在社会实践中扬弃旧事物、旧思想、旧方法，成功实施新设想、新成果并获得更高效益的运作系统。

广义的创造范围更宽广，可以是无目的的活动，比如出自自己的好奇，对自己头脑中的设想加以实施，不管其是否能创造价值，也可以是由于自己生活、工作、学习的需要，对自己的设想加以实施，不管前人、他人是否创造过。创新则必须有明确的目的性，是通过各种要素的创造产生新的有用的东西，也就是有价值的成果，还特别强调社会效益或经济效益。

（二）创造性的界定

关于什么是创造性，不同文献给出了不同的界定。我国心理学家林崇德给出的定义为“根据一定目的、运用一切已知信息，产生出某种新颖、独特，具有社会或个人价值的产品的智力品质”③。这里的“产品”主要指以某种形式存在的思维成果，它既可以是新概念、新思想、新理论，也可以是新技术、新工艺、新作品。他认为，这一定义是根据结果来判断创造力的，其判断标准有三：产品是否新颖、是否独特、是否具有社会或个人价值。林崇德认为，之所以强调创造力是一种智力品质，主要是把创造力视为一种思维品质，重视思维能力的个体差异的智力品质。简言之，创造力是根据一定目的产生有社会（或个人）价值的、具有新颖性成分的产品的智力品质。

（三）创新思维的界定

学术界所探讨的“创造性”“创造力”等，与我们今天所说的“创新思维”

---

① 新华汉语词典编委会. 新华汉语词典. 北京：商务印书馆，2004：196.

② 彼得·圣吉. 第五项修炼. 张成林译. 北京：中信出版社，2018：83.

③ 林崇德. 培养和造就高素质的创造性人才. 北京师范大学学报（社会科学版），1999（1）：5-13.

在本质上是一个意思，只不过是在不同语境下的不同表达。因此，文献中关于“创造力”“创造性”“创造性思维”等概念的界定，从本质内涵上可以理解为是对创新思维的界定。

按照这个思想，我们可以将“创新思维”定义为：根据一定目的、运用一切已知信息，产生出某种新颖、独特，并且具有社会或个人价值的产品的思维形态。这里，“产品”是一个广义的概念，它是一种结果或者变化，包括物质产品和精神产品。显然，创新思维是人类特有的高级思维形态，具有超越常规思维的特性，是人的知识、能力、智力、人格、环境等因素的综合运用和作用的结果，具有复杂的生理、心理和社会等方面的机制。同时，创新思维体现的是人的综合品质，是人的本质力量和完整人性的外在表现。

二、创新思维的内涵理解

对于“什么是创造、什么是创新思维”这一问题的界定和理解不同，将使得创造力研究和创新思维研究方向存在差别。从创造性心理学的研究现状来看，人们对于创造的界定往往针对某一个方面而言，例如，人们普遍接受的创造的定义往往从四个方面进行界定：①从创新性产品的角度，将创造力界定为产生某种新颖独特并具有某种价值的产品的能力，通过对于创新性产品的分析来理解个体的创造力[①]；②以信息加工的观点，从创新性思维的心理过程与心理表征角度，探索创新性的心理结构和过程[②]；③从创造者个体本身的特征来研究个体的创造力特征，将人的创造力界定为一些与创新活动密切相关的个性品质，即创新性人格，如独立性、冒险性等；④从创新性环境的角度，将创新思维过程看作个体与他所处的环境之间的相互作用过程，这样创造力就是个体与产生新颖独特的产品的环境之间多方面作用以取得良好效果的能力，这就涉及创造力的社会层面。

（一）创新思维是智力品质与非智力品质的辩证统一

如果将创造力定义为“根据一定目的和任务，运用一切已知信息，开展能动思维活动，产生某种新颖、独特、有社会或个人价值的产品的智力品质”，那么，尽管这个定义从认知心理的角度看比较科学和精确，但是将人的创造力局限于“智力品质”，而且依赖对其“产品”的判断，无疑将人的创造力过于狭义

① 俞国良. 创造力心理学. 杭州：浙江人民出版社，1996：84.

② 徐展，张庆林. 关于创造性的研究述评. 心理学动态，2001（1）：36-40.

化。于是，随着认识的深化，人们又从创造过程、创造思维、创造者的个体品性、创造的社会性和伦理性等许多方面对创造进行了多种界定。在不同的研究领域，人们对于创造性的内涵理解是不同的。从教育的角度看，我们需要从完整的人性的角度去全面理解创造性和创新思维。

近几年，人们对创造性研究中片面科学主义、技术主义倾向进行反思，普遍将创造力看作认知、人格、社会层面的综合体。事实上，人们对于“创造”这一概念的界定是随着创造活动在不同历史时期的不同特点而不断发展的。越来越多的研究表明，创造性与创新思维是人所特有的一种追求独特新颖和价值的内在品性，是智力与非智力的辩证统一，是认知、情感、精神的统一体。创新思维的内涵是十分丰富的，必须全面理解其内涵，如创造的观念和意识、创造的精神境界、创造性的人格等。这种品性是人性的精华，也是人性的最高体现，同时这种内在品性表现为个体外在的创造力量，如创新思维能力、创造性技能等。因而，创造性与创新思维体现了“人性”与“人力”的统一。

（二）创新思维的认识随着时间深入而深化

关于创造的定义，这是个见仁见智的问题。创造不可能有一个统一、精确的界定，这是因为人们对于创造的认识不尽一致。现有文献对创造的解释大都是人们对创造这一人类特殊活动的主观理解，也就是人们的创造观。人类自从有了创造活动，就有了对于这种活动的认识的创造观。创造观是人们对创造的方方面面的认识和理解，涉及的内容很多，但最主要的莫过于对创造主体的认识、对创造本质特点的认识和对创造方法的认识。

人们对于创造性与创新思维的认识，也就是“创造观”，是随着社会生产力的发展（特别是创造活动的深入）不断变化的。最早的创造观显现于人类早期的神话、宗教和哲学中，是人类思想文化的重要组成部分。一般来说，人们对创造主体的认识最开始仅局限于神的范围，既然神是创造的主体，创造的本质也就是“无中生有”，这自然非人力所能为。至于创造的方法，即神是如何创造的，也不是人应该关心的。随着人本文化的发展，创造的主体才逐渐从神变为人。从人类创造观的历史发展轨迹中可以看到，人们对创造主体的认识经历了几次重大的革命：从以神为创造主体转变为以人为创造主体；从以艺术家、诗人为创造主体拓展到以科学家、工程技术人员为创造主体；从以特殊才能的科学家、艺术家为创造主体拓展到以普通人（特别是学生）为创造主体。不同的创造主体的确立与人们对创造内涵的不同理解是密切相关的。

（三）创新思维的本质

创造的精确定义并不是至关重要的，但我们必须把握创造的本质特征。如前文所述，创造的本质特征就是新颖独特和具有价值，这是创造的两个基本维度。也就是说，新颖独特和具有价值的个人品性就是创造性，新颖独特和具有价值的产品就是创造性产品。

一个人创造水平的高低正是由其创造的新颖独特的程度与价值的大小来决定的。一般来说，科学家、艺术家的创造活动与普通人的创造活动之所以不同，就在于前者的新颖独特是相对于整个历史和全社会而言的，其价值体现能促进全社会和全人类的发展。普通人的创造则通常以个体为参照物，其新颖独特是相对于个体知识和经验来说的，其价值体现为有益于促进个体的发展。

按照这一观念，研究创造和创造技法就不仅仅是一个技术问题，它更多地涉及人的价值取向，因而，创造学（特别是创造技法）的研究绝不能局限于方法与技巧的范围内，而要充分关注创造的价值问题。在当今世界，创造道德观和创造伦理意识应当作为创造力的重要内涵，也是创造技法研究中不可忽视的因素。从科技发展史看，人类的创造活动在其两个维度上发生了很大变化：在科技不很发达的历史时期，创造出一件新颖独特的产品十分困难，但只要产品发明出来，其价值（特别是社会价值）是不言而喻的，不会出现较大的争论和分歧；随着高新技术的迅猛发展，一件产品的新颖独特性越来越容易实现，周期越来越短，但是其价值的判断（特别是其社会价值或长远价值的把握）就显得十分困难。例如，克隆技术、无性繁殖技术、人工智能技术等，其实已不算困难，但它们所引发的价值问题十分复杂，它们对于社会究竟具有什么样的价值、应该如何应用等一系列问题使人们感到困惑，甚至引起恐慌。

三、创新思维的基本特征

20 世纪以来，科学心理学对创造心理机制和创新思维做了大量研究，最具有代表性的有以吉尔福特为代表的创新思维理论、以阿姆贝尔为代表的创造力动机理论、以弗洛伊德为代表的创造力潜意识理论、以马斯洛和罗杰斯等为代表的创造力人格理论，还有弗拉维尔的元认知理论、斯滕伯格的创造力投资理论等。这些理论为创新思维奠定了心理学基础，对于我们探讨创新思维具有重要的启示意义。根据这些理论，我们可以提炼出创新思维的主要特征。

（一）创新思维的发散性和转换性

从思维的心理机制上看，创新思维的基本特征就是发散性和转换性。美国著名心理学家吉尔福特提出了著名的智力结构理论，其中蕴含着创新思维的两个基本特征。吉尔福特认为，智力的结构分为三个维度：一是内容维度，包括视觉、听觉、符号、语义、行为；二是产品维度，包括单位、门类、关系、系统、转化、含义；三是运演维度，包括认知、记忆、发散性加工、复合性加工、评价。而创新思维的核心运演维度是“发散性加工”和产品维度的“转化”①。其中，发散就是从不同的角度、不同的视野看问题；转换性就是打破思维的局限，跳出思维的现有框架，以新的思维看待问题。按照吉尔福特的这一理论，发散性是针对信息加工的方式来说的，转换性是针对信息加工的层次来说的。

（1）创新思维的发散性

创新思维从信息加工运行的角度看，具有发散性加工的特征。简单地说，发散性就是人脑对外在信息的加工方式不受限于某一固定思路，而是多角度、多视野、多途径的。人的创新思维活动永远是积极的、主动的，发散性是这种本性的基本体现。创新思维的产生必然打破已有的信息加工模式，常常是对已有思维常态的颠覆性、变革性突破，表现出思维的开拓和突破，而思维的开拓和突破的首要环节就是思维的开放与发散。正是思维的这种发散性能完成思维反常性过程与常规性过程的辩证统一，为创新思维的形成奠定基础。当人的思维方式面对困惑、通过原有思维过程不能解决问题时，人将会通过反思，发挥想象力的作用，由一点向四面八方延伸开去，经过知识、观念的重新组合，寻求跳出原有思维框架体系而开拓新的途径。

（2）创新思维的转换性

发散性仅仅是打破惯性思维和常态思维的第一步，是打破固有思维模式、实现创新的关键。但仅仅是发散性的信息加工还不能产生创新的思维产品。为了真正形成创新思维，在发散性加工的同时，还不能简单地低层次发散，而要通过提升信息加工的层次，使得人脑对于信息的加工转换到另一个思维的层面，实现高维度的信息加工，这样才能真正产生新颖、独特的创造性产品。例如，我们就现象讨论现象时尽管具有发散性的信息加工，但是难以产生新颖独特的思维，这个时候如果运用哲学的思维方式透过现象看本质，就能将思维的层次转换到更为本

---

① 吉尔福特. 创造力与创造性思维新论. 唐晓杰，沈剑平译. 华东师范大学学报（教育科学版），1990（4）：13-16.

质的层面上，从而产生新颖独特的认识。

（二）创新思维的新颖性和价值性

从思维的结果和评价标准看，创新思维的突出特征是新颖性和价值性。心理学家梅耶（M. F. Mayer）在总结 20 世纪 50 年代后几十年关于创造力研究成果后认为，“新颖性”（newness or originality）和“有用性”（价值性）（usefulness or value）是创造力的两个最重要特征。[①]这里，对于什么是新颖性和价值性，不同学者以不同的视角有不同的论述，但主要是区分在什么范围内、与什么水平的成果相比较。

（1）创新思维的新颖性

“新颖”是一个比较性的词语，新颖或者不新颖、新颖的程度如何，都要看参照物。有人认为只要对于自我而言是新颖独特的，就具备新颖性；也有人认为新颖性必须是相对于同一类事物而显示出的独特新颖性。实际上，创新思维的新颖性要看具体的思维领域、对象和范围，如果以绝对的标准和眼光看待新颖性，就失去了创新思维的现实意义。具体来说，对于科学研究的前沿领域而言，每个科研创新的新颖性衡量标准必然是对于人类在该领域的新颖程度来讲的，必须体现人类知识的前沿性突破，体现科学探索的前沿性和突破性。对于教育领域来说，新颖性则主要是对于学习者而言的，美国心理学家布鲁纳（J. S. Bruner）提出了“发现学习”这一概念[②]，这里所说的“发现”是以学生自身为参照系的，是在教育范围内体现的。在这种“发现学习”中，学生创新思维主要是对于自身过去的经验和知识范围而言的，其思维是新颖的，因此创新思维的新颖性是比较而言的。在实际工作中，我们要根据实际情况来判定创新思维的新颖性。当我们在评价一项科研成果的创新性时，首要的是强调其思维和成果的独特性和新颖性，但是这里的新颖性是体现在各方面和不同层次的，也是相对的。有些是理论上的新颖性，有些是方法上的新颖性，有些则是应用效果上的新颖性，只要是能对特定的实践活动产生积极的、过去没有的新颖性成果，我们都要承认其新颖性，而这种新颖性的程度要根据具体实践活动来确定，可以分为自我性和社会性的新颖[③]，或者“大众性”和“专业性”的新颖。例如，专业性的新颖可以是“国际领先”，或者“处于国内先进水平”“国内首创”等，而大众性的新颖更多的是体现“大众创新、万众创业”“人人创新、草根创业”的新态势，其新颖性

① 施建农. 人类创造力的本质是什么？ 心理科学进展，2005（6）：705-707.

② 施良方. 学习论：学习心理学的理论与原理. 北京：人民教育出版社，2000：221.

③ 李小平. 论大学生创造性的基本特征. 高等教育研究，2001（3）：70-74.

主要是一种“自我性”“大众性”的新颖性。人本主义心理学家马斯洛认为：每个人都在这方面或那方面具有某些独到的创造力或独创性，其并不以著书、作曲、创造艺术作品这些通常形式体现出来，他将这种以个人为参照系的创造性称为“自我实现型”创造性，即属于自我性、大众性的创造性，而将科学家、艺术家的以社会为参照系的创造性称为“特殊才能型”创造性，即属于社会性、专业性的创造性。①

（2）创新思维的价值性

对于“价值性”或者“有用性”，则存在一个价值主体的问题，也就是说，所谓有价值，主要是看对于什么主体有价值。目前人们关于创新思维价值性问题的认识，主要关注的不是“有没有”价值的问题，而是区分“相对什么”有价值的问题。有人认为，创新思维的价值性是指思维对于社会发展、学术进步等有促进意义；还有人认为，只要是对于个人思维、个体发展有促进意义的思维，尤其是儿童在学习中体现的具有创见意义的思维，就具有价值性。因此，创新思维的新颖性和价值性在参照范围和衡量标准上是相对的，可能表现为理论价值，也可能表现为功用价值，还可能表现为思维价值、教育价值等，但必须是存在的，否则不能被称为创新思维。

值得注意的是，在创新思维价值性的判断上，还要特别关注创新思维的伦理价值、人格价值、道德价值等。创新思维不仅具有“能力”维度的价值和产生物质性产品的功能，还具有“人格、精神”维度的价值并产生积极的精神作用，创新思维既不能被“神化”，也不能被“物化”，而应是“人的一种基本德性”②，是“人性”与“人力”的辩证统一③。人本主义心理学认为，创造性不一定必须产生创新的具体产品，有时候创新是一种新颖独特的人格，也可以是一种积极的、新颖的生活态度。马斯洛指出，“真正创造性的根源，或真正新思想的产生，是深蕴在人性内部的”，“创造性概念和健康、自我实现、丰满人性等概念似乎越来越接近，最终也许会证明是一回事”。④可见，在人本主义心理学看来，创新思维的价值不仅仅是在外在产品，更重要的价值是创新思维体现了生命价值，体现了人性的自我实现和人生境界的提升和弘扬。可见，创新思维不仅体现在物质和能力领域，还体现在生活和精神领域，体现为一种积极的生活风格和

---

① 马斯洛，等. 人的潜能和价值：人本主义心理学译文集. 林方主编. 北京：华夏出版社，1987：245-246.

② 鲁洁. 创造性是人的一种基本德性. 教育研究与实验，2007（5）：1-3，39.

③ 李小平. 新世纪创新人才应具有全面的创造性. 高等教育研究，2002（6）：71-75.

④ 转引自吴安春，唐日新. 从认知范式到人本范式：创造性心理学研究范式的整体性转型. 心理学探新，2003（4）：6-9.

“天天向上”“日日维新”的精神方式。

（三）创新思维的突变性和渐进性

从思维发生发展的特征看，创新思维不同于一般性的逻辑思维，它具有一般性常规思维、逻辑思维的渐进性，其更突出的特征是具有常规思维不具备的突变性或者非逻辑性。

从创新思维的发生阶段和过程看，它具有突发性、偶然性和机遇引发性等特点，尤其是在创新性的问题解决这一关键步骤，往往是思维主体经过长期的苦思冥想，最后豁然开朗，找到了关键性的启示或答案，常常呈现出诸如“直觉、灵感、顿悟”等突变性心理现象和“非逻辑”的思维过程。这与一般思维过程中所呈现的“按部就班”“顺理成章”形成明显的对比。因此，对于创新思维活动来说，很多创新机会往往“稍纵即逝”。这种突变性也可以总结为“非逻辑性”，表面上看不符合正常的逻辑。

从众多创造性心理研究总结中可以归纳出，创新思维的这一突变性往往与人的潜意识活动有关。彭加勒和阿达玛曾结合自身的研究心理过程揭示过这一点。他们认为，数学的发明其实就是在无数的信息组合中选择有用的组合，而这些思维过程很大程度上是在潜意识中进行的，其中，审美意识在这种直觉的选择中起着关键作用，因为“有用的组合”往往是“最美的组合”。①

四、创新思维的案例分析

这里以军事理论著作《超限战》中的创新思维为例进行案例分析。

（一）《超限战》与超限战

1999 年，军事理论专家乔良与王湘穗提出著名的超限战理论，震惊全球。美国五角大楼认为“所谓世界上最先进的军事理论在前苏联解体后遇到的首次强力挑战”②。《超限战》这本著作充分体现了作者对于战争这一现象的超越性思考和创新性认识，蕴含着作者丰富的创新思维。

海湾战争之后，美国人的战争方式和军事理论成为很多国家军队竞相仿效的对象，《超限战》的作者则用他们潜心多年的研究成果，对此提出了有理有据的怀疑，并对此进行创新。当时还是中国空军大校军衔的乔良并不满足于对别国的

---

① 彭加勒. 科学的价值. 李醒民译. 北京：光明日报出版社，1988：433.

② 乔良，王湘穗. 超限战. 武汉：崇文书局，2010：39.

军事理论说长道短，而是始终将自己的准星瞄在日益临近的全球化时代及其战争这一更高目标上。在此前提下，《超限战》作者提出了应对新型战争的对策——超限战。所谓“超限战”（有时也称“不对称战争”），即以小规模重点对敌方堡垒进行内爆攻坚，达到战略性效果，类似以小博大、“老鼠对猫”的战争中以非均衡、不对称打击重心手法，达到全向度调控目标。对超限战来说，不存在战场与非战场的区别。战争可以是军事性的，也可以是准军事或非军事性的；可以是职业军人之间的对抗，也可以是以平民或专家为主体的新生战力的对抗，这是一种可以超越实力局限和制约的战争方式，因此，它对处于强势和弱势的国家都具有同样的价值和意义。《超限战》作者以充满灵感的语言、精深独到的见解、逻辑缜密的思考，为我们描绘出一幅伴随21世纪出现的广义战争的图景，其结论和研判在当今世界各国的军事理论界并不多见，令人警醒。

（二）“超限战”概念形成的前提是思维的发散与转换

任何一项军事理论的创新核心都是思维的创新，思维创新的关键是概念、前提的创新性超越。《超限战》的最大亮点是对战争前提和系列概念的重新思考及界定，由此引发人们对新的战争形态和战法的思考。

从《超限战》一书可以看出，对于战争概念的创新，其基本机制是思维路径的发散与思维平面的转换，也可以形象地比喻为“楼顶思维”与“窗户思维”。在该书中，提出“超限战”这一创新概念的思维核心是对于战争概念、范畴的发散性加工和思维平台的转换。从这个意义上说，《超限战》可被看作一本创新思维的案例读物，正如《超限战》作者在自序中所说的：“我们希望读者把‘超限战’看作是有关思维方式的书，我们一开始要做的事情，就是改变自己的思维方式。我想我们做到了这一点，我们沿着‘组合（手段）’与‘错位（运用）’这两条线索，一路摸索到了‘新战争’与‘新战法的门径’。”①

具体来说，“超限战”首先是超越了传统的战争概念。传统理论对于战争的概念，主要强调的是“暴力、屈服、摧毁”。例如，在世界军事名著《战争论》中，作者克劳塞维茨关于战争的定义是“战争是扩大的搏斗，是迫使敌人服从我方意志的暴力行为”，“暴力利用技术和科学的发明成果来对抗暴力”，“暴力是一种物质力量（因为除了国家和法的概念以外就没有精神暴力了），只能是一种手段，而迫使敌人屈服于自己意志才是最终目的”，“从理论上讲，使敌人无力抵抗

① 乔良，王湘穗. 超限战与反超限战：中国人提出的新战争观美国人如何应对. 武汉：长江文艺出版社，2006：4.

也就变成了战争行为的直接目的”。①他认为，技术进步不能改变战争的暴力本性，慈善家可能梦幻般地认为一定会有种种巧妙的方法而不必造成太大的流血伤亡，就能接触敌人的武器或者打垮敌人，并且认为这是军事艺术发展的趋势。这种看法不管多么美妙，都是一种必须消除的错误思想。他还强调，火药的发明、火器的不断改进已经充分地表明，文明程度的提高丝毫没有改变战争概念所固有的用暴力消火敌人的倾向。②

（三）“战争”内涵的重新审视与新定义

《超限战》的作者认为：“显然，从传统的战争定义出发，已经无法对以上问题（黑客、金融摧毁、CNN 报道）给出令人满意的答案。当我们突然意识到所有这些非战争行动都可能是未来战争的新的构成因素时，我们不得不对这种战争新模式进行一次新的命名：超越一切界限和限度的战争，简言之：超限战。”③他们认为，对于“战争”概念的重新定义必将带来军事理论的系统创新：“如果这一命题能够成立的话，那么，这种战争意味着手段无所不至，战场无处不在；意味着一切武器和技术都可以任意叠加，意味着横亘在战争与非战争、军事与非军事两个世界间的全部界限统统都要被打破，这意味着已有的许多作战原则将会被修改，甚至连战争法也需要重新修订。”④

（四）战争概念创新带来的系统创新

对“战争”这一概念内涵有了新的和超越性的认识以后，军事领域的一些重大概念就会随之改变。

第一，“武器”这一概念发生转换，出现了“新概念武器”与“武器新概念”（“广义武器”）。传统的武器概念是“单元武器”，并且武器的变化引发战争样式变化，在冷兵器时代、热兵器时代，武器的概念和内涵都是不一样的。而现代武器的概念和内涵是“多种武器构成的武器系统”。甚至，“思想武器”从概念走向现实。“病毒攻击、媒体传播、微信蛊惑”等都成为超限战背景下的武器。

第二，“战斗力”概念发生转换。在超限战背景下，传统的战斗力也必然发

---

① 克劳塞维茨. 战争论. 李传训编译. 北京：北京出版社，2007：6-7.

② 克劳塞维茨. 战争论. 李传训编译. 北京：北京出版社，2007：11.

③ 乔良，王湘穗. 超限战与反超限战：中国人提出的新战争观美国人如何应对. 武汉：长江文艺出版社，2006：5.

④ 乔良，王湘穗. 超限战与反超限战：中国人提出的新战争观美国人如何应对. 武汉：长江文艺出版社，2006：15.

生概念的转换，出现了“非对称战斗力”这一新的概念。通常，战斗力的核心标志是人、武器、人与武器的结合，但是在超限战背景下，这种概念的内涵发生了巨大改变。美军通过在索马里的行动，全面体验了“现代化军队应对不了不按常规行事的敌手”这一事实。

在超限战背景下，武器和装备的技术代差已经扩展为形态上的代差，也就是说，并不是高技术水平就一定胜人一筹，当战争内涵发生改变也就是出现超限战战争形态时，高技术军队有时候难以应对非正规战争和低技术战争。在这种战争背景下，“非对称战争”“人民战争”依然具有重大的现实意义。

第三，“战场”概念发生转换。陆地、海洋、天空、立体、电磁、网络、认知域、文化域等都成了“战场”，战场已经由传统的物理时空转变成了非物理时空，从自然空间、物理空间拓展到非自然空间、心理空间，战场空间越来越多地与非战场空间重叠，可以说，任何空间都可被人类赋予战场的意义。

第四，“作战者”（战士）概念发生转换。从某种意义上说，在超限战这种现代战争形态下，“战士”的概念已经不再是人力所主导，而是具有军事与非军事、传统作战能力与非传统作战能力的综合力量的作战个体，体力、技术与数量已经不是核心，综合性的、体现新型作战力量的素养是衡量战士的新标准。战士概念的转换，对于军队力量调整具有重要的支撑意义。

第五，“全民皆兵”具有新的时代意义。在超限战背景下，战士与平民的界限变得模糊，有时候，“平民中技术精英分子不请自来地破门而入，使职业军人和职业化战争不得不面对多少有些尴尬的挑战：谁最有可能成为下一场未知战争的主角？最先出现也最为著名的挑战者是电脑‘黑客’”，因此“战争从此不再是军人的专利”。①

第六，作战手段与方式概念发生转换。在超限战背景下，出现了“多领域作战”，例如随着人们对于战争内涵认识的创新，出现了诸如“信息战”“精确战”“联合作战”“非战争军事行动”等一系列新概念，尤其是在超限战背景下，“贸易战”“金融战”“新恐怖战”“生态战”等作战概念不断涌现。尤其值得关注的是，“心理攻防与认知控制”成为重要的作战手段和作战概念。在信息化条件下，军事对抗更多的是通过打击对方的心理而非躯体，使对方的行为出现己方所期望的变化。双方作战更加注重直接的认知域控制，即突出心理控制，运用现代传媒、心理技术直接作用于敌方领导层，通过控制意志、影响决策等文化手段，摧毁敌方士气和凝聚力。

---

① 乔良，王湘穗. 超限战与反超限战：中国人提出的新战争观美国人如何应对. 武汉：长江文艺出版社，2006：23.

对于“心理攻防与认知控制”而言，其作战机理的最大改变就是心理攻防，文化影响从幕后走向台前，从间接走向直接。认知域或心理域中的作战更加注重文化层面的较量，其影响因素复杂，领导能力、道德、单位凝聚力、情绪、媒体、公众信息、谣言等因素都会影响认知域。

第四章　创新思维的构成要素

创新思维的形成过程实际就是一种心理活动机制，它本身是一个各种心理因素构成的多元系统。在分析各种心理因素对创新思维的作用时，必须了解各种心理因素自身的性质及特点，以及在创新过程中的参与程度，才能对创新做出更为准确更为科学的分析。

一、联想：观念的连接

联想是由对一个事物的认识而想到另一事物的思维活动或思维方法，联想的特点在于通过形象的或形象与概念的彼此联结来达到对事物的认识。

联想作为一种思维方法是有其客观根据的。客观世界的各种事物是相互联系、相互作用的，而且事物的联系也是多种多样的。事物之间的客观联系反映到人们的思维中，便形成了主观形态上的事物联系，从而使人们通过这种联系达到对事物由此及彼的把握。同时，人脑具有“刺激-反射”的生理学条件，大脑皮层在外界纷繁复杂而又相互联系的刺激物的作用下，形成错综复杂而又有规律性的神经联系，这种生理现象的神经联系与思维的联想活动虽有质的区别，但两者又存在协调、同步的关系。

联系方法曾经是心理学的重要研究内容，特别是 19 世纪联想心理学曾占据优势。现在我们主要把联想作为一种创新思维方法加以研究。联想是在逻辑思维主导作用下进行的，其形象活动主要是由语词引起和表现的，它有很强的能动性、灵活性，具有丰富的内容，其具体表现也是多种多样的。联想方法的具体形式很多，主要可以分为接近联想、类比联想、对比联想、空位联想等类型。

（一）接近联想

接近联想是根据事物在时间上或空间上的彼此接近，从而由一事物想到另一事物。例如，人们常说“叶落知秋”，或者谈到杭州就会想到西湖，前者是时间上的接近联想，后者是空间上的接近联想。有时，时间上的联想和空间上的联想又是交织在一起不能截然分开的。例如，每当逢年过节的时候，人们就想起远在他乡的亲人以及过去和他们相聚的情景，这既是时间上也是空间上的接近联想。

接近联想主要是人们凭借事物表象进行的联想，尽管其认识水平较低，但却是一种关于事物相互关系的形象思维活动，是一种开始深入事物内部的认识方法。

（二）类比联想

类比联想是根据事物之间在形态上或性质上的某些相似而引发的联想，因此又称为相似联想。例如，人们由火红的木棉树想到烈士的鲜血，由毒蛇想到恶人。前者是根据事物形态上的相似而展开的联想；后者是根据事物在性质上的相似而展开的联想，恶人是人，毒蛇是一种动物，虽然在形态上极不相似，但其恶毒的本质有相似的一面。

类比联想是通过比较，由对某一类对象的了解过渡到对另一类对象推测性的理解。类比联想的这种转移性使它在思维中起着很大的创造作用。例如，瑞典天文学家林德布拉德（B. Lindblad）把星系与流体进行类比联想，把星系中的恒星设想成一个个水分子，把星系设想成流体，从而建立了解星系旋臂结构的密度波假说。又如，发现屎壳郎推土块的力量比拉土块的力量大，由此联想到可以将拖拉机的犁放在耕作机机身动力的前面，从而增加犁地的力量；人们由面团发酵后能烤制成松软的面包联想到塑料加发泡剂可以制成泡沫塑料，橡胶加发泡剂可以制成橡胶海绵；等等。以上这些例子都说明类比联想在科学发现和技术发明中的作用，类比联想比接近联想有着更加广阔的应用领域。

（三）对比联想

对比联想是根据事物之间在形态、性质、作用上存在着某些方面的不同或彼此相反的情况而进行的联想，从而引发出某种新的设想，例如由炎热的夏天联想到寒冷的冬天，由狭窄的山谷联想到一望无际的草原。由于对比联想是从事物的相反情况思考的，所以又被称为逆向联想。

对比联想以事物之间的对立统一关系为基础，它抓住了事物之间的矛盾关系、转化关系，更加开阔人的视野和加深人的思维深度，所以它比接近联想、相似联想更为深刻，在创新思维中也更有意义。例如，英国物理学家狄拉克（P. A. M. Dirac）在研究中发现，电子的能力正负对称，他联想到电荷也会具有正电荷和负电荷的对称性，既然人们已发现带负电荷的电子，也一定会有带正电荷的电子。狄拉克的这一预言后来为美国的物理学家安德逊所证实。这个例子生动地说明了对比联想在科学发现中的作用。

对比联想是逆事物间通常出现的某种联系或关系而生的，所以它有打破思维定势、开拓新思路的作用。例如，日本和瑞士在手表业上竞争了几十年，一直力求在提高质量、降低成本上下功夫，但未能奏效。后来日本一反原来的思路，不再在苛求质量和降低成本上下功夫，而以低质量（与瑞士相比）、低价格，在花色、品种、适用性上与瑞士竞争。在这个过程中，对比联想起到了开拓思路的作用。

（四）空位联想

空位联想是将问题置于另一特定时间和空间的联想方法，即当解决问题出现困难时，可以联想到已不处于此时空的另一个类似的问题，这样可以打破固有的思维定势，获得新的思想。这种方法的实质就是为问题解决找一个空位，而这个空位是他人未涉足的。

有一个“水变黄金”的故事，是空位联想的典型例子。19 世纪中叶，美国加利福尼亚州发现了金矿，众多淘金者从四面八方涌进该州的山谷。当时淘金者最难熬的是干渴，有的淘金者说：“要是给我一壶凉水，我给他一块金币。”一个名叫亚默尔的淘金者心想，从沙子里淘金和从淘金者身上“淘金”不是一样吗？于是亚默尔开渠引水，为淘金者提供水源，他成了先富起来的人。亚默尔和其他淘金者的初衷是一样的，但他思考问题的方式是成千上万淘金者不曾有的，这个“空位”被亚默尔占领。

空位联想的特点就是寻找他人未涉足的空位。世界乍看起来是充实的，但绝不是无隙的，世界上还有很多未被开垦的土地。因此，人们在工作中遇到困难时，可以尽力跳出原有的思路，寻找适合自己生存和发展的空位，就可能有新的发现、新的创造。

（五）联想的意义和局限

联想广泛存在于人们的思维活动中，是一种十分重要的思维能力。联想与记忆紧密相联，任何思维活动都离不开记忆，记忆为思维活动提供背景材料，而联想则是打开记忆大门的钥匙。通过联想把记忆中的材料用于对新材料的加工之中，并形成新的联想成果。联想是对正在被加工的对象与已储存在记忆中的材料的一种连接性思维活动。联想丰富，思维才活跃；而缺少联想的人，思维活动一定贫乏，思维成果也不会丰富。因此，努力掌握联想方法和培养联想能力，是提高思维能力的重要途径。

联想也是创新思维的一种方法，它能扩大思考问题的范围，使人能够多角度、多侧面、多渠道地思考问题，从而寻求解决问题的多种办法。联想在思维活动中也有其不可掩盖的缺陷。联想对事物关系的反映具有很强的猜测性和随意性，因此，其结论不十分可靠。运用联想方法要建立在雄厚的知识背景基础上，同时需要运用其他思维方法进行补充、修正和指导。

二、想象：形象的塑造

想象是人脑在原有意象的基础上加工、改造形成新形象的思维方法。“想象”是个多义词，在日常生活中经常被运用。广义的想象有猜想、设想的意思。我们这里所讲的是思维想象，它是对原有形象材料的分解和重组的过程，由此形成的思维结果是复合形象。复合形象具有间接性、概括性，它不是直接感知的产物，而是在感知材料的基础上进行选择、扬弃、改造的产物。

想象与联想同是形象思维的方法，但两者有明显不同。联想只是把原有的形象联结起来，是对已有形象的简单利用，没有对原有形象材料进行分解、组合等加工活动；想象则是对原有形象进行分解、提取、重组等加工改造，从而创造出新形象的过程。

想象是人脑的活动，是大脑皮层中过去旧有的暂时神经联系重新筛选、组合、搭配和接通，形成新的联系的过程。旧的暂时联系的简单恢复并不能创造出新形象，要产生新形象，就必须使过去从未结合的因素暂时联系并形成新的结合。想象这种思维活动具有很强的灵活性，很少或不受时间和空间的限制，这就是人们常说的“插上想象的翅膀”。但是，想象离不开经验和知识，它是在已有认识基础上进行的。想象的基本类型可分为三种：再造想象、创造想象和幻想。

（一）再造想象

再造想象就是根据语言文学的描述或图表、模型的示意，在头脑中形成相应的形象的想象，例如文学作品在阅读者头脑中形成的人物形象；剧作家把小说改编成戏剧，导演根据小说的描写创造出舞台上的各种场景和人物形象；工人根据工程师设计的图样，想象某一机器、建筑的结构、形象等，都是再造想象。

再造想象的基本特征是，想象的发生以某种现成的描述、说明或图样为依据。这一方面说明这些形象不是自己独立创造出来的，而是依据他人的描述、示意在自己头脑中再建的；另一方面，这些形象的形成又是经过自己对过去感知材料的加工，其中包含个人的知识和理解能力的作用，因此具有创造的成分。

个体进行再造想象必须正确地理解想象所依据的描述和示意：要想通过小说的指导而形成相应的形象，就必须读懂小说中的语言；要想根据设计图去构思建筑物，就必须看懂图纸。同时，进行再造想象也必须具备充分的形象材料，形象材料越丰富，再造想象越丰富，形成的想象结果也就越准确。

（二）创造想象

创造想象是不依据现成的描述而独立地创造出前所未有的新形象的方法，如发明家在进行发明活动时的想象、艺术家在进行艺术创作时的想象等。创造想象的特征是想象的结果是新颖的、独创的、奇特的。创造想象和再造想象有很大区别。创造想象比再造想象难度大得多，再造想象是依据现成的描述进行的想象，而创造想象是依照自己的创见进行的想象，没有现成的依据可循。创造想象的过程比再造想象的过程复杂，由于没有现成的依据，所以它是一个从原材料到成品的艰难的探索过程。创造想象的成果是新颖的，而再造想象的成果是已有的。创造想象和再造想象虽不同，但在实际思维中，两者又是交叉在一起的，只有两者密切结合，才能使人的想象更丰富，更有成效。

创造想象时，为了建立新的形象，需要许多具体方法，主要有组合法、强调法、典型法、黑箱法等。

第一，组合法是将不同的形象成分有机地联系在一起，从而形成一个完整的新形象的方法。例如，人们在思维中把不同动物的外部形象组合在一起，并赋予这种组合物新的奇特性能，这就形成了古代神话中的龙、麒麟等形象。组合法是一种创造性的综合，它并不是多种形象成分的机械拼凑，而是多种原有的对象成分被纳入新的联系之中，形成一种前所未有的新的组合形象。所以组合法在发明创造中是很有意义的。

第二，强调法是突出既存的事物形象中的某个特点而形成一种新的意义，从而构成一种新的形象的方法。在实际应用中，夸张、扩大和缩小的方法都属于这种方法。例如《三国演义》中关于刘备“三顾茅庐”的故事，《三国志》中的记载很简单，只有“先生遂诣亮，凡三往，乃见”。《三国演义》中则加以夸大、扩张，突出了刘备礼贤下士的风格，这就是运用了强调法。强调法在雕塑或漫画等艺术创作中经常被使用。

第三，典型法是把同类对象的本质属性集中突出地体现于某一具体形象中的方法。文学艺术中典型形象的创造多属于这种方法，例如鲁迅作品中的阿 Q。

第四，黑箱法中的“黑箱”是控制论的术语，意思是任何一个具体过程都有始有终，过程的开始称为“入口”，过程的结果称为“出口”，处于入口和出口之间的部分为“黑箱”，黑箱是未知领域。把黑箱作为一种特殊的想象方法，就是由事情的始末想象事情发展变化的具体过程。例如，一个盗窃案发生了，我们只知道案发前和案发后的具体情况，不了解案犯作案的具体过程。但是一个有经验的侦查员可以凭借了解到的始末情况，运用黑箱法，把作案的具体过程猜测出来，从而为进一步侦查提出办法。

（三）幻想

幻想是想象的一种特殊形式，它是一种与主观意向相结合并指向未来的想象。幻想的特点是与主体的需要、愿望密切相关的，往往不与人目前的活动直接联系，只是对未来的一种憧憬，如人们幻想离开太阳系去探索宇宙的奥秘。

幻想有两种，即积极幻想和消极幻想。积极幻想通常称为理想，消极幻想通常称为空想。理想有一定的现实基础，通过努力可以转变为现实；空想则没有现实的基础，不可能转变为现实。

（四）想象的意义

想象是形象思维活动中的重要方法，人们凭借想象可以对不能亲自观察或未曾亲自观察的事物形成想象形象，从而扩大知识范围。例如，人们读书或听音乐时可通过想象丰富自己的意识。

想象是一种重要的创新思维方法。想象可以摆脱传统的束缚，实现思维的突破，使人提出超常或反常的新观念和新思想。奔放的想象力是科学发现中最活跃、最能动的因素。科学研究中每个新的假说的提出，几乎都与想象力的发挥密不可分。例如，德国气象学家魏格纳（A. L. Wegener）有一次看到墙上挂着一幅世界地图，发现大西洋两岸、非洲西部的海岸线和南美洲东部的海岸线彼此吻合，于是他想象它们原来是连在一起的一块大陆，后来随着时间的推移，由于天体的引力和地球自转所产生的离心力，原来是一块的大陆被分成许多块，这些大陆块就像木块漂在水面上一样，逐渐漂移分开，形成现在的几大洲。这就是著名的“大陆漂移假说”。魏格纳这一假说的提出与其想象力的发挥是密不可分的。

伟大的物理学家爱因斯坦充分肯定想象在科学研究中的作用。他认为“想象力比知识更重要，因为知识是有限的，而想象力概括着世界上的一切，推动着进步，并且是知识进化的源泉。严格地说，想象力是科学研究中的实在因素”①。

想象对于人的实践活动也具有重要意义。人的实践活动是一种有目的、有意

① 爱因斯坦. 爱因斯坦文集（第1卷）. 许良英，等编译. 北京：商务印书馆，1976：234.

识的活动，人在进行实践之前在意识中就预见实践的结果，而这种结果常常以形象的形态存在于人脑中。正如马克思所说，“人在劳动过程结束时得到的结果，在这个过程开始时就已经在劳动者的表象中存在着，即已经观念地存在着”①。这说明想象是人类创造性实践活动中不可缺少的要素。想象在实际运用中必须与理性判断相结合，这样才能产生富有价值的成果，否则就会陷入主观幻想。

三、灵感：“顿悟”、突发的认识

（一）灵感的概念和特征

灵感通常泛指一切科学、艺术等的创造性活动中主体创造力的一种高涨状态下的顿悟，是一种较为复杂的思维现象。因此，对于灵感必须进行多方面、多角度的考察，才能逐渐揭示其本质。

从认识论角度看，灵感是人的认识过程中的一种突变和飞跃。这种突变和飞跃表现为，人在长时间思考某个问题得不到解答，而暂时中断对它的思考后却在某个场合突然对问题的解答有所顿悟。

从灵感的潜意识理论来看，灵感的发生是显意识和潜意识相互贯通、相互作用的结果。这种理论认为人的意识除了具有明显的、自觉的意识以外，还有一种潜在的、非自觉的意识，后者储存着人们感知过的多种信息。灵感是显意识思维活动受阻中断后，在解决问题的强烈欲望作用下调动潜意识的功能，在潜意识中孕育成熟后，突然与显意识贯通，涌现于显意识中，使问题得到解决。

灵感（顿悟）是伴随着人类的形象（直感）思维和抽象（逻辑）思维一起发展起来的一种基本思维形式，但长时期不被人们所认识。我国著名科学家钱学森正确运用理论思维的原则，科学地总结了自己和科学家从事科学研究的宝贵经验，第一次鲜明地把灵感现象作为人类的一种基本思维形式提出来。他在《关于形象思维问题的一封信》中指出，“凡有创造经验的同志都知道光靠形象思维和抽象思维不能创造，不能突破；要创造、要突破得有灵感”②。

所谓灵感思维（或称顿悟思维），是人类一种基本思维形式，它的酝酿不仅仅在显意识中进行，而且首先在显意识的指导下，经过潜意识的整合推论，再涌现于显意识，表现为灵感。因此，灵感发生的机制则是显意识→潜意识→显意识的过程。也就是说，灵感思维的首要条件在于在人们有意识、自觉的追求下，在

① 马克思，恩格斯. 马克思恩格斯全集（第 23 卷）. 中共中央马克思恩格斯列宁斯大林著作编译局译. 北京：人民出版社，1972：202.

② 钱学森. 关于形象思维问题的一封信. 中国社会科学，1980（6）：66.

潜意识中酝酿才可能产生。但潜意识如何工作又不被自己所意识到，当潜意识孕育成熟的瞬间又必须借助相关诱因方能涌进显意识，再经显意识加工形成灵感。因此，灵感形成是有条件的，是显意识与潜意识相互协同作用的结果。

创新工作是一项随机性、应变性和创造性很强的工作。应对这种随机性、应变性和创造性，光靠形象（直感）思维和抽象（逻辑）思维是不够的，还必须有灵感（顿悟）思维与之相配合。人只有综合运用各种思维形式，才能驾驭领导工作这部巨型网络机器。

现代创新工作中因素之多、涉及范围之广、机动性之强、关系之复杂，都是前所未有的，因此一个创造者的创新思维素养就显得十分重要。创造者的创新思维素养的标志就是灵感（顿悟）思维能力。灵感（顿悟）思维能力越强，创造者的潜思维水平就越高，创新就越接近科学和准确，就越有威慑力，从而越有可能开创一流的工作。随着信息化社会的发展，特别是世界性新技术革命潮流的到来，这种潜在思维能力将越发成为现代创造者必备的素质。

客观世界是多样性的统一，反映其本质的途径和形式也必然是多样化的。千变万化的大千世界，时而呈现出“显态”，时而又表现为“潜态”。当其呈现显态时，人们会对其一目了然；当其表现为潜态时，人们会对其感到莫名其妙。这样一来，人们的思维形式也相应地表现出多种形式。显态形式包括抽象思维、形象思维、社会思维等，潜态形式包括灵感思维、特异思维等。

这些形式都从不同侧面反映着事物的本质及其发展变化规律。这几种思维形式既有共性，也有个性。就共性而言，它们都是自然界长期发展的产物，是人脑的技能，是人脑对物质的反映；都是思维形式，而不是思维的内容；都遵循认识论的总规律。它们之间既相互区别又相互联系，所以人们对思维形式的使用也往往是综合性的。

这几种思维形式各有其特点，抽象思维、形象思维为人们所熟知，而灵感思维的特点却不易被人们所把握。从发生的状态和表现的方式看，灵感思维具有非预期的突发性。从时间来看，灵感什么时候来，从空间来看，灵感受什么东西启迪而触发，而且来去又那么“短暂”，都是令人难以寻觅的。从灵感思维所产生的独特的科学价值和社会价值看，它的功能具有非线性的独创作用。从灵感思维结果的二重性看，由于灵感酝酿在潜意识之中，所以它所产生的结果又具有一定的模糊性。但是，这种模糊性并不是神秘的，模糊和精确是客观事物的基本属性。因此，非理性主义认为灵感是“超感觉”“自我本能”的表现等，是站不住脚的。灵感不是“神灵感应”，而是大脑功能，可被称为“人灵感应”。

关于潜意识的理论，目前还只是一种假说，但它对于我们认识灵感的本质有重要的参考价值。

从思维方法的角度看，灵感是抽象思维与形象思维的综合运用，可以说是一种综合性思维。不仅如此，在灵感的产生过程中，情感、意志等心理因素也起着重要作用，灵感产生时，创造者常常调动自己的全部智力，而且其精神处于高度兴奋状态。

灵感与直觉有一些共同点，它们都是人类认识过程中的突变和飞跃，都具有突发性、创造性等特点。但是灵感又与直觉有一些不同的特征，主要包括：①灵感的产生常常是某种偶然的因素诱发的结果。例如，牛顿受“苹果落地”的启发，凯库勒受蛇的启发等，因此灵感具有间接性。直觉的产生不受某种启示物的启发，具有直接性。②灵感的显现具有瞬间性，即灵感被激发时，刹那间掠过人脑，转眼即逝，通常不再重现。因此灵感是主观与客观多种因素在特定条件下结合的产物，而主客观条件是不断发展变化的。直觉则具有可重复性。③灵感的产生总是伴随着激情。灵感是人的智慧之光的瞬间闪烁，是神经活动处于高度兴奋状态的产物。许多科学家、艺术家谈到过当灵感发生时的兴奋心情（甚至是欣喜若狂）。

（二）灵感的类型

灵感可分为外在条件诱发的灵感和潜意识诱发的灵感两大类型。外在条件诱发的灵感常有以下三种情况：①他人的思想、观点的启发，即通过读书、谈话等方式受到启发，诱发了灵感。例如，达尔文在创立进化论的过程中，有一天他阅读马尔萨斯人口论的著作，该书提到在人类数量增长过程中，那些被淘汰的是最不适应生存的弱者；这就又引发了达尔文的灵感，达尔文顿悟到在生存竞争的条件下，有利的变异可能保存，而不利的变异则被淘汰，这个顿悟后来就形成了达尔文进化论的思想。②外界某件事物的诱发。据说，美国从事美术设计的迪斯尼失业了，有一天夫妇二人呆坐在公园的长椅上，突然从椅下钻出一只小老鼠，他们看着老鼠机灵滑稽的面孔，感到很有趣。突然，迪斯尼脑中闪过一个念头：要把小老鼠可爱的面孔画成漫画，让千千万万的人从小老鼠的形象中得到安慰和愉快。就这样，风行世界数十年的“米老鼠”形象诞生了。这个例子中，小老鼠的形象对迪斯尼头脑中长期思考的如何摆脱生活困境问题起到了诱发作用。③情景的激发，即由一种特殊的情景形成了对人的一种刺激，从而诱发了灵感。例如曹植的七步诗“煮豆燃豆萁，豆在釜中泣，本是同根生，相煎何太急”，就是在曹操死后，其兄曹丕对其进行威胁逼迫时写成的。在这种特殊情景下写成的诗，既形象生动，又非常深刻。

潜意识诱发的灵感主要有两种情况：一是梦中诱发的灵感。例如，前面谈到凯库勒梦中看到一条蛇咬住其尾巴，诱发了灵感，形成了苯分子六角形结构。二是在休息、散步，做与课题研究无关的事情时突然爆发灵感。当对一个问题的研究百思不得其解时，可以有意地停止思考，改变一下环境或做一些与所思考的问题无关的娱乐活动，使大脑的剧烈活动暂时得到休息，而在此时由于潜意识的活动，灵感有时会突然出现。

（三）灵感产生的条件和方法

灵感的产生虽然有突发性、偶然性，但灵感的到来又是有一定条件的。首先，要有需要进行创新思维的课题，这种课题是客观实践的需要和主观探索精神的产物；其次，灵感以一定的知识背景为依据，相关经验和知识是灵感产生的土壤；最后，要有对问题的长期反复思考，没有苦苦的思索，灵感是不会突然到来的。此外，灵感的产生也要借助一些具体方法。比如：①借潮进港法。思维活动也如大海一样有潮起潮落之分。借潮进港法就是借思维兴奋之潮，进解决问题之港。运用这种方法首先就是要有意识地培植思维的大潮，然后迎着大潮，不失时机地进行思考。②问题搁置法。这种方法与借潮进港法相反，即当思维进入低潮时，不必勉强自己冥思苦想，可以有意识地放松一下，使大脑暂时休息。但这时潜意识仍在活动，当遇到某种外界刺激，灵感也会发生。③异想天开法。就是使自己的大脑打开思路，让想象力纵横驰骋，思维自由组合，尽量摆脱传统的观念和思路，以此诱发灵感。④跟踪记录法。灵感具有瞬时性，有时灵感的火花一闪而过，如果不及时抓住，就会失去，因此必须跟踪记录，这是捕捉灵感的普遍方法。

四、直觉：非渐进、非逻辑的洞察

（一）直觉的概念和特征

直觉就是对一些事物或现象未经过严密的逻辑思维程序而在一瞬间直接地认识到其内在本质或规律的思维活动。直觉不同于直感，直感是人的感官对客观事物表面现象的直接感知，属于感性认识；直觉是人的思维直接把握事物本质的过程，属于理性认识。直觉具有以下特征。①跳跃性：指它是由现象直接达到本质，跳过通常逻辑推理程序的某些环节而直接得出结论。所以直觉不像通常逻辑思维那样循序渐进，而具有思维的跳跃性，是一种认识上的突变和飞跃。②快速性：指直觉所经历的时间很短，是瞬间完成的。但这个瞬间完成是建立在长期酝酿和思索的基础之上的，是一种“豁然贯通”。③或然性：指直觉的结论不十分可靠，而具有某种程度的猜测性，需要进一步验证。

直觉的产生在形式上虽有偶然性，但并不是凭空出现的，也不是神秘莫测的。只有具备一定的条件，直觉才能产生。一方面，它必须以丰富的相关知识和经验为基础；另一方面，它要求对所研究的问题进行反复思考、经久沉思，以达到问题总萦绕脑海的程度。只有在这种情况下，豁然开朗的结果才能出现。

直觉的产生虽然具有思维的跳跃性，但并不是与逻辑无关的，它是以逻辑思维为前提和后继的：在直觉产生之前，对经验材料进行思索时需要运用现有的理论和知识进行分析、归纳；在直觉产生之后，还要对其进行逻辑论证。

（二）直觉的类别

根据直觉的基本性质或范围，可将直觉大致分为艺术直觉和科学直觉两类。

所谓艺术直觉，是指艺术家在艺术创作过程中将某一个体形象上升到典型形象的思维过程。艺术创作主要是运用形象思维，即塑造典型形象的过程。在艺术家体验生活过程中，有些印象使艺术家产生了强烈的感受，于是在其思维中由个体感性形象直接上升到理性的典型形象，这就是艺术直觉推动个体形象向典型形象转变。

所谓科学直觉，是指科学家在科学研究过程中，对于新出现的某些事物或现象非常敏感，意识到它的本质或规律的思维过程。例如，英国实验物理学家查德威克（J. Chadwick）在中性粒子假说的基础上，对于约力奥·居里夫妇发表的实验报告非常敏感，立即就认为这不是 γ 射线而是中子，后经深入研究，证实了这种直觉是正确的。科学家对于一些新出现的现象之所以非常敏感，是因为他们长期从事科学实验，具有丰富的知识和经验，这是科学直觉的基础和前提。

（三）直觉的意义

直觉是创新思维活动的重要方法。它突破了经验思维之习惯性、理论思维之严格性、形象思维之细致性等所带来的某种局限，从思维的起点可以达到思维的目标，取得认识的新成果。直觉思维在情况紧迫需要当机立断时，为人们铺设了一条思维捷径，让人们有可能对某些问题高速、高效地做出判断和决策。它在科学发现、技术发明、艺术创作中占有重要地位。许多科学家非常重视直觉的作用。物理学家爱因斯坦不仅相信直觉和灵感，而且认为“物理学家的最高使命是要得到那些普遍的基本定律……要通向这些定律并没有逻辑的道路，只有通过那种以对经验的共鸣的理解为依据的直觉，才能得到这些定律”[①]。爱因斯坦所说的科学直觉显然不是虚无缥缈的主观猜测，而是以对经验的消化和理解为依据的。

由于直觉的特点是未经过严密的逻辑程序，所以其结论具有猜测性、或然性，必须经过进一步的逻辑证明和严格的实践检验，才能转化为科学理论。

① 爱因斯坦. 爱因斯坦文集（第 1 卷）. 许良英等编译. 北京：商务印书馆，1976：284.

第五章 创新思维认识的视角拓展

科学心理学关于创新思维研究对教育产生的负面影响已越来越突出。近半个世纪，在创新思维研究领域，科学心理学以其方法精确、研究规范、注重量化和结果客观等优势而独占鳌头，尤其是它关于创新思维的研究成果深化到教学过程的内部，对教育产生了重大影响和积极作用。但是，由于独尊实证主义方法论和对创新思维的“物性化”设定，其研究忽视了学生的人格、情感等精神因素，对教育的负面影响也显而易见。①为了超越创新思维研究的“物性化”弊端，克服学生创新思维培养的“人力化”倾向，体现教育的育人价值，我们必须对创新思维认识进行教育学的考察，扩展创新思维认识的单一科学化途径，从多视角把握创新思维认识的深刻意蕴。

多视角审视创新思维及其发展，除了要充分吸收科学心理学的理论与方法外，还要综合运用哲学、人类学、文化史等领域的独特方法，把人看作一个整体性的存在，以人的本质为创新思维的人性发端，将人在生存矛盾过程中的超越性看作人类生存的根本特征，通过人类文化（尤其是哲学史）的考察，吸收人类文化的整体智慧，并通过作为种系和个体的人的发展历史，考察和反思创新思维的内在蕴涵。也就是说，从人的本质视角把握创新思维的人性根基、从人的生存状态视角认识创新思维的双重超越性、从哲学史的视角深刻理解创新思维的本质内涵、从人类种系演进与个体发展视角洞察创新思维的具体表征。

一、人的本质视角

（一）创造性首先是人性

人的本质是“指什么使人成为人的问题，是人区别于一切动物的根源，或者

① 李小平. 论创造性的内在精神及其生长. 南京师大学报（社会科学版），2003（4）：104-110.

说是产生、形成人及其特性的根据和原因”[①]。人的本质是人性的根据和根基，人性是人的本质表现出来的、在外在属性方面区别于其他动物的全部类特征。一般的人性可以将人与动物区别开来，但这种区别是多种多样的，而人的本质是这些区别的内在根据和原因。创造性首先是人性，而人性是由人的本质决定的。创新思维研究之所以出现“人力化”“物性化”，从思想根源上看就是没有从人的本质把握创造性的最终的人性根基，而仅仅以片面的、静态的人性特征来演绎人的创造性。

哲学史上有许多关于人的本质的理论，如“人是理性的动物”“人是知、情、意的统一”“人是政治和社会的动物”“人是制造工具的动物”“人是符号和文化的动物”“人的本质是自由”“人的本质是物质需要”等[②]，但是，这些都只是从一个静态的方面说明了人与动物的某个或某些方面的区别，不足以成为人之所以为人的最根本原因，也就是说还不能成为人的本质。如果仅仅从其中一个方面来理解人，就会造成对人的理解不全面。因此，必须从多方面综合地理解，找出其共同的本质。

卡西尔（E. Cassirer）以“功能性的定义”来界定人的本质，强调了人的本质是一种人类活动的体系。“我们不能以任何构成人的形而上学本质的内在原则来给人下定义；我们也不能用可以靠经验的观察来确定的天生能力或本能来给人下定义。人的突出特征，人与众不同的标志，既不是他的形而上学本性也不是他的物理本性，而是人的劳作（work）。正是这种劳作，正是这种人类活动的体系，规定和划定了‘人性’的圆周。”[③]“实践是人的存在的本体论结构，它为人的活动提供框架，在这里，人的理性、感性、情感、直觉、意志、本能都取得一席之地，它们构成有机的整体。”[④]马克思在批判吸收以往哲学理论的基础上，从历史和变化的观点提出了人的本质理论。按照马克思主义哲学的观点，人的本质不是停留于静态地揭示人“是”什么的问题，而是从历史、变化的视角寻找人成为人的根本，“可以根据意识、宗教或随便别的什么来区别人和动物。一旦人们自己开始生产自己的生活资料的时候，这一步是由他们的肉体组织所决定的，人本身就开始把自己和动物区别开来。人们生产自己的生活资料，同时间接地生产着自己的物质生活本身”[⑤]。从这里我们可以看出，人的社会劳动或者说

① 袁贵仁. 对人的哲学理解. 郑州：河南人民出版社，1994：486.

② 黄楠森. 人学原理. 南宁：广西人民出版社，2000：51.

③ 恩斯特·卡西尔. 人论. 甘阳译. 上海：上海译文出版社，1985：87.

④ 黄楠森. 人学原理. 南宁：广西人民出版社，2000：143.

⑤ 马克思，恩格斯. 马克思恩格斯选集（第1卷）. 中共中央马克思恩格斯列宁斯大林著作编译局译. 北京：人民出版社，1995：67.

社会实践是人的本质，是一切人性特征的最终根据和根本原因，也是我们从人性的视角正确把握创造性内涵的根基。

（二）人类劳动的本质特征就是具有创造性

创造性的“人性”特征与“人力”表现也只有在人的劳动或社会实践中才能有机统一起来。科学主义片面强调创新思维的“人力”表现、人本主义极力强调创新思维的“人性”特征，虽然都有其历史意义，但其实质都是将人的本质片面化了，前者只看到了人的人力本性，而后者只看到了人的抽象本性。

人的社会劳动或实践可以从多方面来考察。从人的主体性上看，人的生产劳动是自由自觉的活动，即人的劳动是自觉、自主、有意识、有选择的，集中体现为人的创造性的劳动特征。人“懂得按照任何一个种的尺度来进行生产，并且懂得怎样处处都把内在的尺度运用到对象上去；因此，人也按照美的规律来建造”①。也就是说，这种自由自觉的创造性劳动是人优越于动物的根本和依据。另外，从人的生产劳动的客观现实性上看，人的生产劳动离不开一定的社会形式和社会关系，即人的生产劳动要受社会关系的制约，要适合社会关系的发展规律。“如果说人的创造性生产劳动是人的类本质，那么，在一定社会关系总和条件下的人的现实具体的生产劳动，则是人的本质的社会内容或社会表现，亦称人的社会本质。”②如果没有良好的社会关系，人的劳动就会出现异化。除此之外，还可以从人的需要来说明人的本质，人的需要状况是人的体现和确证人的生产劳动，即人的本质，人的需要使人的劳动具有创造性，也使人的劳动具有社会制约性，它引起人们改造外部自然的生产劳动，并在劳动中结成联系即构成社会关系。最后，“人的独特个性也是人的本质的一个内容。这一本质使个人成为具体的个人，并把不同的个人区别开来”，因此，“现实的个人的本质就是：从事创造性生产劳动的，因而是在一定的社会关系总和的条件下能动地表现、实现和确证其独特个性和满足其需要”。③

（三）创造性植根于人性根基

人的创造性不是抽象的“神性”，它作为人的本能的冲动和“人之所以成为人”的资格，只有在劳动中才能以有机整体的形式表现出来。从人的发展或教育

---

① 马克思，恩格斯. 马克思恩格斯全集（第 42 卷）. 中共中央马克思恩格斯列宁斯大林著作编译局译. 北京：人民出版社，1979：97.

② 黄楠森. 人学原理. 南宁：广西人民出版社，2000：175.

③ 黄楠森. 人学原理. 南宁：广西人民出版社，2000：178.

的视野看，对人类创新思维的认识首先取决于我们对“人何以为人”（即人的本质）这一根本问题的认识。所以，作为人的本质的人类劳动或实践活动是我们认识人类创新思维的逻辑起点。对于创新思维的全面认识必须立足于对作为人的本质的人类劳动或实践活动的全面认识，只有正确理解了人类劳动或实践活动的内涵，才能全面理解创造性的内涵。人的创造性与人类劳动相伴相生，它们是人的本质的两个侧面。人类劳动的丰富内涵决定了创新思维的丰富内涵。缊含着人的创造性的人类劳动之所以区别于其他动物的劳动，就在于这种人类劳动已经不仅仅是一种物质性的改造和超越，更是凝聚了人类精神超越的、具备真、善、美的、丰富人性内涵的活动，因而人的创新思维也必须体现丰富多彩的人性内涵。这就是说，人的创新思维必须源于人性根基，这种人性根基体现在人类劳动中，包含真、善、美，以及丰富多彩的人性内涵。

从教育的视野看，发展人的创造性的根本目的在于“使人成其为人”，因此人的创新思维发展必须立足于人性的根基，即人的本质的发展。唯有全面的劳动能够使丰富多彩的人性协调统一、和谐发展。创新思维认识也必须立足于体现人类劳动本质的全面的社会实践活动，不把握这一点，创新思维发展就会偏离人性的根基，出现异化的发展。科学主义的“物性化”创造观就是没有牢牢把握人的本质来研究人的创造性，而仅仅从人性的理性以及外在特征这一个侧面出发，仅仅看到了人的抽象和孤立的创造力，没有考虑到人的社会关系、精神需要等其他侧面和整体面貌，这样孤立、单向度的创新思维发展就会造成人的片面发展。

二、人的生存状态视角

创新思维的超越性主要从人的生存特征认识精神超越和物质创新的统一，表现在四个方面：人的生存特征就是不断超越，人在生存中对于自然的超越，人在生存中对于自身精神困惑的超越，人在生存中的超越是无止境的。

（一）人的生存特征就是不断超越

由于人天生就没有像动物那样“特定化”，人的生存就成为一种“开放性”的生存。“人可以在越来越大的程度上获得自由和全面发展，获得主体性的增长，但永远不会达到至善完美的境界。人的存在本质上是一种开放性的存在，一种不断超越的创造性存在。”①人的自我意识使其认识到现实的不完善、生命的

① 黄楠森. 人学原理. 南宁：广西人民出版社，2000：159.

有限，但是人的超越本性使其永不停留地追求无限和完善人的社会改造活动、物质创新等就是心灵深处的这种超越意识的外化。人的开放性的存在使其不停地向往、追求，因而时时遇到困境，时时去超越，以达到平衡。

人的生存是开放性生存或者说自在自为的超越性生存，这种超越既体现为对于外部自然环境束缚的超越，也体现为在超越外在自然的同时对于自身心理困惑的超越和精神世界的构建。因而，体现人的创新思维本质的超越性是内在精神超越和外在物质超越（创新）的统一。

（二）人在生存中对于自然的超越

人的自然生命是不完善的，其无法依本能去适应环境而自然生存，而首先需要超越自然环境对其生存的束缚。从生存本能看，在适应自然环境而自然地生存方面，人在一切动物中可以说是最无能的。“凡人之性，爪牙不足以自守卫，肌肤不足以捍寒暑，筋骨不足以从利辟害，勇敢不足以郄猛禁悍，然且犹裁万物，制禽兽，服狡虫，寒暑燥湿弗能害，不唯先有其备，而以群聚邪？群之可聚也，相之利之也。”①人的生存与动物不同，动物不需要改变，它们能够靠着本能和依存环境生存，因而动物的本性是物种的规定性。“动物在其行为的一切可塑性方面，在一切学习能力方面乃是一种本能生物。”②动物的本能制约性和环境制约性既决定了其可以凭着本能和环境生存，也决定了其不具备人的反思性和自决性。

弗洛姆认为，“人同动物生存方面的主要不同点是：人在适应周围环境的过程中缺乏本能的调节，而动物对周围环境的适应方式始终如一；如果它的本能不再适应千变万化的环境，那么就会绝种。动物本身会自动变化以适应各种环境，而不是改变它的环境。在这种方式下，它过着和谐的生活。这并不是说它不要奋斗，而是说它的固有能力使它变为环境中固定不变的部分，如果不去适应环境，就会趋于绝种”③。

人生来就不完善，因而不满足于现状、寻求改变成为人类区别于动物的生存天性。人必须为了生存而超越自然生命所规定的自身生理的弱势。人的生物学上的弱势使人具备与动物不同的特质，正如哲学人类学家兰德曼所说：“人的非特定化是一种不完善，可以说，自然把未完成的人放在世界之中，它没有给人做出

---

① 吕不韦等. 吕氏春秋. 张双棣译注. 北京：中华书局出版社，2007：127.

② 茨达齐尔. 教育人类学原理. 李其龙译. 上海：上海教育出版社，2001：30.

③ 弗洛姆. 追寻自我. 苏娜，安定编译. 延吉：延边大学出版社，1987：48.

最后的限定，在一定程度上给他留下了未确定性。”①这种未确定性需要人去超越，也为人的超越活动提供了空间和力量。这种力量首先表现在人的物质力量上，那就是人在本能的适应环境能力最低状态下，具备更强的学习能力和超越环境的能力。这种能力引发人类工具的发明、技术的发展和科学理论的进步，以及丰富多彩的征服和改造自然的社会活动。建立在人类理性基础上的对自然的超越性足以显示人类的巨大物质生存力量，人类凭借理性，克服生存的自然束缚，实现从无到有的、区别于动物的人类新生活。“原始人在打制第一块石器时，就开始了对自然界自在状态的超越，从而把自身同动物区别开来。”②人从生存的第一天起，就注定终生向着完善而改变和超越，终生进行着“成为一个人”的历程。

（三）人在生存中对于自身精神的超越

人在超越自然的过程中也在摆脱自身的精神矛盾和困惑，不断地构建自己的精神家园，赋予生命意义。人作为有意识的存在物，具有求知、情感和意志的整体需要，有追求生命意义和自我价值的本能，因而在超越自然的同时还需要超越精神的困惑，使自我的生命产生意义和价值感。如果说科学技术以及相应的社会实践与物质文明体现了人对于自然的超越的话，那么与之融合在一起的宗教、哲学、艺术等社会实践与精神文化成果则体现了人的这种精神超越的需要。

人不仅仅满足于自然的物质性生存，“人的行为最显著的特征就是人所表现出来的无限激情和强烈的奋斗精神”，弗洛伊德曾将此现象解释为“生物本能冲动的更为直接更为复杂的展示”，但是弗洛姆认为，这不能令人信服，人的奋斗的激情有很大一部分是无法用本能驱力来解释的。“即使在人的饥渴和性冲动完全满足以后，‘人’还是不感到满足。与动物不同，人最感兴趣的问题还没有解决，一切还只是开始。人为了权力、为了爱或为了毁灭而忘我奋斗……为了人道主义理想而拼命冒险，这些奋斗精神正是人的生存特性的组成部分和特征。的确，‘人并不仅仅为了面包生活’”，“人有一种内在固有的宗教式的需要，对此不能用人的自然存在来解释，而只能用某种超越人自身、某种得自超生物的力量的东西来解释”。③

“有条理的宗教借助于生活的意义系统地解释世界，并通过敬畏、热爱和善

① 兰德曼. 哲学人类学. 张乐天译. 上海：上海译文出版社，1998：228.

② 黄楠森. 人学原理. 南宁：广西人民出版社，2000：111.

③ 马斯诺，等. 人的潜能和价值：人本主义心理学译文集. 林方主编. 北京：华夏出版社，1987：108-109.

恶观念把我们与世界联系起来”[1]，因而宗教生活也在一定程度上体现了人对于自身精神困惑的超越活动。哲学是“人的自我意识理论”，它并不是给出一个实在的世界（这是科学的任务），哲学表达的都是人作为人而有的对于生存、生活、世事的态度、理解、观点和追求，它关心的是人性的升华、人生价值和精神境界。哲学的根本标志就是“人性进入觉醒”[2]，哲学的活动只不过是人对于自己的精神困惑进行理性反思和超越的体现。以美为核心的艺术反映了人类精神超越现实而追求生命存在的精神自由活动，反映了人的情感体验上的超越和创新。由此看来，宗教、哲学和艺术实际上都是人的内在精神超越的外化和体现。人类的物质文明和精神文明日新月异的发展正是人的无限超越本性的外化。

（四）人在生存中的超越是无止境的

之所以说人的生存和完善过程是“超越的”或创造性的，是因为人在求完善的过程中，无论是物质的获得还是精神的满足都是无规律可循的，需要以前所未有的方式创新。“对超乎现实的追求是人类先天的欲望之一”[3]，人具有理性，这使得人会永无止境地探索和追问。从人类发展史可以清楚地看到了这一点：人类每发展到一个新的阶段就会遇到新的生存问题和生存困惑，使得他们无法重蹈覆辙地去生活，需要不断地超越。正是因为人不断改变生存环境，人的生存方式也不断更新。超越性的生存是人类的生存本性，它意味着打破常态，意味着对过去常规方式的跳跃，因而必然是新颖独特的。

三、哲学史的视角

“哲学关于普遍规律的认识，必须以对人类认识的反省为前提，哲学不能解决思维和存在的关系问题，也就不能回答世界的普遍规律问题。”[4]从哲学史的视角深刻理解创新思维的本质内涵，探寻哲学关于创新思维培养“普遍规律”的认识，重点从人类思想历史的角度来审视人的创新思维的普遍规律，有助于我们更加全面和深刻地认识人的创新思维的本质内涵。

（一）哲学是反思和超越之学

哲学凝聚了人类的最高智慧，整个哲学发展的历史，无不包含着关于人如何

---

① 汉伯里·布朗. 科学的智慧：它与文化和宗教的关联. 李醒民译. 沈阳：辽宁教育出版社，1998：161.

② 高清海. 中国传统哲学的思维特质及其价值. 中国社会科学，2002（1）：52-55，206.

③ 冯友兰. 中国哲学简史. 台北：蓝灯文化事业股份有限公司出版，1993：4

④ 孙正聿. 哲学通论. 沈阳：辽宁人民出版社，2003：28.

超越其生存困境的追求。哲学史中关于人的超越性的本质的认识为我们在教育活动中构建创新思维理论提供了基本的理论资源。

哲学的思维方式为我们从创新思维的本质内涵和人性价值的高度辩证把握科学心理学关于创新思维研究的实证理论提供了有效的思想武器。“哲学就是对人生的有系统的反思的思想”①，哲学最一般的方法就是反思，作为“思想我们的思想”或“思想之思想”的智慧学，其特有的反思性、抽象性和批判性能使我们解放思想，在教育实践活动中正确运用和澄清创造性的科学实证理论，从而为构建教育自身的符合教育实践目标和规律的创新思维理论提供方法论指导。随着科学主义弊端的逐渐扩大，后现代思想家越来越认识到哲学这种独特智慧对于科学“合法性”的审视作用。利奥塔指出，“科学本身并非限于提供使用法则去探求真理，它还必须在其策略竞争中让自身所运用的规则合法化。因而科学就针对自身的方位和状况，制造出一种合法化的说法，这种说法，我们通常称之为‘哲学’”②。只有以哲学反思的思维方式，从价值的角度把握科学心理学实证成果的“合法性”，才能保障人们对创新思维的内涵有一个比较全面的认识，使人的创造性发展不偏离人性的轨道。

（二）哲学发展史是对人的创新思维本质探究的历史

考察哲学发展的思想历程，我们不仅能够获得一种从本质上对“物性化”创造观进行反思的意识，从而从人性价值的角度正确把握科学心理学有关创新思维的实证研究成果及其科学方法，而且能够获得丰富的关于创新思维本质内涵认识的启示。从哲学的视界来看，人的超越是对外部自然世界的认识、创新和对内在精神困惑的认识、超越的统一。从哲学探究的历史轨迹中可以看出，对这种统一的追求是哲学发展的恒定主题，它充分反映了人类“集体潜意识”中对于体现人的双重超越的、全面创造性的意识和追求。卡西尔认为，“从人类意识最初萌发之时起，我们就发现一种对生活的内向观察伴随着并补充着那种外向观察。人类的文化越往后发展，这种内向观察就变得越加显著”③。从早期哲学的历史分析也可以看出，尽管哲学的流派繁多、体系各异，但哲学对于世界的认识、对于人的认识都集中体现为对于人的超越性、创造性的探究。哲学对于世界的认识实际上不过是人对于自己的认识，它是通过对于世界的认识来理解人自身的存在及其

① 冯友兰. 中国哲学简史. 2 版. 涂又光译. 北京：北京大学出版社，1996：1-2.

② 让-弗朗索瓦·利奥塔. 后现代状况：关于知识的报告. 岛子译. 长沙：湖南美术出版社，1996：28.

③ 恩斯特·卡西尔. 人论. 甘阳译. 上海：上海译文出版社，1985：5.

活动的性质、意义和价值的。

（三）哲学有助于科学地认识创新思维的全面内涵

哲学有助于我们科学地认识创新思维的全面内涵，哲学史上形成了这样的情况：哲学是怎样理解人的，它也就怎样去理解世界；哲学关于世界的那些观点，从本质上说，表现的同时就是人对自身的看法。①可以说，人类哲学思想中对于外部世界的探索，并不仅仅是为了解释与说明外部世界，而是借助外部世界的探究来认识自己的本性，以有益于自身摆脱生存困境，为人生寻找意义。所以哲学思想的发展历史归根到底是对于人如何生存的认识，尤其是对于人如何超越生存困境的认识。这些思想有助于我们从本质上理解人的创造性的内涵，特别是透过人的创造性的外部行为和表层现象关注人的创造行为过程中的内在精神超越过程。

四、人类种系演进与个体发展视角

从人类种系演进和个体发展过程，洞察创新思维的具体表征，主要包括两个方面：创新性是人类进化的内在力量，人类的创新性表征潜藏于生命始终。

（一）创新性是人类进化的内在力量

如果说哲学史为我们全面、深刻理解创新思维的内涵提供了反思、批判和抽象的思维方式的话，人类种系与个体发展的实际历史则为我们理解人的创新思维提供了直接和有力的例证。从人类种系的进化、诞生历史以及个体从婴儿开始的发展历史，我们也可以看到创新思维在人的本性中的表露，从而更加具体地理解创新思维的全面内涵。

从动物进化到人类，是其潜在的创新性特质在劳动实践活动中的显示和发展的结果，这种创新性的内涵就表现在人类的进化过程中。按照人类学和发展心理学的观点，“促进人类动物祖先演变到人类有三个前提条件：一是直立行走，手的发展；二是使用工具和制造工具；三是交往需要产生语言。于是这些条件与人脑发展，与经验传递，与生产劳动的相辅相成才使人类动物祖先进化为原始人”②。而人的心理具有三个特点：一是有意识的心理，主要表现为行为与认识方面的能力；二是社会性心理，表现为人的态度、信仰等；三是有语言功能的心理，表现为使感知、概念和记忆概括化以及使情感、意志更具有调节功能。从这里我们可以看出，促进人类产生的因素不仅仅体现为技能和行为的超越（如行走

---

① 孙正聿. 哲学通论. 沈阳：辽宁人民出版社，1998：282.

② 林崇德. 发展心理学. 北京：人民教育出版社，1995：7.

与手的技能）和活动形式的超越（如制造工具等），更为重要的是与此密切关联的社会交往、社会关系、情感、意志等综合因素，这些综合因素只有通过人类特有的实践活动（即人类劳动）才能达到统一。人类的行为和征服自然世界的物质实践活动并不是孤立的，而是伴随着人的社会性因素，伴随着人对于精神和意义的追求。这种对于精神和意义的追求是动物与人类的一个本质区别，“动物也具有交往的可能性，它们也有‘语言’。但动物的一切交往行为方式只能作为信号起作用，即它们是通过引起同伴的一定行为方式来传送‘信息’的。它们的语言就绝不是意义的载体：不但说话者，而且‘被说’的动物都没有把某种意义与之联系起来”①。因此，如果以人潜在的表现于劳动中的创造性作为人与动物的一个本质区别，那么这种创造性就应该体现在人类的进化过程和人的心理特征之中，就应该具有真、善、美的丰富的人性内涵。

（二）人类的创新性表征潜藏于生命始终

从婴儿出生到以后的社会化发展历程也部分地重现了人类发展的本质特征，这就是人的创造性的潜在特质的发展，或者是一种人类的“集体潜意识”的表达。对这种新生儿社会化历程特征的考察也有助于我们认识创新思维的内涵和发展机制。法国心理学家梅勒（J. Mehler）认为，“新生婴儿跟环境的接触最少，受环境的影响是最少的，因此所有观察到的行为应该是先天的才对”，因此他主张“从新生儿看人的本质”。②事实上，新生儿从一出生就表现出强烈的超越和探究的冲动，从其语言的发展就可以观察到这种超越和探究的冲动：“他最初的声音表达就是哭啼。开始是对不高兴和疼痛的控制的和无差别的表达；两三个月时的婴儿则学习‘靠哭啼来获得帮助’——哭啼成了报告的手段，成了‘呼吁’；同时，两个月时的儿童，吃饱后在温暖和干燥场所躺着时便会出现愉快的声音表达——明显不同于哭啼。”③儿童对于自然世界的探索和对于自身生存环境的超越精神丝毫不亚于成人科学家，他们用自身所有能使用的工具（如哭啼、抓握、摔打等能力）对周围的世界进行探索，从而获得意义。这种可贵的超越精神和创造性品质在儿童初期表现得尤为突出，只是在日后社会化的过程中有些被压抑。人的创造性的行为表达本能是人的天性，如何保持这种天性在社会化的过程中不被压抑是教育的重要任务，需要教育实践的智慧。

---

① 茨达齐尔. 教育人类学原理. 李其龙译. 上海：上海教育出版社，2001：41.

② 杰柯·梅勒，伊曼纽·都彭. 天生婴才：重新发现婴儿的认知世界. 洪兰译. 北京：九州图书出版社，1999：61.

③ 茨达齐尔. 教育人类学原理. 李其龙译. 上海：上海教育出版社，2001：41-42.

第六章　创新思维的形成过程与机理

一、关于创新思维形成过程的不同观点

创新思维与一般思维的不同点在于它具有新颖性、独创性和突破性等。关于创新思维形成的基本阶段，众说纷纭，有“二阶段说”“三阶段说”“四阶段说”“五阶段说”“六阶段说”“七阶段说”等。比较有名的划分是英国心理学家华莱士（G. Wallas）于 1926 年提出的著名的创新过程四阶段说。

（一）创新过程四阶段说

华莱士曾对创新性思维进行过卓有成效的研究。他研究了大量的科学家的传记和回忆录，最后得出结论认为：任何创新活动的过程都包括准备阶段、酝酿阶段、明朗阶段和验证阶段。

1）准备阶段。在这个阶段里，创新主体已明确所要解决的问题，然后围绕这个问题，收集资料信息，并试图使之概括化和系统化，形成自己的认识。创新主体通过了解问题的性质，澄清疑难和问题关键等，开始尝试和寻找初步的问题解决方法，但往往这些方法行不通，问题解决出现了僵持状态。有心理学家在创造性活动阶段划分时，将创新主体有关知识的学习、技能的训练等创新之前的必备条件也包括在这一阶段内。

2）酝酿阶段。这一阶段最大的特点是潜意识的参与。对创新主体来说，需要解决的问题被搁置起来，创新主体并没有做什么有意识的工作。由于问题是暂时表面搁置而实则继续思考，因而这一阶段也常常被称为探索解决问题的潜伏期、孕育阶段。

3）明朗阶段。进入这一阶段，问题的解决一下子变得豁然开朗。创新主体突然间被特定情景下的某一个特定启发唤醒，创新性意识猛然涌现，以前的困扰顿时一一化解，问题得到顺利解决。这一阶段伴随着强烈的情绪变化，这一情绪

变化是在面临问题解决的一刹那出现的，是突然的、强烈的，给予创造主体极大的快感。这一阶段常常被称为灵感期或顿悟期。

4）验证阶段。这是个体对整个创新过程的反思，检验解决方法是否正确的验证期。在这个阶段，把抽象的新观念落实在具体操作的层次上，提出的解决方法必须详细、具体地阐述出来，并加以运用和验证。如果经试验并检验是正确的，问题便解决了。如果提出的方法失败了，则上述过程必须全部或部分重新进行。

从华莱士的创新过程四阶段说来看，有些问题并没有得到令人满意的解释。比如，创新思维一定要经过这四个阶段吗？如果在准备期创新者就想出一个绝妙的想法，难道就不算创新性思维了？“准备阶段”和“酝酿阶段”是不是应该被看作常规思维阶段，而不应被看作创新思维阶段？

（二）《人间词话》的形象比喻

与此相似，我国晚清学者王国维在其《人间词话》中，以借喻方式表述了有关做学问的“三重境界”，这也是创新心理过程的具体反映。这三个境界包括：一是悬想阶段，即“昨夜西风凋碧树，独上高楼，望尽天涯路”；二是苦索阶段，即“衣带渐宽终不悔，为伊消得人憔悴”；三是顿悟阶段，即“众里寻他千百度，蓦然回首，那人却在灯火阑珊处”。此外，从科学家、艺术家对自己解决问题或进行创新的回忆录或传记中，我们大都可以寻觅到创新性思维的过程“努力—搁置—恍然大悟—验证”。

（三）思维的五步法

美国哲学家杜威（J. Dewy）在其出版的《我们怎样思维》一书中提出了一个相当详细的思维方法，即思维五步法。他认为新思想的产生、科学发现必须经历以下五个步骤：第一步：感到困难。第二步：困难的所在与定义。第三步：对可能的解决办法的假设。第四步：运用推理判断哪一种假设能够解决困难。第五步：进一步的观察和试验。这五步分别可以表述为“暗示—问题—假设—推理—试验”。它引导肯定和否定，即得出是可信还是不可信的结论。杜威自己曾经举过一个例子对五步法加以证明：例如我们在一个没有路的地方走。这时候，我们忽然发现一条水沟挡住去路（这是暗示，即感到困难）。我们想要跳过去，但为了摸清情况，我们仔细看了看，发现水沟相当宽，而对岸又满是泥泞（这是找出问题，即困难之所在）。于是我们想，有没有较窄的地方呢？我们沿水沟来回一看，了解情况。我们没有找到任何好地方，只得另做打算。正在徘徊的时候，我们发现了一根木头。我们想可不可以把它拖到水沟边，架在沟上，权且用作桥梁（这是第三步假设，对可能的解决办法的设想）。我们判断这个假设值得一试（这是第四步推理，判断哪一种能够解决困难）。于是，我们取来木头，架在沟上，走过了水沟（这是第五步试验，进一步的观察和试验）。

中国哲学家胡适将杜威的思维五步法进一步概括为“大胆假设，小心求证”。这和20世纪科学哲学家所推崇的科学研究的“假说演绎法”是一致的。假说演绎法在当代被视为科学探索的基本方法，这种方法认为科学发现和创新包括两个基本的阶段及方法：先假设，后演绎。也就是说，先通过假设提出一个新的思想、观点，然后再通过演绎法对其加以检验和论证。假说演绎法比较符合科学发现和创新的实际情况，因为并不是所有的科学发现和创新都是通过归纳法提出的，运用归纳法提出科学发现和创新只是进行假设的一种方法。假说演绎法和现代生理学关于割裂脑的研究也是一致的。科学家出色的发明和发现，首先是由右脑发出独特想法和主意，然后经位于脑正中的脑梁传到左脑，由左脑对它们进行逻辑上的证明，继而用语言（论文）和数据将它们表达出来。

（四）创新思维的过程总结

我国有的研究者从心理学角度分析创新思维的过程，将创新思维过程划分为启动定向、潜伏酝酿、游离逼近、灵机触发等四个相互区别又相互联系的阶段。

1）启动定向阶段。启动是对问题情境的认识、需要创新动机的激发。定向是指在发现问题的基础上提出问题，通过深入分析进一步明确问题。只有发现问题，新需要才能产生；只有提出问题，思维才能启动；只有明确问题，创新思维才有方向。

2）潜伏酝酿阶段。当问题明确后，便进入以收集整理有关知识信息、弥补知识缺陷、消化原始材料、构思假设和解决方案为主导活动的潜伏酝酿阶段。在该阶段，创新思维主体已大量提供储存在头脑信息库中的相关信息，运用各种类型的思维，分解、组合、发散、集中各种信息，使问题在头脑中不断回旋，主体处于一种专注的状态，即使在从事其他活动时，也在潜意识中思索某一问题。

3）游离逼近阶段。在该阶段经过反复尝试后，思路逐渐清晰，方法趋于明确，问题接近最后解决。该阶段通过发散思维，具备了多种可能使问题得到解决的线索和途径，再经过经验思维、直觉思维、模糊思维及抽象逻辑思维等思维过程的处理，最后经过聚合思维的加工，挑选出可能性最大的方法或途径。创新思维的触角就游离于这些思维的联结点之间，逐一比较、尝试、探索，逐渐向成功逼近。

4）灵机触发阶段。在该阶段创新思维主体由于受到某种事物的启发，突发灵机一动，游离中的思维神经突然接通，顿时线索清晰，顿悟到问题如何解决，此阶段提出的解决方案可能是正确的，也可能是错误的，需要加以应用和检验。

二、创新思维的形成过程分析

综合国内外认知和思维学界绝大多数学者的观点，根据思维的心理过程，创新思维的形成过程可分为准备、酝酿、豁朗和验证四个阶段。

（一）创新思维的准备阶段

创新思维的准备阶段的关键是发现问题、提出问题。创新是从思考开始，思考是从问题开始，问题从怀疑开始。法国的阿伯拉克说："怀疑把我们引向研究，研究使我们认识真理。"①巴尔扎克说："打开一切科学的钥匙都毫无疑义是问号。"②梁启超曾说："天下无论大小学问，都发端于'有问题'，若万事以'不成问题'四字了之，那么，无所用其思索，无所用其研究，无所用其辩论，一切学问都拉倒了。先辈说'故见其封，学者之大患'，正是谓此。所以会做学问的人，本领全在自己会发现问题。"③布鲁格在其《西洋哲学辞典》中对"问题"的解释是："problem 问题——并非每一疑问均可成为问题，而只有那些因其内在困难不易立刻解决的疑问可称为问题。"④所谓"内在困难不易立刻解决的疑问"，是引起思想的惊异、困惑和疑问的对象在作者思维中的凝结。有价值的问题被提出来，这就是创新思维的起点。

创新思维的准备阶段主要包括三项内容：一是发现、提出问题，而且这些问题不是常规问题，是超常问题；二是根据已有知识对问题进行初步理解与加工；三是根据初步理解，广泛地搜集各种相关的信息或资料，这样的信息或资料越充分越好。关于这个阶段所用的思维形态，科学家主要是抽象思维，辅之以形象思维；艺术家主要是形象思维，辅之以抽象思维。

（二）创新思维的酝酿阶段

创新思维的酝酿阶段表现为进行逻辑的思考和潜意识的积累。主要思维活动是根据已有的理论和所收集的信息，运用重复性思维提出尽可能完备的解决方案

---

① 孙正聿. 哲学观研究. 北京：北京师范大学出版社，2020：263.

② 巴尔扎克. 驴皮记. 郑永慧译. 北京：中国友谊出版社，2012：95.

③ 吴其昌. 梁启超传. 北京：台海出版社，2019：54.

④ 布鲁格. 西洋哲学辞典. 项退结编译. 台湾：先知出版社，1976：331-332.

（假说），但始终解决不了问题。这个阶段的主要矛盾是运用重复性思维解决反常问题，即在现有的理论与技术的框架中解决新问题，这是试错的过程、失败的过程，但却是创新思维的必要阶段。第一，搜集积累了大量资料；第二，总结了许多经验；第三，培养锻炼了良好的心理素质；第四，反常问题与现有的理论、技术框架这一主要矛盾尖锐化，为创新思维提供方向。

（三）创新思维的豁朗阶段

创新思维的豁朗阶段也是潜意识思维突发的豁朗阶段，又称为顿悟阶段，是思维跳跃阶段。这是创新思维的关键阶段，主要内容有三个方面：第一，突破原有理论、技术框架和传统观念、思维定势的束缚，这是创新思维的首要环节；第二，提出新概念、新观点、新方法、新意象，这是创新思维的关键环节；第三，将新概念、新观点、新技术、新意象加以系统化，形成新理论、新技术、新的艺术作品。已有的理论、技术，是人类在认识世界、改造世界过程中积累下来的宝贵的精神财富，必须很好地学习、继承；已有的理论、技术是人们运用常规思维对新信息进行加工的主要根据。毫无疑问，这样的知识越多，解决问题的思路越宽、速度越快、质量越好，进行创新思维的基础也越雄厚。但是，运用这些理论技术解决许多问题之后，创新主体也往往形成一种习惯，即遇到问题，常常按照老方法套用，这是思维定势的重要内容。人们往往对解决问题越多的理论技术越迷信，这是创新思维的主要障碍。对于这样的理论技术，关键是敢不敢突破：敢于突破，就能有所创造；墨守成规，就无法创造。其次是敢不敢与旧观点做斗争：敢斗争，就能够创新；不敢斗争，就无法创新。提出新概念、新观点、新技术、新意象的主要思维形态是形象思维，其主要形象思维形式是联想与想象。尤其是想象，甚至可以说，没有想象，就不可能创新。想象主要包括科学想象与艺术想象两大类。科学想象的主要形式有假说、模型、理想与幻想；艺术想象的主要形式有夸张、虚构与幻想。无论是科学理论上或工程技术上的新发现、新发明、新创造，还是文学艺术上艺术作品的创作，都主要是想象的产物。在形象思维问题提出前，从古代起，艺术家、科学家与哲学家就非常注意对想象的研究。近代以来，心理学尤其重视对想象的研究。钱学森教授把形象思维当作思维科学研究的突破口，重要原因也在这里。产生并提出新概念、新观点、新技术、新意象的具体方法或形式主要有综合、类比、直觉与灵感。不过，综合、类比、直觉与灵感所产生的仅仅是基本思想，甚至只是新的火花，要把它变成新理论、新技术、新艺术品，还必须用抽象思维、形象思维对它进行充实和加工。

创新思维的豁朗期，有的短些，如爱因斯坦狭义相对论的新观念产生以后，只经过五六个星期的加工就写出了发表的论文；有的长些，如达尔文在进化论的新思想产生以后，经过20年的加工才写出《物种的起源》；罗曼·罗兰在灵感爆发中产生约翰·克利斯朵夫这个艺术形象后，又经过10年构思、10年写作，才完成他的不朽著作。

（四）创新思维的验证阶段

创新思维的验证阶段，也是逻辑审视的检验阶段，也可以称为逻辑整理阶段、鉴定阶段或评价阶段。在酝酿阶段所产生的新理论、新技术、新艺术品，只有经过检验、鉴定、评价，才能确定它到底是成功还是失败，是好的还是坏的，是有价值的还是无价值的。科学技术产品与艺术品的检验有很大差异，下面分别加以阐述。

科学上的新理论的检验主要手段是通过设计实验与观察检验由新理论所推出来的新结论。这种检验工作可以自己完成，也可以由别人完成。检验的时间可能很短，也可能很长。检验的结果可能证明它是真理，也可能证明它是谬误。例如，爱因斯坦的广义相对论有一个重要推论：光线在引力场中是弯曲的。检验其是否正确，可以选择日全食这个时机，去观察位于太阳背后的恒星，若能观察到它，就说明光线确实是弯曲的，若观察不到它，就说明光线不是弯曲的。为此，英国天文学家爱丁顿于1919年的日全食时，到非洲的一个小岛上去观察，果然观察到了，使广义相对论得到证实。对于工程技术上的创新成果——新技术、新工艺、新产品，检验的基本手段是实践；对于新技术、新工艺，看它能否提高产品的质量和生产效率，是否具有社会经济效益；对于新产品，则看它是否有使用价值和社会经济效益。艺术上新作品的检验就是靠广大读者和专家的鉴定与评价，这是一个长期的过程，只有被广大人民群众接受、喜爱的作品，才能广泛地流传开来。[①]

三、创新思维的典型机理

“机理”是指“有机体的构造、功能、相互关系以及内部的活动原理、工作原理”，这里的有机体从广义上则指“由要素有机联结而组成的一个整体”[②]。照这个界定，我们将创新思维的几个关键机理界定为：创新思维发生发展的内部原理，是创新思维过程发生、运行、发展的要素组成、联结关系、逻辑顺序、作

---

① 王晨旭. 理工类大学生创新思维及其培养途径研究. 重庆大学硕士学位论文，2005.

② 新华汉语词典编委会. 新华汉语词典. 北京：商务印书馆，2007：566.

用机制等。

（一）思维转换机理

思维从一个专业领域、思维范畴转到另一个完全不同的专业领域、思考范畴，这是创新思维的一个重要机理。例如：以下数字 1—10 按照什么规律分组？这个简单的问题实际上就是要通过思维领域、范畴从“自然数”的数学领域转换到“发声”的语言学领域。也就是说，实际上 1—10 这 10 个数字按照发音的特点可以找到分组的规律：1、3、7、8（一声）；10（二声）；5、9（三声）；2、4、6（四声）。

不仅如此，如果将数学领域的范畴转换到英语单词的范畴，还可以根据 1—10 这 10 个数字的英语单词开头字母来寻找规律：1（字母 o 开头）；2、3、10（字母 t 开头）；4、5（字母 f 开头）；6、7（字母 s 开头）；8（字母 e 开头）；9（字母 n 开头）。

（二）创新思维的双重心理过程

创新思维是逻辑性思考与非逻辑性思考交互融合的过程。也可以说，是潜意识思维与显意识思维“彼消此长”的交互过程。在思维的逻辑准备阶段，思维是逻辑性的，主要是运用已有的知识和思维对问题进行逻辑审视。在思维的酝酿阶段，要进行高强度的逻辑思考、逻辑试验、调查、比较分析等，但对于创新思维来说，这仅仅是一种过渡性过程。在解决问题遇到阻碍时，这一过程往往会暂时性中断，思维进入潜意识中，以潜在的方式继续运行，思维主体往往意识不到，呈现出“若有所思、忽明忽暗”的感觉。这个时候，大脑实际上在潜意识领域进行隐性信息加工。在思维突发的顿悟阶段，在潜意识思维达到一定的强度和效果后，在适当的逻辑调控下，潜意识的思维结构以灵感的形态进入显意识，思维主体往往会突发性顿悟，这时，问题的关键环节得以解决。

（三）非逻辑的顿悟机理

顿悟作为一种心理现象，在创新思维的过程中具有重要和关键的作用，从深思到顿悟，也是创新思维的通常过程。顿悟从心理学上讲，实际反映出潜意识领域的信息加工作用。创新思维的一个重要特征就是“突变性”，即表现出的顿悟。顿悟的产生往往是非逻辑的，是在思考的逻辑过程中断后突然出现的。

潜意识思维的内在机制是左右脑不同功能的发挥。很多生理心理学理论已经揭示出，顿悟的脑机制是大脑不同区域相互作用、交互作用的产物，人脑的不同区域具有不同功能，有的区域具有显意识功能，负责逻辑、计算等功能，而有的区域具有潜意识功能，具有空间感知、意向、艺术等非逻辑功能，这些不同的区域通过胼胝体相互连接。当人们进行思考时，大脑不同区域进行信息加工，有些可以被意识到，而有些不能被意识到。当不能被意识到的信息加工进入意识区域时，就会出现顿悟。顿悟是创新思维的典型现象，反映潜意识思维的作用，是显意识领域的信息流向潜意识，在潜意识领域加工产生新的信息，而后再次进入显意识领域的过程。关于潜意识的生理研究，美国著名的“裂脑人实验”（The Split Brain in Man）证明了这一点。

（四）内隐认知机理

英国心理学家华莱士认为任何创造过程都包括准备、酝酿、明朗、验证四个阶段，即创新过程四阶段说。其中，酝酿来自记忆的随机组合，是以无意识方式持续加工的过程。当新的组合与眼前的问题相关时，它就以顿悟的方式出现在意识中。从认知心理学角度看，这一过程也可以称作内隐认知。内隐认知是意识阈下的认知，所谓“意识阈”，就是意识与潜意识的界限和边界。被抑制和遗忘的观念表面上消失了，实际上在意识阈下并没有消除，经过意识阈下的主体意识不到的内隐认知加工，一有合适的机会就会在有关意识的吸引下进入意识阈之上，成为能够意识到的灵感。

内隐认知的特点是不被目的控制和指导，如“做梦”的过程一样，在“意识阈”之下进行，不受主观直接控制，也意识不到。这种内隐认知的过程虽然意识不到、不能直接自主控制，但实际上对于创新思维发挥着至关重要的作用。

（五）表征变换机理

心理学研究表明，人在解决问题时，往往按照题目本身所提供的方式来表征问题，并在相应的问题空间中进行搜索。格式塔心理学派认为，个体不能解决问题是由于产生了心理定势或功能固着，顿悟的产生是由于个体形成问题情境的新的结构，即把握问题情境中诸事物的关系，并以突然的方式出现。例如，“用六根火柴棒搭成四个等边三角形”问题，思维定势是在“平面上”，如果问题情境局限于平面，就不能解决问题，顿悟的作用就是形成关于问题情境的新的结构，即空间。[①]当创新主体在空间这一结构上思考该问题时，问题就豁然开朗、迎刃而解。这一过程的基本机理就是问题表征的变换。

有研究认为，个体产生顿悟是因为其改变了问题不合理的初始表征，即重新

① 姚海娟，沈德立. 顿悟问题解决的心理机制的验证性研究. 心理与行为研究，2005（3）：188-193.

表征问题。克服初始表征有两个机制：一是约束松懈，即减少对问题不必要的约束，也就是减少不必要的知识激活；二是组块分解，即个体形成思维定势是由于对一组事件的熟悉性进行加工之后形成一个组块（即思维模式），若将组块分解为成分单元，就可能为问题解决提供选择途径。

（六）原型事件激活机理

该理论认为，创新思维中的顿悟的本质是问题原型中所包含的关键启发信息被激活。所谓“原型”，是指对目前的问题解决起到启发作用的认知事件，这个事件可能是别人提供的，也可能是自己发现的。所谓“关键启发信息”的激活，是指原型事件中所隐含的对顿悟问题空间的搜索能起到定向作用的关键启发信息出现在思考者的心理视野中，促进顿悟的产生。[①]例如，“四等分问题”：一个正方形去掉 1/4 后，请你将剩下的部分分成 4 个大小和形状都相同的图形。解决该问题的基本思路是：将图等分为 3 个正方形，将每个正方形等分为 4 个小的正方形，出现了 12 个小的正方形块，再将每个小的正方形按照 L 形形状组合，正好出现 4 个 L 形图形。这就将 3 个不可以四等分的图形变成了 12 个可以四等分的图形。其中，原型问题是三等分、十二等分、L 型组合，而关键的启发信息就是：将目标图形进行三等分，3 与 4 的公倍数是 12，图形变成了 12 份后，自然就可以进行四等分了。

① 曹贵康，杨东，张庆林. 顿悟问题解决的原型事件激活：自动还是控制. 心理科学，2006（5）：1123-1127.

第七章　创新思维形成发展的影响因素

创新思维形成是创新性研究的核心问题，创新思维的发展取决于很多因素，如先天的素质、自身的努力、环境的熏陶等。这些因素通过各种方式作用于个体，使个体形成一系列有利于或有碍于创新思维形成发展的条件，这种条件是创新思维形成发展的直接前提。根据现代心理学的研究成果，以及创新思维研究的现状分析，本章从知识、智力、情感、人格、动机、环境等因素层面探讨创新思维形成发展的影响因素。

一、知识因素

从创新的本质看，创新活动实际上是对知识的加工活动，可以说，知识是创新的基本材料。教育促进人的创新思维发展，也是以知识为中介的。因而，知识与创新思维形成发展有着密切的关系。

（一）知识的量与创新思维形成发展的辩证关系

1）必要的知识量是创新思维形成发展的前提。首先，从创新的心理过程看，知识是主体进行创新思维的基本材料，也是其创新思维形成发展的基础，因而应当有必要的知识量的要求。按照法国著名科学家彭加勒和阿达玛的观点，个体的知识将转化为潜意识中的“基本思想元素”或“观念原子”，他们进行充分的组合，才能产生大量的新的信息，最终出现创新观念，即“有用的组合”。组合越多，形成“有用的组合”的机会越多，产生创新性成果的可能性就越大。[①]从创新思维的特点看，发散性思维是创新思维的核心，充足的知识量是进行发散性思维的前提，因而必要的知识量有益于创新性观念的产生。

其次，从典型创新性人物的知识结构分析，丰富的知识储备是他们的共同特

---

① 阿达玛. 数学领域中的发明心理学. 陈植荫，肖奚安译. 南京：江苏教育出版社，1988：12-23.

征。根据美国社会学家朱克曼（M. Zuckerman）对诺贝尔获奖者的研究，几乎所有的诺贝尔获奖者都有着良好的家庭环境和教育环境，他们大都出自著名的高等学府，年轻时就打下了坚实的知识基础。①

我国学者对一部分有较强创新性的大学生进行了调查分析，这些被调查的大学生来自“中国大学生实用科技发明大奖赛”的获奖者。即使是这些获奖者，也深感知识面的不足。在“创新性形成的条件”这一问题的回答中，78.1%的被调查者提到应博览群书、博采众长、拓宽自己的知识面。他们认为要“多读书、看报、多进图书馆”，“应兴趣广泛，多读自己感兴趣的科学知识，多出去走走，如博览会、展览会、展销会应多看看”。②另外，在一项成年创新者和大学生创新者的个性比较研究中，对“最大的苦恼”的回答中，“知识经验不足”这一项大学生的得分是 13，成人得分为 0；“资料、信息不足”这一项大学生得分是 9，成人得分为 0；在成功的障碍这项回答中，“自身知识不够深广”的回答得分是大学生 9 分，成人 4 分。③从这项调查可以看出，与成年创新者相比，大学生创新者的知识明显不足，因此知识量的增加对发展大学生的创新性是必须的。

2）知识量与创新性水平并不完全呈线性相关。值得注意的是，大量研究证明，知识量不一定与创新力成正比，有时知识也会束缚创新性的发展。从创新性人物的档案资料分析可以看到，人们在某一领域的最大贡献出现在其在该领域的知识量达到高峰之前。

知识在某些条件下确实有碍于创新性的发展，这主要体现在以下方面。

第一，知识结构的不合理使知识杂乱无章，势必造成知识的简单堆砌，不利于创造出新的知识。创新是信息的重新组合，但这种组合并不是知识的简单相加，这种重新组合的前提是知识间要有本质的联系。简单堆砌的知识（即我们常说的死记硬背的知识）是知识的重组，反而有碍创新性的发展。有些人虽然满腹经纶，甚至学富五车，但却不一定有很强的创新性，原因主要是其知识结构往往是零碎无序的信息团，缺少层次性、组织性和联系性，从而使知识本身的能动作用受到抑制。

第二，知识操作方式的机械化和自动化将损害知识运用的灵活性。这在心理学上主要表现为知识的“负迁移”和“思维定势”现象。从个体发展的历史看，儿童时期是人的好奇心、想象力最旺盛的时期，因而是人一生中创新性最强的时期，但他们的知识量却极为有限。随着年龄的增长，在知识增长的过程中，大多

① 刘嘉. 心理学通识：摆渡人永远都是自己. 广州：广东人民出版社，2020：251.

② 黄希庭，郑涌，等. 当代中国大学生心理特点与教育. 上海：上海教育出版社，1999：46-48.

③ 黄希庭，郑涌，等. 当代中国大学生心理特点与教育. 上海：上海教育出版社，1999：44-46.

数人的创新性日趋衰竭。在知识日益丰富的过程中，如果不注重知识获得方式的变换和“变式”的灵活运用，人的思维将逐渐变得惯性化，缺乏思维的灵活性，这对创新是极其不利的。从这个意义上讲，教育既有培养创新的力量，也有抑制创新的力量。知识量的盲目增加是抑制创新性发展的。所以，个体在丰富自身的知识时，一定要注重知识结构的严谨、种类的合理、获取方式的灵活等。

（二）知识结构特征与创新思维形成发展

知识结构的优劣直接影响创新思想的形成和发展。心理学家弗德豪森（J. F. Feldhusen）认为：创新性的工作要求掌握一个领域的知识，但并不以掌握知识为最终目标，目标是在掌握知识的基础上扩展和转换知识。①扩展和转换知识需要优化的知识结构。从心理学研究成果和典型创新型人物的案例分析可知，有利于创新思维形成发展的知识结构有以下特征。

1）广博与精深统一的知识构成。按奥苏伯尔和鲁宾逊的观点，创新性地解决问题是“利用认知结构中遥远的观念之间的关系造成一新的产物”②。这就要求个体具备多种学科的知识结构，特别是在内容、思想、方法上风格各异的学科知识结构。

从历史上具有典型创新思维人物的个人资料分析可以看出，很多创新性成果产生于相距甚远的学科之间的“无人区”，大多数科学家具有多学科的知识结构。一个典型的例子就是美国科学家、心理学家，美国国家科学院院士，诺贝尔经济学奖获得者西蒙（H. A. Simon）。他先涉足市政管理，发现经济学、管理学和组织理论没有绝然界限，其共同主题是人的理性，即人是怎样思考的，也就是人类的决策机制问题。这就使得他从管理、经济研究转向心理学和计算机研究。1969 年，他获得美国心理学会杰出贡献奖；1975 年，他获得诺贝尔经济学奖。他在许多貌似无关的领域间综合开发，但总离不开一个主题——人类的理性问题。③西蒙的成功在很大程度上得益于他独特的知识结构。

创新性的发展要求多学科的知识结构，但并不是说要成为通才。现代科学发展的高度综合性特点要求创造者在具有广博知识的同时学有专攻，要有重点地发展其支柱性学科方向。因此，这种知识结构就是广博与精深的统一。

2）优化的认知结构。认知结构指个体内部具有个性心理特征的知识结构。

---

① Feldhusen J F. Creativity：A knowledge base，metacognitive skills，and personality factors. The Journal of Creative Behavior，1995，29（4）：255-268.

② 邵瑞珍. 教育心理学. 上海：上海教育出版社，1988：140.

③ 张汉如，李广凤. 当代科学创造论. 济南：山东教育出版社，1996：142-143.

优化的认知结构对于发展大学生的创新性十分重要。它有利于知识的再创新和转换，是创新性发展的心理基础。当今社会文化发展迅速，科技创造突飞猛进，知识创新层出不穷。这就要求个体的认知结构能有很强的应变能力。这样的认知结构须具有以下特点。[①]

第一，结构中要有处于较高抽象和概括水平的起固定作用的观念，这种观念能为新的学习提供最佳关系和固定点。这就是说要注重对基本知识的领会和对基本思想的把握。事实上，任何一门学科和专业，总有一些最基本的思想和方法，浩如烟海的学科专业大厦不过是这些基本思想的演绎。知识的创新也正是这些基本思想的运用和突破。

第二，这种起固定作用的观念要具有稳定性和清晰性。爱因斯坦说过："科学所追求的是概念的最大敏锐性和明晰性。"[②]观念的稳定和清晰反映出个体的抽象概括水平，也体现着个体思维的深刻性。这就要求基本知识和方法的学习要有一定的深度，从较深的层次上准确把握知识的内涵。

第三，认知结构中的观念单元要具有极强的联系性。这种联系性体现为结构中的知识存在深层次的联系。知识的联系性与主体获取知识时的抽象概括水平是密切相关的：对知识理解得越深刻，知识的概括性就越强，与其他领域的知识的联结能力也越强。遥远观念之间的联结正是创造的重要方式。

3）多层次的知识系统。以大学生为例，其创新性发展的过渡性特征要求其知识结构具有多层次的特点。具体来说，大学生的知识系统应具备如下特点。

第一，学科知识应包含知识和思想方法层面、方法论层面、文化层面等。现代心理学研究表明，元认知、思维策略等方面的知识对于大学生的创新性发展极为有利，这就要求大学生具有专门的方法论知识。只有把逻辑演绎的学科知识体系还原成生动活泼的动态知识，并使其形成体系和文化历史体系，才有益于创新意识的激发和创新思维的启迪。

第二，人文知识特别是哲学修养应在知识结构中占有重要位置。人文知识对于激发创造意识、开拓思维视野、培养审美能力等都有非常重要的作用。哲学知识与修养对大学生的创新性发展更是不可缺失。爱因斯坦曾说："如果把哲学理解为在最普遍和最广泛的形式中对知识的追求，那么哲学就可以被认为是全部科学之母。"[③]爱因斯坦的科学成就与他深入地接触哲学问题是分不开的，在他的知识结构中，哲学修养水平极高。他 13 岁通读了康德的代表作《纯粹理性批

① 邵瑞珍. 教育心理学. 上海：上海教育出版社，1988：252-253.

② 爱因斯坦. 爱因斯坦文集（第 1 卷）. 许良英，等编译. 北京：商务印书馆，1976：396.

③ 爱因斯坦. 爱因斯坦文集（第 1 卷）. 许良英，等编译. 北京：商务印书馆，1976：51.

判》，20 岁时已读了许多哲学名著。哲学知识有助于大学生从高层次的思想方法和思维模式上把握知识的发展，也能帮助大学生确立正确的创新之社会价值取向。

（三）获取知识的方式与创新思维形成发展

知识作为人类认识的结晶，蕴含着丰富的内容。通常来说，知识具有信息功能、认识功能、创造功能及文化功能等。信息功能就是知识给人们提供一些确定的信息，这是知识最表层的功能。除此以外，知识并不是孤立的，它体现为一定的逻辑联系，即人们常说的“来龙去脉”，因而它具备有逻辑地再生知识的逻辑演绎功能和认识功能。然而，知识作为人的创新性活动的结果和历史文化的载体，蕴含着创新过程的思想方法以及文化意义，具有促进人的创新性发展和提高文化修养的功能。

人们将知识划分为“言传知识”和“意会知识”，主要是指知识的功能。“言传知识”可理解为主要具备信息功能、认识功能的知识，“意会知识”则更多地指具备创造功能、文化功能的知识。知识功能的发挥与个体获取知识的方式有很大关系。偏重接受性的学习只能获得知识的信息功能和逻辑功能，只有创新性的学习才能充分领会知识的创新功能。

二、智力因素

智力在心理学中通常指认知方面的能力，在心理学研究的早期，人们基本上将智力等同于创造力。20 世纪 50 年代以后，心理学家认识到智力与创造力之间的非绝对正相关性，即智力水平低，创造力水平也低，然而智力水平高的人，创造力水平却不一定高。但总体来说，智力是影响创新思维形成发展的一个重要因素。

（一）基本认知能力

基本的认知能力也就是我们通常所说的智力品质，比如观察力、注意力、记忆力、想象力、思维力等。尽管创造性观念的获得与个体的人格、环境、社会等因素密切相关，但个体基本的认知能力是创造力的重要组成部分。在创造性活动过程中，从问题的表征、信息加工重组到问题的解决和创造性产品的检验论证，无一不要求人们有较好的智力品质。即使是灵感、顿悟等现象的出现，也是高强度的认知活动发动潜意识思维运行的结果。

（1）认知能力与创造力

我国学者曾于20世纪80年代对中国科学院学部委员和一般科技工作者的创造力水平进行比较研究。①他们通过心理调查表，采用自我评定的方式广泛研究了创造力与智力、非智力及社会心理因素的关系。其中，智力因素在总的科学创造中有很大的作用，按作用大小排列的前五位智力因素是思维能力、独立思考、思维分析能力、联想能力、判断能力。

将中国科学院学部委员与一般科技工作者的智力因素进行比较，我们可以看出高创造者的智力特征。根据该研究的原始数据整理（表7-1）可以看出，高创造者的智力水平普遍高于一般科技人员。而且，在“创造性思维”“思维分析”“思维比较”“思维概括”等几个因素上差异尤为显著，说明这几个智力因素对个体创新性发展尤为重要。

表7-1　中国科学院学部委员与一般科技工作者的智力因素比较（青年时代）

比较项	学部委员	一般科技工作者	t	p
观察敏感性	4.07	3.68	2.5030	0.050
观察准确性	4.00	3.57	2.7452	0.050
记忆力	4.48	4.25	1.5713	0.050
记忆速度	4.14	3.89	1.3431	0.050
记忆保持	4.37	4.11	1.6652	0.050
记忆准确	4.26	3.88	2.4293	0.050
创造性思维	3.69	3.10	3.6315	0.001
思维分析	3.88	3.39	3.2997	0.005
思维综合	3.81	3.28	3.0119	0.010
思维比较	3.75	3.30	3.3621	0.005
思维抽象	3.50	3.11	2.4592	0.050
思维概括	3.74	3.20	3.4147	0.005
思维广度	3.67	3.18	2.7284	0.050
思维深度	3.46	3.01	2.8485	0.010
思维灵活	3.64	3.36	1.5003	0.050
独立思考	3.74	3.51	1.6361	0.050

① 王极盛. 科学创造心理学. 北京：科学出版社，1986：171.

续表

比较项	学部委员	一般科技工作者	t	p
创造性想象	3.58	3.25	1.7957	0.050
想象丰富性	3.81	3.60	1.2903	0.050
想象强烈性	3.61	3.46	0.8033	0.050
操作能力	3.78	3.33	1.9773	0.050

（2）认知过程与创新活动

国外一些认知心理学家发现人们使用语言和形成概念，本身就具有创新性：人们创造出新词汇和意义，把概念以新的方式结合在一起，在一个概念上进行扩展，这些都体现出创造力。他们把创造力看成一组基本的认知过程的结果。人们对概念进行整合形成新的观点、扩展词的意义、正确使用和理解比喻和类比等都是创造力的根基。①还有研究发现，创造性个体与非创造性个体的差异主要在于选择问题表征上。创新性地解决问题的人能很好地界定难以界定的问题，选择良好的问题表征，选择不好的问题表征将使问题的难度增加。②

另一研究认为，以独特的方式联结词汇和概念可以产生具有创新性的产品。创新性个体并不是自动地形成那些容易形成的强烈联结，而是寻求意思差距甚远的联结，这种更丰富和复杂的联结取决于对概念的重新表征。③这些研究表明，不仅认知能力与创造力关系密切，而且认知过程也与创造力有关。在某些领域的活动中，认知过程本身就包含创新的成分。

（3）逻辑思维与创新性思维

逻辑思维能力是智力品质的核心，尽管逻辑思维有时对创新性思维有消极作用，但逻辑思维能力对创新性思维的发展是十分重要的。

我国学者对大学生的逻辑思维与创新性思维的关系进行了实验研究，结果表明：类比推理与文字创造的相关系数为0.44，与流畅性的相关系数为0.11，与独特性的相关系数为0.58。④可见，逻辑思维的类比推理与创新性思维的各侧面均显著相关，与创新性思维核心的独特性也达到密切相关水平。

逻辑思维对创新性思维的影响之所以很大，是因为创新过程本身就是逻辑思

① 武欣，张厚粲. 创造力研究的新进展. 北京师范大学学报（社会科学版），1997（1）：13-18.

② Hayes J R. Cognitive Processes in Creativity. New York：Plenum Press，1989，135-145.

③ Ebert E S I. The cognitive spiral：Creative thinking and cognitive processing. The Journal of Creative Behavior，1995（4）：275-290.

④ 林钟敏. 大学生思维心理学. 福州：福建教育出版社，1992：254.

维与非逻辑思维的统一，逻辑思维对发散性思维起着把握航向的作用，对灵感、顿悟的结果也起着检验和矫正的作用，同时，逻辑思维还是主体提高创新动机、激发创新意识的基础。

对于大学生来说，尽管其智力发展已过了成熟期，其逻辑思维水平已达到辩证思维阶段，但由于个体差异很大，其形式逻辑和辩证逻辑思维仍有待发展。据学者对大学生辩证思维的研究，大学高年级学生较好地发展了辩证思维的仅占22%，处于从形式思维向辩证思维过渡之中，辩证思维发展处于自发、不充分状态的约占44%，其余34%还缺乏辩证思维的组织结构，只是应用了少数辩证结构，且带有偶然性，因而整体的认知能力还有待提高。[①]在专业学习中有意识地发展个体的认知能力对发展其创新性是必要的。

（二）元认知能力

元认知就是对认知的认知或对思维活动本身的思考，具体体现在主体对自身思维活动的定向、监控和调节等环节。

（1）元认知能力与创造活动

由于认知活动是创新性过程的重要环节，认知活动的效果将直接影响创造力的发挥，因而为了提高认知的水平，对认知过程进行适当的定向、调节、监控等元认知操作将对创新活动产生极大的影响。

美国心理学家弗德豪森认为，元认知技能是与知识基础、人格因素相并列的创造力的三方面之一，创造过程中应当有一系列加工新信息和使用原有知识的元认知策略。[②]由于元认知活动是跳出自身的认知活动而去观察这个认知活动，即将正在进行的认知活动作为意识的对象而进行监控和调节，因而它是一种相对独立的认知过程。

（2）元认知能力不能由一般能力代替

元认知能力不能被一般的认知能力取代，它在创造活动中能弥补一般能力的不足。如果缺乏元认知能力，一般的能力也难以得到有效而充分的发挥。心理学家斯旺森（H. L. Swanson）曾对56名学生进行研究，发现不管一般能力倾向水平高或低，高元认知能力的学生解决问题的能力比低元认知能力的学生强，而且高元认知能力、低一般认知能力的学生的成绩高于低元认知能力、高一般能力的

---

① 刘嘉. 心理学通识：摆渡人永远都是自己. 广州：广东人民出版社，2020：273.

② Feldhusen J F. Creativity：A knowledge base，metacognitive skills，and personality factors. The Journal of Creative Behavior，1995（4）：255-268.

学生。[①]

（3）元认知能力的形成

元认知能力的形成是以元认知知识的学习及对他人和自己的认知活动过程的反思、体验为基础的。大学生的元认知能力主要表现为对自身的认知活动的观察、调节、监控能力，以及对元认知策略的选择和运用能力。元认知能力强的大学生在平常的学习中通常表现为较强的计划性，能对自己的学习目标进行选择，能较清晰地意识到自己的思维过程，并能灵活地进行检查，使自己成为学习和思维的主动者。

（三）智力与创新思维形成发展

一个人的智力水平对其创新思维的形成发展起了重要作用。智力是创新思维发展的前提和基础，但是智力与创新思维形成发展之间不存在线性相关，创新力比智力具有更强的后天可塑性。

（1）智力是创新思维发展的前提和基础

美国心理学家考克斯（R. H. Cox）于1926年对历史上天才人物童年时的才能分析时发现，这些天才人物都具有较高的智力水平。例如，达尔文的智商大约是150，而8岁就开始用拉丁文写诗的歌德其童年期智商被估计为185，青年期为200；伏尔泰是175，莫扎特是155。一般来看，伟大哲学家的智商平均为170，诗人、小说家、剧作家为160，科学家为155。斯滕伯格还提出了“三重智力理论”，即创新力取决于分析性智力、创新性智力、实践性智力三者的平衡。斯滕伯格论述的创新力的六大因素，即智力、知识、认知、人格、动机、环境，说明智力是创新力的首要因素，但不是创新力的唯一因素。

（2）智力与创新力不呈线性相关

智力高而创新力低以及智力低而创新力高的不乏其人。其中，高智商低创新力水平的学生的特点包括：一是成功定向水平高，与教师观点一致；二是关心成绩；三是不与传统相左，很少具有破坏性，受欢迎；四是焦虑水平低、内在动机水平低，注重他人的评价。

低智商高创新力水平的学生的特点包括：一是成功定向低，常与教师观点不一致；二是对自身学习工作常常自嘲，常遇到困境；三是对传统成功标准不屑一

---

① Swanson H L. Influence of metacognitive knowledge and aptitude on problem solving. Journal of Educational Psychology，1990（2）：306-314.

顾，相信不同事物之间存在相关；四是喜欢刺激和冒险等。但是，中等智力是创新力的基础。有人指出，智商 120 是一个分界点，但后来大量的科学研究表明，智力和创新力之间相关水平极低。尽管创新力需要智力，但具有高智力的人未必具有高创新力水平。美国心理学家盖泽尔（J. W. Getzels）、杰克逊（P. W. Jackson）和托兰斯（E. P. Torrance）都做过这样的实验研究。美国当代著名心理学家、精神病学家阿瑞提（S. Arieti）也认为，有一些人在文学、技术表演、科学特别是商业方面体现出较高的创新力水平但却不是天才，这些有创新力的人没有一个人的估计智商低于 120，其中 45%—50%的人，高创新力水平与很高的智商是相互联系的。这些人在进行测验时如果不出现人格困难的话，在某些方面的智商也许更高一些。①

（3）创新力比智力具有更强的后天可塑性

发展心理学认为，智力发展有一个稳定期，在这个稳定期后，智力的发展缓慢或者停止。但是，创新力由于比智力更取决于各种复杂因素，尤其是社会环境和人格因素等，因此，具有很大的后天可塑性。盖泽尔和杰克逊认为，随着年龄增长，智力和创新力的相关水平由高到低：年龄较小的时候，智力与创新力的关系比较大，随着年龄增长，这种关联度越来越小。②

（4）智力水平与创新思维

一个人的智力水平，对其创新思维的形成起了重要作用。许多心理测试显示高智力与创新力之间呈正比例关系。例如美国心理学家、对智力测验发展有重大贡献的推孟（L. M. Terman），被称为“智商之父”。他修订了比奈-西蒙智力量表，使它符合美国文化，修订后的量表被称为斯坦福-比奈量表；他曾对几百名在少年时期（6—10 岁）就是高智商的超常者进行了长期追踪式的成就评估，结果发现在他们中间出现创新型人才的比例比同年龄组的普通人群高 10—30 倍。③

中国心理学者一般认为，智力包括观察能力、记忆能力、思维判断能力、想象能力和操作能力五大要素。不同的人，其五大要素所占比例各不相同。智力有很大一部分程度上由先天基因决定，这点得到不少专家认同。当研究者通过对个体的智力构成因素进行了观察、实验、比较与分析为这个结论提供了更充分的论据。英国科学家高尔顿曾用家谱分析法调查了 1786—1868 年英国的首相、将军、文学家、科学家共 977 人的家谱，发现其中 89 个父亲、129 个儿子、115 个

① 刘嘉. 心理学通识：摆渡人永远都是自己. 广州：广东人民出版社，2020：81.

② 转引自张汉如，李广凤. 当代科学创造论. 济南：山东教育出版社，1996：105.

③ 李孝忠. 能力心理学. 西安：陕西人民教育出版社，1985：193.

兄弟共333人都很有名望。而一般百姓中4000人才产生1个有名望的人。①

（5）智力结构与创新思维

美国学者朱克曼（H. Zuckerma）在其《科学界的精英》一书中对100多位诺贝尔奖获得者所做出的分析表明："尽管有许多非智力因素或环境条件在起作用，但完善合理的智力结构是创新型人才所共有的素质特征。"② 智力结构类型越合理完善，创新力就越强。智力结构是智力领域的核心问题，无论智力包含多少种结构，这些结构都可能随其他个体差异（如能力水平、年龄大小甚至人格特质的差异）而改变。"一方面，不同能力和年龄水平的个体智力表现有差异；另一方面，智力结构也可能因其他非认知因素如人格特质而不同。这就是说，个体的智力结构并非一成不变，而是始终受到各种因素的影响。"③

综上所述，智力为创新思维奠定了潜能基础，但由于后天生活环境和教育培训的不同，高智力的潜能不一定能发挥出来，还需要通过自觉开发和积极运用才可能获得发展。虽然智力的构成要素是相同的，但不同人的智力结构类型各不相同。智力因素中各元素的比例结构与创造力密切相关，智力结构越完善合理，创造力就越强。主体的智力结构通过实践活动能得到有意识的改进和发展。

三、情感因素

情感是个性心理的要素，渗透于人的一切活动之中，它具有调节行为、信息交流、追求探索的支持功能，涉及人的生活及其他方面。在创新思维的形成过程中，情感也是不可忽视的因素之一。

（一）积极情感与创新思维

积极情感是创新思维形成的动力和导向。列宁指出，"没有人的感情，就从来也不可能有人对于真理的追求。"④爱尔维修（C. A. Helvétius）甚至把人的情感看成产生精神的种子和文化的源泉，认为只有情感才能促使人们摆脱随时拖住人们灵魂的全部能力的惯性和惰性。⑤积极情感能促进创新思维的形成，相反，

① 濮方平. 论创新思维的品质与结构. 国际关系学院学报，2003（3）：59-64.

② 哈里特·朱克曼. 科学界的精英. 周叶谦，冯世则译. 北京：商务印书馆，1982：57.

③ 曾毅，陈少华. 智力结构的分化假设. 心理科学进展，2007（6）：885-889.

④ 列宁. 列宁选集（第4卷上）. 中共中央马克思恩格斯列宁斯大林著作编译局编. 北京：人民出版社，1972：74.

⑤ 杨福荣. 非理性因素在创造性思维活动中的作用. 宝鸡文理学院学报（社会科学版），2004（5）：13-16，48.

消极情感会阻碍创新思维的形成。

（1）动力作用

人的情绪是波动起伏的，其中积极向上的情绪具有激发力和牵引力，能打破思维的平静，激发思维的热情和碰撞出灵感的火花，它是创新思维的强大动力。马克思指出，“激情、热情是人强烈追求自己的对象的本质力量”①。恩格斯也指出，“在社会历史领域内进行活动的，全是具有意识的，经过思考或凭激情行动的，追求某种目的的人”②。热情表现为积极的态度、乐观的精神、真诚的热爱，只有热爱自己的事业、自己的工作，才会有创新思维活动。从认知心理学来看，当人们所从事的创造活动符合情感或与其情感发生共鸣时，创造活动就会受到情感的激化，就会推动信念的采集、储存、处理等环节持续向前，使主体的持续产生创新思维。

另外，情感可以激发想象力，使思维的创造力得到更好的发挥，思维主体只有在高涨的激情推动下，才能借助想象思维的力量，冲破既定的逻辑程序的樊篱，克服感性材料的局限，描绘出复杂现象之间的内在联系。

（2）导向作用

当外部信息与内部模式发生矛盾时，创新主体对矛盾的情感体验会影响创新主体的内部的信息加工。积极的情感体验能促使主体考虑改变、修正或补充已有的结论，或者促使主体改变或放弃原来的逻辑思路，有益于主体保持思维的高度机动性，根据实际情况选择思维方向。

消极情感、过于激烈的情感以及情感定势能阻碍创新思维。在创新思维活动中缺少热情和情感，或存在情绪懈怠、消沉低落、烦躁、焦虑等不良心境，常常干扰主体的创新思维活动，会对主体的创新思维产生惰性和抑制作用。过于强烈的情感也会降低认知的判断力和控制力，使主体不能全面、理智地认识问题，如过度的激情也可能意味着使人失去理智，造成思维的混乱或违反逻辑。根据耶尔斯–多德森定律、赫布的情绪唤醒和操作曲线，人的认识效率和情感强大并不总是成正比，它们的关系曲线呈倒U形，即当人的情感强度超过其最佳状态时，认识的效率就会相应地降低；情感的定势作用也使主体不能跟随事物的变化，不能以发展的眼光看问题。情感定势与思维定势相联系，使主体满足于单向性、同

① 马克思，恩格斯. 马克思恩格斯全集（第42卷）. 中共中央马克思恩格斯列宁斯大林著作编译局译. 北京：人民出版社，1979：243.

② 转引自杨福荣. 非理性因素在创造性思维活动中的作用. 宝鸡文理学院学报（社会科学版），2004（5）：13-16，48.

一性、逆向性思维方式，而不愿采取主体性、求异性、前进性思维方式，从而产生保守落后的思想。因此，我们需要正确把握情感情绪，对其进行调节和控制，发挥情感情绪在创新思维活动中的积极作用。①

（二）情绪智力（或情感能力、情商）与创新思维形成发展

国外心理学家提出了"情绪智力"的观念，这种观念对我们研究智力因素与创新思维形成发展的关系有很大启发。但是我们没有把情绪智力放到智力因素来讨论，而是放在情感因素来讨论，是因为我们认为情绪智力并不是侧重于智力，在更多情况下表现为影响创新思维形成发展的情感能力。

（1）情绪智力的基本含义

1990年，美国心理学家沙洛维（P. Salovey）和梅耶（J. D. Mayer）首次提出"情绪智力"的概念，认为情绪智力是指个体控制自己及他人的情绪和情感，并识别、利用这些信息指导自己的思想和行为的能力。情绪智力表现为如下情感特征：同情和关心他人、表达和理解感情、控制情绪、独立性、适应性、受人喜欢、解决人与人之间的关系的能力、坚持不懈、友爱、善良、尊重他人。这些情感特征是获取成功的重要因素。

心理学家与《纽约时报》专栏作家丹尼尔-戈尔曼认为，情绪智力包括五个方面：①了解自我。当某种情绪出现时自己能察觉，这是情绪智力的核心。②管理自我。调控自我情绪，使之适时适地适度。③自我激励。能调动和指挥自我情绪的能力。④识别他人情绪。能敏锐感受到他人的需求和欲望。⑤处理人际关系。情绪智力体现为调控自己与他人的情绪反应的技巧。

（2）情绪智力对创新思维形成发展的作用

情绪智力反映一个人控制自我情绪、协调人际冲突、保持心理平衡的能力，因而，一定的情绪智力水平是创新思维形成发展的必不可少的条件。

第一，良好的情绪智力本身就是创新思维形成发展的组成部分。创造性作为一种良好的人性特征，理应包含个体良好的情感特征。创造性是知、情、意的有机结合体，一个人缺乏良好的情感与情感能力，就难以成为有创造性的人。例如，著名画家梵高在绘画艺术上有着极高的造诣与成就，但其情绪的自控与调节能力很差。我们可以说他有很高的艺术创造力，但不能说他是一个创造性的人，因为他的创造性是不全面的。我们要培养的大学生的创造性，应当包括良好的情

① 杨福荣. 非理性因素在创造性思维活动中的作用. 宝鸡文理学院学报（社会科学版），2004（5）：13-16，48.

感能力这一要素。

第二，情感能力是影响创新能力发挥的重要因素。一个有良好情绪智力的人能排除不良情绪的干扰，进行自我激励，时常保持良好心态，因而能充分发挥其潜在的创造能力。一个人如果缺乏一定的情感能力，就会使自己的创造活动受到自我和外界不良情绪的影响，从而降低自己的创造能力。一个情绪低落、感情颓废的人往往难以进行创造活动。

第三，从创造活动的社会性角度分析，创造活动需要人与人之间的合作，合作的效果是创造活动得以顺利进行的关键。具备良好的情绪智力能使创造者较好地认知和评价他人的情绪，从而协调好人际关系，使创造活动顺利进行。

（3）情绪智力的培养是创新思维形成发展的重要内容

我国一些学校教育长期比较注重智力或专业能力的发展而忽视非智力因素的培养，缺乏心理健康教育，致使部分学生的情绪智力状况不容乐观。“随着世界范围内新冠疫情的爆发，情商在领导力当中甚至变得更为重要。Verizon 在新冠疫情前后分别调查了高层商业领导。在疫情之前，少于 20%的受访者说过情绪智力将会是未来的一项重要的技能。但是新冠疫情开始以后，情绪智力的提及率在受访者中显著上升，达到了 69%。根据哈佛商业评论分析服务的调查，情商越来越被认为是一种竞争优势。调查发现情绪智力更高的组织抢占了创新优势。这些组织表现出更多的创造力、更高水平的生产力和员工投入度、显著更优质的顾客体验，以及更高水平的顾客忠诚度、支持度和利润。而那些不关注情绪智力的组织也有显著的结果，包括低生产力，不温不火的创新水平和缺乏热情的员工。”①

情绪智力的培养与一般智力的培养是很不一样的。梁漱溟先生认为，东西方由于文化的差别，其教育也有着根本不同。西方往往偏重知的教育，中国则偏重情感教育。情感教育不能由传授知识和启迪智慧来代替，而要“调顺本能”，因为情意是人的本能，“只能从旁去调理它、顺导它、培养它，不要妨害它、搅乱它，如是而已”。他认为孔子便不是以干燥之教训传人的，孔子导人以一种生活而借礼乐去调理情意。赏罚为情意教育所不宜，因为它使“情意不得活动，妨害本能的发挥”。②这就是说，情绪智力的培养应在生活之中循循善诱，不能按普通智力培养的方式程序化地灌输。

大学生情绪智力的培养与中小学的情绪智力培养的基础密切相关，但是在大

① 数据派 THU. 如何让情绪智力驱动创新. 北京：清华大数据研究中心官方平台，2021-3-18.

② 宋恩荣. 梁漱溟教育文集. 南京：江苏教育出版社，1987：1-6.

学阶段，应充分发挥大学生理性发展水平高的特点，有意识地提高其情绪智力水平。首先，要专门学习情感调控和认知方面的知识、方法，从理性上对情感的冲突有一个正确的认识；其次，要在日常的教育活动中有计划地渗透情感能力培养的内容，尤其是要注重各种形式和各种类型的文化素质教育；最后，要进行积极主动的心理训练，将心理健康和身体健康放到同样重要的位置，科学地进行大学生的心理辅导、心理咨询工作，逐步提高其情绪控制和心理调节能力，从而更全面地发展其创造性。

四、人格因素

人格在心理学上一般指个人比较稳定的心理特征的总和。它表现为个体在心理上和行为上经常稳定地显现出的特性，包括气质、性格、智力、意志、情感、兴趣等方面。人格的形成以个体的生理素质为基础，但其形成有一个渐进的过程，而且与个体所处的社会文化背景、个体的实践活动、教育影响、个体的主观能动性有很大的关系。

人格对创新性的发展起着重要的作用，这不仅仅是因为一定的人格是个体创新力发挥的重要条件，更重要的是从教育的角度看，良好的人格本身就是创新性的组成部分。因为教育本质上是以人为本的，教育要培养的创新性，是人性与人力的统一，是完善人性与创新能力的完美结合，教育的归宿就是整体人格的完善。

（一）人格与创新思维形成发展的总体概述

创新思维形成发展是一个异常复杂的心理活动过程，必然受到来自主观和客观的多方面因素的制约和影响，其中非智力因素对创新思维形成发展的“心理环境”起着不可估量的作用。在智力因素相近的情况下，非智力因素是创造力的另一个重要的主观因素。心理学家推孟（L. M. Terman）的研究中，对高智商人中成就最大的20%与成就最小的20%进行了比较研究，结果发现同是高智商的这两组人之间，最明显的差别在于其非智力因素的不同。成就最大这一组的非智力因素（如谨慎、有进取心、自信、不屈不挠、完成任务的坚定性等）水平明显高于成就最小的那一组。[①]这说明非智力因素是创新思维的“控制阀”与“温室”，对创新思维的启动、坚持、加强等积极的指令，或者停止、减弱、放弃等消极的指令起着十分关键的作用。非智力因素中最重要的是性格因素，也就是创新

① 郭有遹. 创造心理学. 北京：教育科学出版社，2002：54.

思维主体的人格问题。美国当代心理学家奇克森特米哈伊（M. Csikszentmihaly）认为，那些以奇妙的、独特的方式体验世界的人，非常有洞察力，其感觉也非常新奇，因而这类人具有创新性。然而，鉴于这种创新性具有主观性，我们很难对它进行讨论，尽管它对那些体验到这种创新性的人来说十分重要。①

美国人本主义哲学家和精神分析心理学弗洛姆鲜明地指出，真正的艺术家是创新性的最有力的代表。但并不是说所有的艺术家都是具有创新性的，例如一幅普通的画，也许只不过表现出画布上以照片的方式复制人像的技巧而已。②

马斯洛通过对普通人人性的考察，发现了创新思维的新视野。他把“创新”这一词不仅运用到产品上，而且以性格学的方式运用到人、活动、过程和态度上。由此，他提出了“自我实现的创新性”，这种创新性不以外在可测的创新产品来衡量，而更多的是由人格造成的，而且在日常生活中广泛地显露出来。自我实现者的创新性首先强调的是人格，而不是其成就，马斯洛认为这些成就是人格放射出来的副现象，因为相对于人格来说，成就是第二位的。

（1）人格特征与创新思维

人格在心理学上一般指个人比较稳定的心理特征的总和。它表现为个体心理上和行为上经常地显现出的特性，包括气质、性格、智力、意志、情感、兴趣等方面。人格的形成以个体的生理素质为基础，但其形成有一个渐进的过程，而且与个体所处的社会文化背景、个体的实践活动、教育影响、个体的主观能动性有很大关系。心理学界发现，具有创新思维的人普遍具有一些相同的人格特征。1967 年，美国心理学家吉尔福特通过对创新人物的调查分析认为，创新性人物具有 8 种共同人格特征，即有高度的自觉性、独立性，不肯雷同；有旺盛的求知欲；有强烈的好奇心，对事物运动的机理有探究的动机；知识面广，善于观察；工作中讲究理性、准确性和严格性；有丰富的想象力、敏锐的直觉，喜好抽象思维，对智力活动和游戏有广泛兴趣；富有幽默感，表现出卓越的文艺天赋；意志品质出众，能排除外界干扰，长时间地关注感兴趣的问题。③1988 年，美国心理学家艾曼贝尔（T. M. Amabile）也发现下列五项人格因素阻碍创新思维的发展：缺乏动机、不具弹性、缺乏专业的能力与经验、具有强烈的外在动机以及缺乏社交技巧。④从以上正反两方面看，人格特质影响创新思维的形成已是创新力研究

---

① 卡西尔. 人论. 甘阳译. 上海：上海译文出版社，1985：62.

② 弗洛姆. 追寻自我. 苏娜，安定译. 延吉：延边大学出版社，1987：65.

③ 吉尔福特. 创造力与创造性思维新论. 唐晓杰，沈剑平译. 华东师范大学学报（教育科学版），1990（4）：9-18.

④ 李小平. 大学创造教育的理论与方法. 北京：解放军出版社，2008：232.

者的共识。

（2）人格结构与创新思维

心理学者普遍认为人格的基本结构由外向性、宜人性、严谨性、情绪稳定性和开放性五大因素构成，即大五模型。对于创新主体的人格结构，心理学也给予了足够关注，研究结果发现，大五模型中的开放性、外向性和严谨性与创新思维的关联较大。例如科学家与非科学家的区别主要在于严谨性。对经验的开放性、外向性与创新性呈正相关，宜人性可能与创新性呈负相关。英国心理学家艾森克（H. J. Eysenck）认为，无论是艺术领域还是科学领域的天才，都表现出高水平的精神分裂症状。艾森克有不少研究支持高创新性者和精神分裂病人很多时候有着非常一致的行为表现，但是精神分裂并不是成为天才的必要条件，许多天才的创新人物并非精神病患者。

与人格结构的大五模型相比，近些年来国内许多学者运用本土数据研究了创新性人格结构，有一些新颖的看法。例如我国学者彭运石等运用自编《创造性人格特质形容词表》，对自然科学领域高创新性人员进行了5级评定调查，得出自然科学领域创新性人格的结构由7个因素构成，即神经质、勤勉坚毅、真诚友善、淡泊沉稳、激情敏感、逻辑性、孩子气。自然科学领域高创造性个体7个因素得分情况如下："神经质"平均分为2.21—2.48，没有出现高分的情况；"勤勉坚毅"平均分为3.78—4.14，得分非常高；"真诚友善"平均分为3.58—4.02，得分较高；"淡泊沉稳"平均分为3.26—3.75，得分中等偏高。"激情敏感"平均分为2.93—3.44，得分中等偏高。"逻辑性"平均分为3.62—3.94，得分较高。"孩子气"平均分为2.33—2.85，得分处于中等。①

从上面研究情况看，人格结构与创新思维是有关系的。由于在不同时期、不同历史背景、不同专业领域是各不相同的，因而不同研究者得出创新主体的人格结构有差异，但同一时期创新主体有相似的独特人格结构。

（二）人格与创新思维的关系分析

由于创新是一种超常规活动，其心理、生理机制都相当复杂，要弄清创新活动的心理、生理内部机制极其困难。相比之下，研究创新个体的个性或人格特征以及这些人格特征与创新的关系相对容易一些，因而关于人格与创新的关系的研究成为心理学家感兴趣的问题。早在20世纪50年代，美国心理学家吉尔福特就注意到人

① 彭运石，莫文，彭磊. 自然科学领域创造性人格结构模型的建立. 湖南师范大学教育科学学报，2013（4）：116-119.

格与创新力的关系问题，并明确提出个体的人格问题应是心理学研究的重点。

（1）人格对创新思维的影响

第一，人格也称个体的个性，是人区别于动物的重要特征。人只有有了个性或者人格，才能以独特的态度和积极性去组织自己的思想和行动，调节和控制自己的行为，使人能卓有成效地改造客观世界和个人的主观世界。人只有有了个性，才能具备独立性和能动性，为创新思维的形成与发展打下基础。如果一个人缺乏独立的人格，随波逐流，其创新性也就无从谈起。

第二，创新能力作为一种智力品质，只是一种创新的潜能，这种潜能的实现需要人格的参与。个体创新能力的真正体现，是能产生新颖独特、具有个人和社会价值的创新产品。作为潜能的创新能力要想发挥作用，实现创新性成果的产生，就必须具备良好的人格。人格是影响创新潜能发挥的最重要因素。人们通常被创新性人物的创新成果吸引，其实创新性人物的良好人格更具魅力，没有这些人格做基础，创新性成果是难以实现的。

第三，人格因素和智力因素的相互作用是创新过程中最重要的机制。心理学研究早已表明，智力与创新性之间没有直接的正相关关系，也就是说，高智力者不一定就是高创新力者，智力一般的人也能在创新性活动中表现出色，其中一个重要的原因就是智力与人格的相互作用问题。

心理学已提供的大量证据说明，人格是影响创新性的重要因素。但值得注意的是，并不是任何人格因素都有助于创新。我们认为，有一些人格因素是对创新有利的，而且是良好的人性所要求的，这也正是中国传统文化所弘扬的“真善同一”。[①]同时，人格因素对创新的影响是通过人格与智力因素的相互作用实现的。良好的人格因素只有与个体的动机、智力因素交互作用，参与认知、情感和行为活动的整合过程，才有助于创新思维的形成发展。事实上，个体人格对其思维风格、思维的水平以及思维的成效有很大影响。创新动机的激发、对挫折的忍受等无不需要人格的力量。

（2）人格是创新力的组成部分

随着人们对创新思维认识的深入，创新力的内涵已不只是智力成分。由于创新活动的社会性越来越强，加之人们对创新性人物道德意识的关注，人格与创新性的关系更为密切。许多心理学家将人格视为个体创新力的重要组成部分。良好的人格不仅是创新性所需要的，而且它本身就是创新的力量。

美国心理学家斯滕伯格在 1988 年就提出了“创新力的三维模型理论”，他认

① 张岱年. 中国哲学大纲：中国哲学问题史. 北京：中国社会科学出版社，1982：1-9.

为，根据产品是否有价值来判断创造力不能概括创造力是由哪些心理特征构成的。他将人格与智力、智力方式并列为创造力的组成部分。人格之所以是创造力的重要组成部分，与社会的高度发展有密切关系。随着科技、文化的迅猛发展，创造活动的社会性越来越强。人们在创造活动中必须面对众多复杂的人际关系、变化莫测的工作环境、辗转曲折的研究过程，创造成果的社会价值也越来越难以把握。在这种复杂环境和快节奏的创造活动中，个体的心理素质、意志品质、价值取向变得越来越重要。因此，良好的人格是克服各种困难的基础，人格的力量是创新力的重要组成部分。

（三）有利于发展创新思维的人格特征

心理学十分重视创新型人物的人格研究，如果创新性人物有共同的人格特征，人们就可能通过这些人格特征揭示创新思维形成发展的秘密，同时教育中可以通过培养这些创新型人格特征达到提高创新思维发展水平的目的。

（1）创新性人格的研究

究竟哪些人格是有益于创造的？心理学家对此进行了大量研究。美国心理学家吉尔福特于 1967 年通过对创造者的调查分析认为，创新性人物具有 8 个方面的人格特征。①另外两位美国心理学家索里（J. M. Sawrey）和特尔福德（C. W. Telford）提出了创新性人格的 9 个特征：观念的灵活性，即无偏见地接受违反常规的观念和设想；个人的独立性，即不受习俗的限制和约束；趋于女性气质，即对传统的男性角色扮演得不那么严格，不完全以男性自居；能容忍和接受不甚明确的和复杂的东西；能容忍错误；具备一定的智力水平；不太在意外界的评价；有高于常人的焦虑水平，但他们能驾驭这种限度之内的焦虑；对广泛的观念性意义有较大的兴趣，而对细节和事实本身不太有兴趣，数学家和科学家对审美的兴趣尤为突出。②

我国心理学家对不同领域的科技工作者进行了非智力因素的研究，认为非智力因素对创造活动的影响不尽相同，但总体来说，非智力因素对科技创造的影响程度顺序是事业心、勤奋、兴趣、责任心、求知欲、进取心、意志、自信心、意志顽强性、情绪、献身精神、热情、谦逊、情绪稳定性、兴趣广度、性格、心境、兴趣深度、兴趣持久性、意志果断性、激情、好奇心、控制情绪能力、意志自制力、怀疑感。③类似的研究不胜枚举。

---

① 林崇德. 培养和造就高素质的创造性人才. 北京师范大学学报（社会科学版），1998（4）：5-13.

② 索里，特尔福德. 教育心理学. 高觉敷，等译. 北京：人民教育出版社，1982：288-294.

③ 王极盛. 科学创造心理学. 北京：科学出版社，1986：299-312.

从这里我们可以看出，心理学家通过对创新性人物的研究而得出的有关创造个性的结论，涉及面实在太广，其中大部分特点似乎在任何人身上都容易找到。而且心理学家罗列的这些人格特征在不同时期、不同的历史背景、不同的专业领域是各不相同的。不同研究者得出的结果也差异较大。如有的心理学家认为创新性人格应包括探究的坚持力和决断力，而有的心理学家认为，自我批判能力是重要的创新性人格。两者存在矛盾和片面的地方，因此我们应进一步辩证地研究众多创新性人格之间的和谐性、内在特征和相互依存性等。

（2）创新性人格的理性分析

根据我们对创新思维形成发展的理解，创新性人格应具备两个条件：一是作为人的健康心理特征的个性特质，其特点是这种人格与完善人性一致，而且具有个性特征；二是这种人格作为非智力因素，对创新能力的形成与发展有很大的促进作用。除此以外，人格是一个广泛的体系，要想精确描述它，就必须将其区分为不同的层次、类型等，而这又因为不同的对象、环境、社会结构等因素具有较大的差异。因而，从教育的角度看，为了发展学生的创新性，就应该培养那些较为基本的、稳定的创新性人格，同时纠正一些不利于创新的人格。

从大学生创新活动的本质分析，创新活动有以下特点：

一是创新活动是极其艰难的，这就要求创新者具有献身精神。创新活动需要个体顽强的毅力，并付出艰辛的劳动。由于创新活动的成功率不高，巨大的付出可能换来失败的结局，因此献身精神是重要的创新性人格。历史上许多创新性人物具有献身精神，这种献身精神又来自其对世界、宇宙的信念、热情和体验。

二是创新活动需要极大的兴趣和动机，这就要求个体对于未知世界具有强烈的好奇心。好奇心和求知欲是创新活动的前提，也是发现问题的起点。对未知世界的好奇几乎是每一位创新者的共同特征。从人的自然成长规律看，好奇心和求知欲是婴儿的本性。这种不断追求新奇的本性如果有适宜的环境就会继续发展。好奇心作为一种个性特征，既可以保持和发展，也容易被压抑而消失。很多伟大的科学家从小就有强烈的好奇心，并且使这种好奇心持久发展，创造出伟大的成果。好奇心的发展与教育关系密切，不良的教育往往扼杀学生的好奇心。被困于枯燥乏味的“题海”中的学生往往缺乏自由想象的时间和空间，其好奇心也常常被磨灭，这不利于其创新性的发展。

三是创新活动是一个长久的过程，这就需要毅力和恒心。爱因斯坦为探讨宇宙统一性问题花了 40 年的时间；笛卡儿为创立解析几何思索了 19 年时间；陈景润为证明“歌德巴赫猜想”奋斗了 30 年。不管对什么领域的创新活动来说，恒心和毅力都是必要的。从创新思维的过程看，创新性观念的获得往往有一个“顿悟”过程，顿悟的产生正是长期艰苦思索的结果。除此之外，独立的风格、敢于怀疑的精神、冒险的胆量、一丝不苟的作风等也是创新者的人格特征。

（四）人格与个体的创新思维发展

心理学研究已测查出大量的关于创新型人物的人格特征倾向，然而这里我们必须思考的是：这些人格特征是不是创新的必备因素？为了发展创新性，是否必须培养这样的人格？我们认为，大学教育所追求的人格发展首先应该是完善和全面的人格发展，这样的人格发展与创新思维形成发展的根本要求是一致的。确定个体的人格内涵不仅应根据孤立的创新型人物的人格分析，同时也应符合社会的价值取向和教育的目标。教育的任务是复杂的，它要保持一个人的首创精神和创新力量，而不放弃把他放在真实生活中的需要；传递文化，而不用现成的模式去压抑他；鼓励他发挥他的天才、能力和个人的表达方式，而不助长他的个人主义；密切注意每个人的独特性，但不忽视创新是一种集体活动。

（1）创新型人才的人格分析

我国学者①曾对“中国大学生实用科技发明大奖赛”的获奖者运用卡特尔16PF量表进行人格特点的测量。结果如表7-2所示。

表7-2　大学生创新者在卡特尔16PF量表的得分及与常模的差异显著性

组别	乐群性	聪慧性	稳定性	恃强性	兴奋性	有恒性	敢为性	敏感性
一般大学生	10.55	8.96	15.04	14.09	12.03	12.41	11.94	10.68
大学生创新者	8.44**	9.66	15.66	15.00	12.56	11.84	13.53	8.37**
组别	怀疑性	幻想性	世故性	忧虑性	实验性	独立性	自律性	紧张性
一般大学生	10.08	12.25	9.48	7.96	12.44	12.96	11.76	11.36
大学生创新者	10.63	12.78	9.47	7.13	12.72	14.37*	13.22*	10.41

*$p<0.05$，** $p<0.01$，全书同。

从大学生创新者和一般大学生的人格差异中可以得出创新性大学生的人格特征的主要偏向：一是低乐群性水平。表现为缄默、孤独、冷漠，宁愿独自工作，

① 黄希庭，郑涌，等. 当代中国大学生心理特点与教育. 上海：上海教育出版社，1999：40.

对事不对人，不轻易放弃自己的主见，为人做事的标准常常很高，严谨、不苟且。二是高敏感性水平。表现为敏感，感性用事，通常心肠软，易受感动，较女性化，爱好艺术，沉湎于幻想，在集体活动中，其不切实际的看法与行为常常降低了集体的工作效率。三是高独立性水平。表现为独立自强，当机立断，常自作主张，独自完成自己的工作计划，不依赖别人，也不受社会舆论的约束，不厌恶人，也不需要别人的好感。四是高自律性水平。表现为知己知彼，自律严谨，他们通常言行一致，能够合理地支配自己的感情行动，为人处世能保持其自尊心，赢得别人的尊重。

（2）大学生创新性人格特征的发展性

大学生创新者的人格特征在某些方面较为稳定，在有些方面则处于过渡期和发展状态。因而总的来说，创新性大学生有一些人格特征是共同的、稳定的，可作为创新性人格特征加以培养和发展，但是从创新性大学生的测查中所得出的人格特征并不能完全代表大学教育应追求的创新性人格。

有学者对大学生创新者和成人创新者的人格特征进行了比较①，从而从一个侧面说明大学生创新者人格的发展性特点。研究发现，大学生创新者与成人创新者在稳定性、兴奋性、有恒性、敢为性、敏感性、幻想性、忧虑性、实验性等方面均有差异（表 7-3）。

表 7-3 大学生与成人创新者的卡特尔 16PF 量表测验结果比较

比较项	稳定性	兴奋性	有恒性	敢为性	敏感性	幻想性	忧虑性	实验性
大学生创新者	中	中	中	中	高	高	中	中
成人创新者	高	低	高	低	中	低	低	高

这说明随着年龄增长及社会化的发展，大学生更加趋向稳定，在兴奋性方面将更加审慎，在有恒性方面更加有恒、负责，在敢为性方面则趋于畏缩、退却，在敏感性方面有所降低，在幻想性方面更加现实、合乎成规，在忧虑性方面更加安详、沉着、有自信心，在实验性方面更加自由、批评、激进。大学生人格发展的这种趋势，明显地受教育、社会文化、家庭等各种环境的影响。

（3）大学生创新性人格的几个重要方面

通过案例测验所得到的创新性人物的人格特征由于年龄、性别、文化背景、历史背景等诸多方面的影响而呈现多样化，因而单个孤立的研究结果并不能解释

① 黄希庭，郑涌，等. 当代中国大学生心理特点与教育. 上海：上海教育出版社，1999：43.

什么是创新性人格特征。为了尽可能科学地描述创新性人格特征，笔者将国内外几个较为典型的研究结果进行比较（表 7-4），从而初步得出创新性人格的共同特征。

表 7-4　国内外几个 16PF 研究结果的比较

比较项	乐群性	聪慧性	稳定性	恃强性	兴奋性	有恒性	敢为性	敏感性	怀疑性	幻想性	世故性	忧虑性	实验性	独立性	自律性	紧张性
美国成人创新者	低	高	中	高	低	中	高	高	中	高	低	中	高	高	中	中
中国成人创新者	低	中	高	中	低	高	低	中	中	低	中	低	低	高	高	中
中国大学生创新者	低	中	中	中	中	中	中	高	中	中	中	中	中	高	高	中
中国科技创新者	低	高	高	中	低	低	高	低	低	中	中	低	中	中	高	低

从比较中看出，排除文化背景等因素的影响，低乐群性水平、高独立性水平、高自律性水平、低兴奋性水平可基本上代表创新性人格特征，值得大学教育的高度关注。卡特尔 16PF 量表的测量结果尽管有很强的可比性，但仅从 16 项人格因素的分析还不能全面地刻画人的个性（即人格特征），大学生创新性人格还应体现以下方面。

一是社会性的创新价值取向。这也是培养无私、非功利的献身精神的前提。大学生创造性活动的兴趣和动机往往以个人为中心，以暂时的兴趣为转移，这不排除其能表现出一定的创新性。但大学生的创新思维形成发展正处于由自我性向社会性的过渡期，因而与社会性的创新价值取向关系密切。只有培养大学生这样的价值取向，才能顺利地推进其创新思维的形成发展。

二是持之以恒的毅力。正是由于大学生情绪、兴趣的个人中心特点和不稳定性，其创新思维形成发展就必须要有持之以恒的毅力。在卡特尔 16PF 量表的测验中，大学生的有恒性水平低于成人创新者，这也充分说明大学生的有恒性有待发展。

三是尽管低乐群性水平是创新性人格较一般的特点，但从科技、社会发展看，创新活动越来越社会化，创新性人格对社会、全人类的责任感以及与人合作的能力和态度变得十分重要。因而，大学生创新思维的形成发展应着眼于未来社会和创新活动的新特点。发展大学生的人格，应辩证地看待低乐群性水平的特征，克服孤独、冷漠的倾向，增强责任意识并学会与人相处。

四是由于大学生处于学生向成人的过渡期，面临家长、教师、社会机构等许多方面的权威影响，因而批判性精神对他们尤为重要。尊重权威但不盲从，虚心但有独立见解，是发展大学生创新思维形成发展所必需的人格特征。

（五）创新性人格的特征分析

从创新性的基本意蕴看，衡量一种个体人格是否具有创新性，要以超越性为基本标志，以新颖独特、具有个体和社会价值为基本特征；同时还必须考虑社会背景，也就是说，其超越性、新颖性和价值性都要建立在社会文化特征、社会形态背景和个体生活情景的基础上。个体人格的创新性表现为对于常规人格状态的超越，即个体没有被动接受其所处的社会文化背景和生活情景常规及预设的塑造，从而养成那种文化背景下的必然人格，而是凭着自身的主体性、能动性超越常规的人格发展轨迹，形成相对于其社会文化和生活境遇来说新颖独特、具有积极人性和社会价值的新型人格。

（1）对常规个性的分裂性和固化的超越

中国传统儒家哲学对于个性的阐述中，孔子提出的“中庸”人格就体现了个体人格对于个性极端分裂的超越性调和，是一种辩证的创新性人格。从通常的个性特征来看，一般的个体在思想和行为上往往仅具有一种相对稳定的个性特征，处于某种个性的一端，例如冒险或谨慎、执着或具有灵活性等，或者处在某种模棱两可的个性中间状态，呈现出相对固定状态和稳定特征。而创新性人格、杰出人物总是在两种人格特征之间保持一种张力，具有灵活性的个性特征，因此在认识和行动中能做到恰到好处。在孔子那里，中庸不仅是一种认识和行动的辩证方法，而且首先是一种具有创新性的完善人格。“孔子将‘中庸’规定为人格完善的标准，并由此引申出，中庸作为一种认识方法，它能知道人们比较全面地观察世界和妥善地解决问题。”[①]孔子所说的中庸是一种动态的调和，并不是局限于一种固化的中间状态、一种模棱两可的折中，而是超越一般人的性格的刻板，针对具体情况创新性地发挥自身性格的积极作用。这一点后人也许有些误解，如宋代有学者将它解释为折中调和的固定化的方法，今天我们很多人也习惯于将它理解为圆滑、八面玲珑的无原则人格。孔子自己正是具有这种超越性的、辩证的“中庸”人格的人，正如他的学生所评价的“子温而厉，威而不猛，恭而安”（《论语·述而》），即温和而又严厉、有威严而不凶猛、恭敬而又安详。在个性的极端之间保持动态的平衡，实际上超越了一般人个性的固着化。

---

① 张岂之. 中华人文精神. 西安：西北大学出版社，1997：39.

德国著名诗人和剧作家席勒（J. C. F. von Schiller）在论述具有创新品质的天才时，认为天才的人格体现为一种“朴素”特性，其表现就是谦虚而又超越礼教、敏感而又不虚伪卑劣。这种朴素的人格实际上就是符合自然人性的，超越了人为的极端和固化。席勒通过对于一些天才人物（如古希腊诗人索福克勒斯、科学家阿基米德、意大利诗人阿里奥斯托，还有但丁、拉菲尔、莎士比亚、塞万提斯、菲尔丁等）的传记分析，说明了这些创新性人物的人格具有超越性：“天才在其作品中流露的童心，甚至在他的私生活和习惯上也表现出来。他是腼腆的，因为自然往往是腼腆的；可是他并不拘礼，因为道德沦亡始趋于礼节。他是敏锐的，因为自然不可能不敏锐；可是他并不狡诈，因为唯独人为才会狡诈。”“他是谦虚的，甚或羞怯，因为天才本身始终是一个秘密；可是他并不胆怯。”①

美国心理学家奇凯岑特米哈伊对997名创新性人物的个性特征进行了案例分析和研究，他发现这些人物的个性并不是指向某种个性特征的某一个极端或一个固定的位置，例如，要么具有竞争性，要么具有合作性，而是表现出灵活性的动态个性，因而他们显示出一种复杂的个性特征。“他们表现出在绝大多数人那里是相分离的思想和行动倾向。他们具有极端不同的、矛盾的性质——他们不是一个‘个体’，而是一个‘多元体’。就像白色把所有色彩都囊括其中一样，他们也倾向于把人类的所有可能性都包括在自身之中。这些性质在我们所有人的身上都存在，但我们通常都被训练发展其中的某一极。”②这种“复杂性”个性能使得个体根据不同情况从一个极端转移到另一个极端。“也许他们选择的是一种中心位置、中庸之道，是软件工程师称作的无错状态，但有创新性的个体完全了解这两个极端，并能以同样的强度，并且在不引起内心冲突的情况下体验着两个极端。”③例如，创新性个体既可以表现出竞争性，也可以表现出合作性；能将玩笑和纪律很好地结合，既充满幻想，又脚踏实地；既表现出内向，也常常表现出外向；既谦虚，又表现得骄傲；尤其他们既能承受痛苦，又能感受到极大愉悦。这样的个性特征实际上是对普通人个性分裂和固化的一种超越。

早期心理学人格测量研究中，关于创新性个体的性别特征研究表明，许多创新性个体表现出较高的女性特征。这其实也表现出了创新性个体人格的超越性特征，也就是在男性特征和女性特征的两极保持着灵活的动态适应。早期有一些心

---

① 张序. 天才之道：西方思想史上的天才观. 成都：四川人民出版社，2000：89-90.

② 米哈伊·奇凯岑特米哈伊. 创造性：发现和发明的心理学. 夏镇平译. 上海：上海译文出版社，2001：55.

③ 米哈伊·奇凯岑特米哈伊. 创造性：发现和发明的心理学. 夏镇平译. 上海：上海译文出版社，2001：75.

理学家从社会文化背景的角度来研究创新者的性别差异。索里和特尔福德曾指出，在一些测验人格中男性成分和女性成分的相对强度的测验中，有创造性的男性在女性气质项目上的得分高于创造力较弱的同辈，主要因为相较于普通男性，其男性角色扮演得不那么严格。有创新性的男性能够展现和显示男性或女性的理智及文化兴趣而没有踌躇之感，能够分享和表现其男性和女性的特质，不以男性自居和受男性身份的限制，从这个意义上说，他们比在性别上更为严格典型化的男性同代人更独立一些。①许多心理学家认为，创造力需要有敏锐的感受（女性气质）和独立自主性（男性气质）。在西方文化中，敏感是女性的优点，独立是男性的优点，一般人通常具有明显而且固化的性别特征。美国心理学家托兰斯（E. P. Torrance）认为，有创造性的男孩会显示出比他的伙伴更多的女子气，而有创造性的女孩会显示出比其他女孩更多的男子气。从这方面来说，似乎男性气质和女性气质对于创新行为来说都是很重要的。②其实，仅仅从创新行为的角度来认识这种现象是十分笼统的，因为所谓的男性气质和女性气质在东西方文化中的差异是很大的，不能简单地说某种个性有益于创新行为的产生。事实证明，有创新人格的个体在敏感性、细腻性等所谓女性特征，以及独立、果断自主性等所谓男性特征之间没有分裂和固定化的倾向，而是能在两个极端之间，随着环境的变化而灵活把握。

人本主义心理学家马斯洛在描述自我实现者或者创新性人物的人格时，认为这些人在个性上显得既自私又无私，他们能将这两者融为一体，实现这种融合的方式就是在帮助别人的过程中感受幸福，因此，对于他们来说无私的行为就是自私的。“他们从他人的快乐中得到自私的快乐，这就是无私的另一种说法。”③有创新性人格的人以一种健康的方式自私，这种方式既有益于社会也有益于自身。除此之外，创新性的人格还表现为既谦卑（对于自己的错误）又傲慢（在坚持真理时），既独立又能与人很好相处。在人本主义者看来，对于个性极端的分裂性和固化的超越就表现为一种“和谐的个性”，这样的人内心和谐统一，其和谐的个性也能转化为认识上的态度，使其在创新行为中从历来被视为互不相关的因素里产生新的东西。

（2）超越自身心理困惑和精神冲突

创新者通常面临比常人更大的心理冲突，因为创新本身就是十分超常规的行为，需要打破常规，需要新颖独特的思维和态度、情感。我们翻开历史不难看

① 索里，特尔福德. 教育心理学. 高觉敷，等译. 北京：人民出版社，1982：289.

② 李小平. 大学创造教育的理论与方法. 北京：解放军出版社，2008：217.

③ 戈布尔. 第三思潮：马斯洛心理学. 吕明，陈红雯译. 上海：上海译文出版社，1987：30.

到，有两类创新者：第一类创新者有杰出的创新成就，能创造外在产品，但自我精神扭曲甚至存在病态心理，这说明其能超越自然但不能实现对自我的精神冲突的超越而使人格健全，出现“疯狂天才”的人格；第二类创新者不仅有杰出的成就，而且能超越自身心理和精神冲突，使人格和精神健全发展，保持心理健康和生活幸福。显然，“疯狂天才”虽然能改造和超越外部物质世界，但不能解决自身精神的困惑，其创新性只有“对象性功能”而缺乏“本体性功能”，这种创新者只具有单向度的创新能力，虽然可以称为创新者，但其人格不具备创新性。第二类创新者既能超越和改造物质世界，也能调适和超越自身的精神困惑，其人格可以说具有创新性。

一些研究表明，艺术家通常比正常人面临更大的心理冲突和精神困惑，因而出现所谓的“双重人格”。“双重人格”是指一个统一的人格实体经常呈现两种或两种以上互相矛盾的心理特征，或按照两种不同的模式行动。这种人格本身及相应的行为经常产生出矛盾的戏剧性效果。艺术家的双重人格常常表现在政治倾向的矛盾、生活态度的矛盾、生活角色的矛盾等。这些矛盾是在艺术家独特的生活实践、生活经历中产生的，又是需要他们在自己的生命形式和艺术形式中不断加以解决的。①

双重人格的成因与童年期的经验塑造不无关联。艺术家童年的经历和体验，尤其是那些创伤性情景中产生的深刻体验，是其双重人格产生的原因。从历史上大量的作家、艺术家生平案例看，很多作家、艺术家曾遇到过巨大的心理冲突，例如童年丧父或丧母等创伤性经历。童年时代丧父的有拜伦、大仲马、雨果、乔治桑、莫伯桑、果戈里、马克·吐温、安徒生、圣桑、尼采、萨特等；童年丧母的有但丁、卢梭、司汤达等。童年时代的创伤性情景给他们带来巨大的心理困惑和精神冲突，这种生活经历对于不同个体来说，既可以产出艺术天才，也可以产生精神病患者。法国著名诗人维克多·雨果和他的兄弟欧仁·雨果就是此类情况的证明，维克多·雨果是杰出诗人和小说家，《悲惨世界》的作者；其兄弟欧仁·雨果在 23 岁时患了严重的精神病。有些艺术家则两者有之，既是天才的艺术家，又是精神病患者，如斯特林堡、荷尔德林、舒曼、塞尚、梵高、庞德、陀斯妥耶夫斯基。②

其实，“双重人格”是一种心理冲突和精神困惑的状态，由于创新的超前性、批判性、超常规等特点，创新者出现这种“双重人格”是十分可能的，在艺术和社会科学等领域尤其如此。面临这种“双重人格”的困扰，不同的个体会出

---

① 徐挥. 艺术家人格的心理学分析. 武汉：华中师范大学出版社，1999：66.

② 徐挥. 艺术家人格的心理学分析. 武汉：华中师范大学出版社，1999：27.

现不同的人格：要么超越，成为一种超常的创新性人格；要么无法摆脱困扰而发展成为一种病态人格。创新性人格的形成正是在这种解决和调适心理困惑、超越精神困扰的个体实践活动中发展和培养的。

除了童年的经历以外，成年后一些重大的生活事件和环境也在塑造人格，个体通过面对生活中出现的挫折，通过个体心理上的斗争和适应，发展自身人格的超越性。有学者将这种机制描述为“生活重大事件对人格的影响是这样的：一是挫折性事件的发生使人格面临压力，使人格内部原有的顺应机制失去平衡；二是压力导致人格内部各种力量之间对比的失衡，引起人格内部震动，包括价值重估、生活方式改变、生活目标重新确定等；三是产生一个心理能量重新分配的过程；四是成功的调整使人格保持完整性，失败的调整使人格解体和种种神经症的产生”①。尽管我们对创新性人格的形成和作用机制尚不清楚，但是有一点是明确的，那就是人格的创新倾向在个体面临心理困惑和精神冲突时可以发挥积极的超越性作用，是个体的心理和精神处于健全状态的保证。

（3）对社会文化环境和自身生活情景的超越

大量历史上创新性人物的人生经历表明，其人格上的超越性往往是内外统一的，不仅表现在其对于社会文化和思维方式上的超越性成就，还体现在其对于自身生活情景和精神困惑的超越。这里再列举两个个体案例加以证明。

一是史蒂芬·霍金的案例。被世界尊为爱因斯坦以来最伟大的英国理论物理学家霍金，在宇宙学的研究中取得了空前的成就，他的科学著作《时间简史》成为科学的里程碑。他的超越人格不仅体现在超越历史的思维方式上，更引人注目的是他对于自身疾病状态的超越。

霍金出生于 1942 年，儿童时期十分普通，“很慢才学会阅读，但对事物的来龙去脉却非常感兴趣。在校的成绩从未在中等以上”②。他在 21 岁时不幸患上肌肉萎缩性侧面硬化（即卢伽雷病或运动神经细胞病），他在描述当时心境时写道：“我意识到我得了一种可能在几年内致死的不治之症，这确实是一大打击。我怎么会那么倒霉呢？怎么这种病发生在我身上呢？”后来霍金逐步从懊丧中获得了超越体验，他说：“我在那个时候的梦想受到不小的干扰，在诊断出病之前我对生活已经非常厌倦了，似乎没有任何值得做的事情。但是在我出院后不久，我做过一次噩梦，我忽然意识到，如果我被缓刑的话还有许多事情值得做。我得病的一个体验是：当一个人面临早逝的可能，就会体验到活下去是值得的。”③

---

① 徐挥. 艺术家人格的心理学分析. 武汉：华中师范大学出版社，1999：92.

② 史蒂芬·霍金. 时间简史续编. 胡小明，吴忠超译. 长沙：湖南科学技术出版社，2002：4.

③ 史蒂芬·霍金. 时间简史续编. 胡小明，吴忠超译. 长沙：湖南科学技术出版社，2002：45-48.

霍金超越了由身体疾病带来的常规心境，体验到了生命的价值。这种精神上的超越使他在宇宙论的研究上取得了历史性的巨大成就，也使他成为一个生活充实、轻松幽默、心理健全的具有创造性的人。

曾经受教于霍金达四年的吴忠超博士写道：“他是有史以来最杰出的科学家之一，他的贡献是在他 20 年之久被卢伽雷病禁锢在轮椅上的情况下做出的，这真是空前的。因为他的贡献对人类的观念有深远的影响，所以媒介早已有许多关于他如何与全身瘫痪做搏斗的描述。”吴忠超博士回忆 1979 年第一次见到霍金时的情景：“那是第一次参加剑桥大学组织的霍金广义相对论的研讨活动，门打开后，忽然脑后响起一种非常微弱的电器声音，回头一看，只见一个骨瘦如柴的人斜躺在电动轮椅上，他自己驱动着电开关”，“他对首次见到他的人对其残疾程度的吃惊早已习惯。他要用很大努力才能举起头来。在失声之前，只能用非常微弱的变形的语言交谈，这种语言只有在陪他工作、生活几个月后才能通晓。他不能写字，看书必须依赖于一种翻书页的机器，读文献时必须让人每一页摊平在大办公桌上，然后他驱动轮椅如蚕吃桑叶般地逐页阅读，人们不得不对人类中居然有这般坚强意志追求终极真理的灵魂，从内心产生深深的敬意”；尽管如此，日常生活中的霍金仍然是“一位富有人情味的人”。[①]

二是伊曼努尔·康德的案例。18 世纪德国著名哲学家康德于 1724 年出生在哥尼斯堡一个信奉基督教虔信派的皮匠家庭。如同许多先哲一样，康德的思想和人格超越了他所处的那个时代。在他的时代，上帝创世说具有强大的影响，然而，康德提出的天体理论实际上是否定了上帝是宇宙的创造者，这几乎是冒天下之大不韪的，“他的家庭出身、学术渊源以及思想情感都不允许他走到这一步”[②]，然而，康德超越了这种浓厚的宗教氛围和个人情景。

1781 年，57 岁的康德出版了《纯粹理性批判》，这是一部哲学史上的里程碑著作，“因为它所阐述的是前所未有的关于人的认识能力的探讨，在哲学史上，它结束了以探讨客观世界为己任的旧形而上学时代，而开辟了主体性哲学的新时代，这一哲学的全新方向和全新内容不仅对读者，而且对作者都存在着把握的困难，因为这种解读意味着人的思维方式的转换和视角的更新”[③]。

由于思维方式上的超越，这本著作在刚出版时因艰涩隐晦而备受冷落。其实，这也是那个宗教时代的必然。直到 1783 年，康德出版《任何一种能够作为科学而出现的未来形而上学导论》一书，对自己的《纯粹理性批判》进行阐释和

① 史蒂芬·霍金. 时间简史：从大爆炸到黑洞. 许明贤，吴忠超译. 长沙：湖南科学技术出版社，2002：1-3.
② 杜汉生. 西方智者人格丛书第 2 辑. 批判人格——康德. 武汉：长江文艺出版社，2000：25.
③ 杜汉生. 西方智者人格丛书第 2 辑. 批判人格——康德. 武汉：长江文艺出版社，2000：38.

深化之后，这种新思想的内涵才被人们理解。康德在垂暮之年的一次谈话中论及自身时曾说："我和我的书早出了 100 年；100 年以后人们才会正确地理解我的思想，而那时我的著作将获得全新的研究和认可。"①

康德以后的历史印证了这一预言。康德哲学是德国哲学巨大的历史推进，德国哲学家李普曼在《康德及其模仿者》中写道：康德以后的全部哲学都可视为康德哲学的模仿物。相对于巨大的学术成就，康德的平生经历远不如他的学术影响那样波澜壮阔，更低于人们的想象和期待。德国著名诗人亨利希·海涅曾感叹道：康德的生活史是难以叙述的，因为他既没有生活，也没有历史。

康德 80 年的生涯一直是足不出户地蜗居在他的家乡普鲁士德国的哥尼斯堡，康德的学生赫德尔（J. G. Herder）回忆道："我常常怀着感激而兴奋的心情，回忆我年轻时候同一位大师的相处，他对我来说是一个真正充满人性的老师。他在自己成熟时期所具有的那种乐观情绪和朝气，毫无疑问一直保持到他的迟暮之年。他非常善于运用诙谐、警句和幽默，思如泉涌的动人语言从唇际溢出，在人们哄堂大笑时他则能不苟言笑。他的讲课犹如愉快的谈话；他在谈到某个作者时总是既能设身处地而又能进一步发挥他的思想。他的哲学促使人们去进行独立思考，在这方面我想象不到还有比他的讲课更有效的方式。他的思想仿佛在我们眼前不断产生，应当做的就是进一步把它们加以发挥；他不承认任何训诫、指令和教条。自然史和自然界的生活、民族史和人类史、数学和经验知识，这些就是他生机勃勃的智慧的源泉。他把自己的听众引导到这方面去；他的心灵生活在听众之中。"②

从这里可以看到，尽管康德生活在狭小的地域，尽管他那个时代的文化充满清规戒律，然而凭借他对人类文化的丰富资源的吸取，凭借着深刻的反思，重要的是，凭借着探索未知和不盲从的态度，康德的成就和精神远远超越了他的生活环境，他的影响远远超越了国界。他作为人类精神的探险者，使人类精神之花大放异彩。

康德枯燥、单调的个人生活情景并没有使他成为一个刻板、保守而没有情趣的人，与他生活的灰暗相比，他的性情积极开朗、乐观向上，精神面貌丰富多彩。他身高不足一米六，体态瘦弱，他的个人生活比苦行僧的修道还严苛。从表面看来，他遵守一成不变的作息时间，没有艳史，缺乏趣闻，罕见激情，终身未娶。然而，他举止文雅，穿着入时，风度翩翩，是引人注目的人物。他善于交际，爱好广泛，谈吐睿智，趣味横生。康德的独身生活并没有使他缺乏情感，相

① 杜汉生. 西方智者人格丛书第 2 辑. 批判人格——康德. 武汉：长江文艺出版社，2000：207.

② 杜汉生. 西方智者人格丛书第 2 辑. 批判人格——康德. 武汉：长江文艺出版社，2000：17-18.

反他十分反对禁欲，并赞美男女间的爱情。他说："犬儒主义者的纯净无欲和苦行僧式的禁欲主义对社会并无任何益处，这是对美德的歪曲，使美德变成令人反感的东西。既然这些东西否定优美的情操，它们就不能成为人道的东西。"对于饮食男女，康德毫不隐讳地坦言："男人如果没有女人便不能享受生活的乐趣，而女人如果没有男人则无法满足自己的需要。"①

康德确实是一位实现内在超越和外在超越相统一的创新性人物，他在晚年根据自己一生的体会总结道：人的理智和意志能把社会引向进步，能克服偏见和黑暗势力，也能够控制有机体的自然过程。他的人生之道就是超越之道，是对社会环境的超越和对自身超越的有机统一。

个性当中的超越性是创新性人格的最显著特征。正是有了这种超越性，创新性的人才能超越行为上、思维上、心理和精神上的困境，使自己的成就和人格统一、协调和健全地发展，使人性不被分裂，达到自身人格的真、善、美的和谐统一，在"人力"发展的同时，"人性"也获得完善。

五、动机因素

动机作为一种心理倾向和内部动力，对创新活动起着重要的作用。创新活动的产生是创造动机激活的结果，而创新能否持续也要靠动机的维持作用。更为重要的是，创新成果的价值实现取决于主体的动机指向。因而动机是大学生创新性发展的不可忽视的因素。

关于动机对创新性的影响，心理学家进行了大量的研究。人本主义心理学认为，人具有不断生长和发展的内在本性，激励人类向自我实现这一发展的最高目标努力的行为实际上受着需要的支配。社会心理学家则认为，工作的动机有外部和内部之分，内部动机是由个体的内在需要所引起的动机，如兴趣、爱好等，这种动机通常是以工作为中心的，它表现为主体被工作本身的特征所吸引和振奋，而外部动机是由主体外部的驱使如奖赏、惩罚等引起的动机，它通常表现为主体为外部的工作目标所驱动。在通常情况下，内部动机更有利于创造力的发展。而成就动机理论认为，人的许多行为归咎于对成就的需要，即成就动机。高水平的成就动机有利于创新。成就动机包括力求成功的需要和力求避免失败的需要，每个人的成就动机中这两部分的比例不一，力求成功的需要高于避免失败的需要更利于创新成就的取得。

① 杜汉生. 西方智者人格丛书第2辑. 批判人格——康德. 武汉：长江文艺出版社，2000：21.

（一）创新性动机的特点

动机是一个十分复杂的心理现象，是许多内外因素作用于主体而产生的一个综合的心理反应。大学生的身心和环境的特点决定了其创造性动机的特点。

（1）大学生的创新动机以个人兴趣为中心

大学生通常因生活阅历浅、社会经验不丰富而对创新活动没有深刻认识，其从事创新活动往往源于个人兴趣。根据一项大学生创新者的问卷调查，大学生创新实践活动的创新动力与成人创新者的创新动力相比较，在“为祖国、为人类科技做贡献”这项上，大学生创新者占 13%，而成人创新者为 48%，两者存在显著差异。大学生在“自我实现”和“个人兴趣”两项上分别占 25%和 34%，而成人创新者在这两项上的占比均为 0。①可见，大学生创新动机的社会水平是很低的，这与大学生整体的社会化水平密切相关。

（2）大学生的学习动机以求知进取和物质追求为主

大学生以学习为主，其创新实践活动大都与学习相关，因而其学习动机对创新思维的形成发展有很大的影响。黄希庭等对我国 20 世纪 80 年代末的大学生的学习动机进行系统研究后发现：大学生的需要分为六种类型，即生理、安全、交往、尊敬、发展、贡献方面的需要。②这六种需要对应于六种动机，即物质追求动机、害怕失败动机、小群体取向的动机、个人成就动机、求知进取动机和社会取向的动机。通过问卷调查，得出大学生在各项动机指标上的得分情况（表 7-5），可以看出，在大学生的动机因素中，“求知进取”“物质追求”的得分明显高于其他因素。

表 7-5　大学生学习动机的测试结果及性别差异

动机内容	总体得分	总体标准差	男生得分	男生标准差	女生得分	女生标准差	性别差异
求知进取	1.44	0.42	1.42	0.44	1.47	0.40	不显著
物质追求	1.13	0.56	1.16	0.58	1.08	0.54	不显著
小群体取向	0.71	0.47	0.70	0.47	0.73	0.48	不显著
社会取向	0.69	0.44	0.73	0.45	0.62	0.42	非常显著
害怕失败	0.65	0.52	0.61	0.51	0.71	0.54	一般显著
个人成就	0.64	0.50	0.76	0.54	0.47	0.45	非常显著

① 黄希庭，郑涌，等. 当代中国大学生心理特点与教育. 上海：上海教育出版社，1999：30-38.
② 黄希庭，郑涌，等. 当代中国大学生心理特点与教育. 上海：上海教育出版社，1999：32-36.

“求知进取”是大学生动机的主导方面，这与大学生创新动机的个人兴趣导向是一致的，这是一种内部定向的动机，对学习和创新都有持续的推动作用。“物质追求”的动机占第二位，这说明大学生十分注重个人的利益。这与我们平日所观察的现象是一致的，即大学生一方面十分注重专业学习，求知进取；另一方面，大学生就业调查结果表明大学生对于物质利益的看重。这两个方面又是有联系的，对物质利益的追求也在一定程度上促进了个体的求知进取。从根本上看，大学生动机的这些特点与整个社会文化背景密切相关，同时大学教育的整体导向也影响着大学生的动机取向。

（3）大学生动机的差异性与过渡性

从这项研究还可以看出另一个现象，男女大学生在“物质追求”这项动机上的得分的标准差都是最大的，说明在这项指标上大学生存在很大差异，这也是大学生动机的一个显著特点。不同年级、不同性别、不同学校和专业的大学生在动机的内容、定向上都是不同的，处在过渡的状态。

（二）学生的动机与创新思维的关系

大学生不同内容的动机对其创造性发展的影响是不同的。首先，大学生的动机取向影响其能力与学习成绩。在上面提到的大学生动机研究中，专家测算出各种动机与学习成绩及实际能力之间的相关（表 7-6）显示，“求知进取”的动机与大学生学习成绩和实际能力有明显的正相关，“物质追求”对于大学生能力与学习成绩几乎没有什么促进，而“害怕失败”的动机甚至明显地有害于大学生学习成绩的提高和能力发展。基本学业和能力是创造性发展的基础，因而，“求知进取”的动机取向是有益于创新性发展的。这与社会心理学的动机理论是一致的。

表 7-6 大学生学习动机与绩效之间的相关

比较项	求知进取	社会取向	物质追求	害怕失败	个人成就	小群体取向
实际能力	0.18	0.02	0.01	−0.27	0.07	−0.01
考试分数	0.16	0.05	0.01	−0.23	0.05	−0.02

其次，由于大学教育所追求的创新性不仅仅在于创新能力层面上，因而上述研究及其他许多心理学的研究还不能说明大学生的动机与全面的创新性发展之间的关系。

根据上述所讨论的大学生创新性的内涵和特征，创新的社会道德伦理意识是大学生创新性的不可缺少的部分，因而，社会取向的动机是有益于这种创新性发展的。另外，如果将上述研究的分类方式进一步细化，就不难得出即使是“小群体取向”和“个人成就”的动机取向中，也有部分因素有益于大学生全面的创新性发展，笼统地说某项动机有益于大学生创新性发展是比较粗略的。

因此，研究大学生的动机与创新性发展的关系，应努力找出促进创新性发展的内在动机因素，而不能简单地说某一项心理学定义的动机有益于或不利于创新性发展。促进大学生全面的创新性发展的动机因素应包括价值取向的方向因素和水平程度的动力因素。任何类型、形式的动机其实都是在方向和动力这两个相对独立的维度上对大学生的创新性发展起作用。

（1）方向因素

不管什么类型的动机都涉及到价值取向问题，也就是说与社会整体的伦理道德的一致程度，这就是动机的方向因素。社会心理学所提出的内部动机有利于创新，实际上是指内部动机有利于主体创新能力的发挥和创新工程的完成。并不是所有的内部动机都有益于大学生全面创新性的发展。对创造活动本身的兴趣是典型的内部动机，其水平程度是很高的，但是，在没有方向保障的情形下这种动机还不能说有益于大学生创新性的发展。CIH 计算机病毒的制造者、台湾大学生陈英豪的创新动机就兴趣或水平程度来说是很高的，然而，他的动机没有正确的价值取向或方向因素，给社会带来极大的灾难。大学教育不能培养这样的创新性动机。

（2）动力因素

动力因素指动机的水平高低和程度强弱。创新性动机的动力因素直接影响创新能力的发挥，促进创新成果的实现。心理学研究为我们提供了大量动机的动力因素方面的研究成果，包括需要与动机的关系、内部动机与外部动机的关系、成就动机与创新活动的关系等。动机的动力因素同样是大学生创新性发展的重要条件。在方向因素具备的情况下，如何激发大学生的动力因素是大学教育者的重要课题。网红热词“六十分万岁”“躺平”等，就是由明显缺乏动力因素所致，严重影响了大学生创新思维的形成发展。

（3）方向与动力相统一

方向与动力相统一的动机有利于大学生的创新思维形成发展。怎样的动机有利于大学生创新思维的形成发展，取决于大学生创新性的本质内涵和特征，只有方向与动力相统一的动机才有利于大学生创新思维形成发展。要达到动机的方向与动力的高度统一，就必须注重大学生基本需要的满足和教育引导、家庭和社会环境的熏陶以及主体能动的实践锻炼等。

（三）大学生动机的成因与培养

动机作为一种个体的心理倾向是社会环境与个体相互作用的结果。大学生动机的形成是与其学习和创新活动一起进行的：一方面，大学生的学习和创新活动离不开动机的激发，创新的动机是创新活动的前提；另一方面，动机的发展更是创新实践活动的结果，只有通过创新性实践活动的锻炼，大学生的创新动机才能实现方向的正确和动力的加强，并实现两者的有机统一。

从我国大学生创新性发展的动机现状看，大学生的成就动机的主要方面属于内部动机定向，因而通常来说其动力性较强。在培养大学生的创新性动机时，应特别注重把握动机的方向因素，提高其社会化水平。

六、环境因素

创新思维受主体自身因素的影响，又受外部环境的制约。环境对人们的学习、生活、工作无时无刻不在产生重要的影响。思维方式是人类在改造世界的社会实践中产生和发展的，人的创新思维发展也受到环境因素的影响。外在环境因素一方面影响创新思维品质的形成和能力的发展，家庭教育、社会环境、政治制度等影响着思维主体的认知结构、文化背景、心理品质和发展途径；另一方面也制约已有创新思维的发挥。

（一）心理学关于创新思维与环境的研究

（1）创造性投资理论

斯滕伯格从创造力的主体、过程、产品和环境四个方面提出了产生创造力的六种资源：智力、知识、思维风格、人格特征、动机和环境。创新思维的激发就是要将这六种资源进行合理“投资”，其中，立法型思维风格有助于创新思维发展，环境对于创新思维是至关重要的。

（2）阿姆贝尔关于创新环境的调查

美国社会心理学家阿姆贝尔认为，促进创新的前 9 个环境因素是自由、良好的计划管理、足够的资源、鼓励、各种组织因素、承认和奖励、充足的时间、挑战、压力，抑制创造的前 9 个环境因素是各种组织上的因素、强制力（无工作自主）、组织上的冷漠、不良的计划管理、评估、不充足的资源、时间压力、过分强调现状、竞争。该理论从不同角度阐述了环境与创新思维的关系，对于我们发展创新思维具有借鉴意义。

（3）创新性生态学理论

该理论认为，创新思维需要一定的个体资源，这里，个体资源指的是个体的认知技能、人格特质等。创新性加工和创新思维需要个体资源与生态资源的交互融合。生态资源即是对创新性具有影响的环境性因素，如关于智力的和审美的社会标准、权力和知识的分配状况、合作与竞争的形式、沟通渠道、信息与训练的获得等。创新加工对创新活动的个体与环境提出很多要求，如果要求得不到满足，创新性就不可能产生。

（4）创新性系统观

从广泛的历史观点看，创新性并不是个体变量，而是对个体做出评价的社会系统结果，即创新性指的是个体是否为外界所“接受”，它是个体（person）、专业（domain）和业内（field）人士三个亚系统相互作用的结果。个体是产生创新性活动的主体，个体所具备的创新性人格品质与在专业领域中进行创新性活动的机会存在差异。专业指的是文化的或符号的系统，是创新的成分，为个体传递信息。创新性想法必须以已有的事物、原则、表征或标志为基础来运作。没有已存在的形式就不可能出现变化，“新”与“旧”相对的时候才有意义。业内人士指的是对创新性进行评判的人，是了解专业规则和语法、松散或紧密地组织起来的个体，他们对变化进行选择，决定个体行为是否达到专业标准，也判断个体行为是否离开专业标准可被称为“创造”。新思想只有被研究领域接受，才能被吸收到专业中。从系统观点看，业内人士可被称为个体创新性活动的环境；专业为个体传递信息，影响个体进行创新性活动的知识与能力；业内人士对个体所制造出的变化进行选择，对个体的创新性活动产生激励作用。积极开放的业内人士对个体的创新思维形成发展表现出更多的接受与鼓励；而保守封闭落后的业内人士对个体的创新思维会表现出更多的否定、怀疑与延迟反应，对创新性而言无疑是一种阻碍与打击。

（5）内在训练观

对个体创新性活动发生作用的是外界所提供的培养与训练，环境因素通过增加创新性活动所需要的知识与能力对创新性产生影响。任何创新性成绩都与特定专业相联，涉及不同技能、不同类型的知识和特定训练的实践。个体必须在自己的专业或相关的专业中具有较高水平，熟练地掌握本专业的工具与技能，才可能表现出创新性。即使是流畅性、灵活性、新颖性这些一般性特质，也不可能凭空而来，需要通过训练与培养才能产生。

（6）进化系统观

创新性产品必须具有新颖性、价值性、目的性（即有目的行为的结果）和持续性。创新性工作之所以困难，是因为个体创新性活动的目的必须与人类的目的相符合，与文化的和社会的目的一致。进化系统包括个体的动机、知识和情感，三者的交互作用使得个体在解决问题时所遇到的偏差被不断放大，新颖、独特的思维方式在“进化”的过程中不断积累、发展，最终获得创新性产物，这是“适者生存”的一种形式。外在环境主要是通过影响个体行为的目的性来影响个体的创新性活动，其目标是创新性活动的中心。

（7）创新性交互作用观

该理论认为创新是个体与环境交互作用的结果。创新性成就的差异是社会和情境两种环境因素对创新过程产生积极作用程度的函数，也就是说，任何创新性活动的特征都能够根据情境与社会两种环境因素产生的阻碍与促进的影响来进行描述。情境影响是指物理环境、文化、群体、组织“气候”、任务与时间限制等，社会影响是指社会促进、评价期待、奖励、惩罚、角色扮演等。

（二）主要环境与创新思维

（1）家庭环境

家庭环境是主体创新思维形成的第一因素。美国著名心理学家布鲁姆（B. Bloom）研究发现，5 岁前是儿童智力发展最迅速的特殊时期。如果把 17 岁时个体所达到的平均智力水平看作 100%，那么从出生到 4 岁便获得 50%，4—5 岁获得 30%，余下的 20%则在 8—17 岁获得。有关人脑生化研究结果表明：儿童到 5 岁时，其大脑的重量已接近成人水平，各种机能特征已趋完善，具备接受教育和训练的条件。[①]从家庭或家族环境来看，创新型人才的培养需要几代人连续奋斗才能看到成效。历史上，许多著名人物成功的背后往往有深厚的家庭背景。哥白尼、希尔伯特、爱因斯坦等从小受到家庭氛围的熏陶，伯努利家族、达尔文家族都是人才辈出。遍查伟大历史人物的传记，可以发现他们中的许多人是在早期家庭教育中培养了对文学、艺术、科学的兴趣，这些兴趣或爱好对他们创新能力的发挥起到了直接或间接的作用。[②]

事实证明，家庭的优生、优育和早期教育影响着主体创新思维的形成。良好的遗传基因、民主的家庭氛围和科学的早期教育对人的头脑与心灵的作用极其深

① 李小平. 大学创造教育的理论与方法. 北京：解放军出版社，2008：176.

② 秦秀君. 家庭教育中青少年创新能力的培养. 科教文汇（下月刊），2008（15）：58.

远。在人的一生中，家庭是人所生活的第一个环境，养育者是第一任老师，养育者的情感态度、言语行为、思维方式、价值观念都会潜移默化地对孩子的审美能力、价值理念、思维能力产生影响。

家庭环境通常分为民主型、权威型和溺爱型三种类型，不同家庭环境对孩子创新能力培养有迥然不同的效果。民主型家庭模式有利于培养孩子的创新思维，权威型和溺爱型家庭模式往往抑制孩子的创新思维。民主型家庭模式里，家庭成员关系之间是一种平等互爱的关系，尊重孩子的天性，允许孩子个性化成长，孩子的思维方式不受限制，使其容易形成发散性思维，养成独立思考的意识，从而形成思维的独立性。权威型家庭模式中，家庭等级森严，孩子从小处于家庭等级结构中的底层，孩子被要求绝对服从父母的权威，孩子自身的个体价值和基本权利往往得不到实现，其个性无法发展，不利于其创新精神培养和创新思维形成。溺爱型家庭模式中，对孩子的过分溺爱容易使其形成较强的依赖性，缺乏独立性，也不容易形成创新思维。

（2）社会环境

社会环境是指主体所生活的时代中，各种社会政治、经济、文化等环境条件，其中既包含各种现实的作为社会行为规范准则的制度因素，又包括意识形态、社会心理状况与文化价值观念等精神因素。家庭环境、教育环境等受社会环境的制约和影响，具有决定性意义。可以说，社会环境是创新思维形成的基本条件，科学技术创新与社会环境的紧密关系更为明显。历史证明，一个国家或地区能否长期保持科技领先的局面，取决于多方面因素，但很大程度上与是否鼓励创新、有创新的自由、宽容的社会环境有关。

1）制度因素与创新思维。制度因素包括政治制度和经济制度。就政治制度对思维创新的影响而言，封建专制的政治制度强调政治伦理和人身依附关系，臣以君为纲，要求臣绝对服从君主的意志和权威，排斥独立的人格和思想，无法形成创新思维。就经济制度对思维创新的影响而言，经济制度是政治制度的基础，僵化的政治制度必然以分割封闭的经济制度为基础，容易导致思维的局限性。只有灵活的社会经济体制才能激励人们参与竞争，有利于激发创新思维。

2）文化因素与创新思维。恩格斯指出：我们自己创造着我们的历史，但是第一，我们是在十分确定的前提和条件下创新的。其中经济的前提和条件归根到底是决定性的。但是政治等的前提和条件，甚至那些萦回于人们头脑中的传统，也起着一定的作用，虽然不是决定性的作用。[①]存在于人们头脑中的传统就是文

① 马克思，恩格斯. 马克思恩格斯选集（第4卷）. 中共中央马克思恩格斯列宁斯大林著作编译局译. 北京：人民出版社，1995：696.

化传统，它从深层次影响、调节、制约着主体的认识、情感和实践活动，对主体思维的形成具有潜移默化的影响。良好的文化氛围、和谐的社会关系能激发人创新的热情，开放多元自由平等的文化特征促进人形成创新思维；沉闷的文化氛围、矛盾重重的社会关系压制创新动力，专制封闭的等级森严的文化特性阻碍创新思维的形成。

（3）群体环境

以特殊群体军人为例，军人绝大部分以成建制的群体存在，因而军人总是生活在群体中。群体环境对军人个体的思维也有着潜移默化的作用。军营群体环境与家庭环境、校园环境有很大区别。军营群体环境中由军事职业性质和场域、军事职业中的同事关系和上下级关系等人际交往关系、工作氛围等组成。军营群体环境比家庭、校园环境复杂，又比社会环境简单，类似于一种工作环境。在家庭环境和校园环境中，人们基本上处于创新思维的培养阶段，环境相对宽容友善，无任何利益关系，无须承担社会责任、工作压力和生存压力。军营群体环境之中有明显的权责界限，人与人之间没有人身依附关系，是独立个体，自负言行责任。相对而言，军人群体环境较为严谨。在军营群体环境中，上级领导对军人创新思维的作用影响较大：①单位领导的风格影响局部小环境。民主公正的领导能树立正气，营造和谐群体环境，专制低俗的领导则相反。②领导者能否关注下属的个性，能否公正准确客观地评价下属的工作成果，对于下属的工作积极性和主观能动性也有很大影响，优秀的领导者能调动下属的工作积极性和创新性。

（4）教育环境

教育培训机构是培养人才的专门机构。如果把学员比作质地不同的矿石，那么教育培训机构就是将这些矿石冶炼成各种金属的冶炼厂，教育培训机构的职责就是把学生锻造成有创造力的人。然后教育培训与创新思维的关系是一种辩证关系，好的教育培训能培养创新思维，僵化的教育培训则限制和消解人的创造力。美国一项调查表明：一般人在 5 岁时具有 90%的创造力，在 7 岁时具有 10%的创造力，8 岁以后创造力就下降为 2%。[①]由此可见，教育既传授知识又被知识的经验性束缚，虽然增进了学员的智力，但又削弱学员的独立思考能力和想象力。教育和创新思维辩证关系是许多国家积极探讨的重要课题。美国一直很重视对国民的创新思维能力的培养。根据我国《教育部赴美教育考察报告》中所指出的，美国很注重提高教师的创新性，认为如果教师处于缺乏创新思维的状况，要让学

① 王元钊. 论高等教育创新人才的创新思维培养. 吉林广播电视大学学报，2011（2）：72-73.

生形成创新思维是不现实的。[①]同时，注意营造鼓励学生发展创新思维的学校环境。20 世纪 80 年代，日本大张旗鼓地进行了教育改革，一改原先忽视个人差异、抑制个性的教育思想，将重视个性作为改革的最重要的原则，在教育中注意尊重个性、尊重自由和培养学生的创新性。此外，德国在 20 世纪 80 年代已经完成一系列创新量表（测试工具）的编制，为培养学生的创新性，还专门在教学过程中为培养学生的创新性，设计了系列案例，如“通过冰川期的旅行”“史前艺术欣赏”等。

从以上这些国家培养创新思维的教育实践看，教育培训中，对创新思维形成有作用的因素，既有教师、学员和人文环境等因素，也有教育培训的条件、方式和内容等因素。

1）教育培训条件。教育培训机构的办学条件包括教育培训场地和设备（仪器和图书资料）、教育者和管理者、教育培训机构的人文环境。在这些条件中，核心是人和人文环境，物质条件次之。李政道在谈到抗战时期他就读的西南联大时曾说过，最重要的是人，不是条件。西南联大的教学条件是很差的，学生住十人一间的草房，仪器设备几乎没有，即便如此，也造就了许多人才。杨振宁也在很多场合认为“西南联大是中国最好的大学之一”，战时中国大学的条件极差，然而西南联大的师生员工却精神振奋，以极严谨的态度治学，弥补了物质条件的不足。

一是教育者与创新思维。一方面，在教育培训机构中，管理者首先发挥管理作用，对教育培训机构的教育目标、教育规划、教师和学生的管理、教育物质环境的建设都拥有发言权和决定权，同时他们也发挥教育作用，他们的言行、品格、教育观念又对师生起到引领示范作用。因而，教育管理者对教育培训的影响是首要的，直接引导着整个教育培训机构的目标导向、教育制度和教育风气。截至 2023 年英国剑桥大学的卡文迪什（Cawendish）实验室有 29 人次获得诺贝尔奖，德国的马克斯-普朗克研究所（Max Planck Institute，俗称马普学会）从 1911 年成立到 2023 年 11 月，已经获得 40 枚诺贝尔奖；美国的贝尔实验室（Bell Labs），截至 2023 年 11 月，有 15 人次获得诺贝尔奖，这些科研基地和实验室的共同特点是具有一套良好的创新机制与管理体制。这些创新机制与管理体制的具体体现是：领导人具有高瞻远瞩的战略眼光，善于识别与培养创新人才，尤其是善于发现、培养和支持青年人才的创新研究，善于选择研究战略方向和重点领域，充分尊重科学家的自主权和学术自由，建立公正的、适时的乃至国际化的科

① 李小平. 大学创造教育的理论与方法. 北京：解放军出版社，2008：205.

学评估与管理，开展广泛而经常的国际合作交流，以及营造优良的研究条件和创新文化氛围。[①]另一方面，教育培训机构中，教育者的素质直接关系到学员创新思维的培养。在教育过程中，教育者对受教育者的思想观念、行为准则、思维方式产生诸多影响。优秀教育者不仅能做到传道、授业、解惑，还能启发学员的思想，激发和点燃学生思维创新的火花。知识传授是有限的，但是创新能力和独立思考能力却是无限的。为了保护和鼓励学员创新思维形成发展，国外有学者建议教师应注意：允许学员大胆提古怪问题；鼓励学员大胆想象，提出别出心裁的念头；鼓励学员在他认为可能的领域争取成功；以激励方式满足学员的成就感；允许学员在创新过程中犯错，谨慎、有艺术地使用批评手段，禁止惩罚；虚心倾听学生的意见，包括反对自己的意见等。

二是人文环境与创新思维。人文环境是指教育培训机构中的人文素质和人际关系。具有人文精神和良好人际关系的教育环境是孕育创新思维的土壤。英国剑桥大学的卡文迪什实验室，二战后处于经费不足和人才缺失的状态，当时的实验室主任布拉格（L. Bragg）不仅学术基础扎实，而且具有较高的人文素质。他将核物理研究转向一个新的领域——蛋白质结构的研究，这一研究综合了物理学、化学、生物学等学科。在布拉格的带领下，实验室形成了开放、包容的创新文化氛围，凝聚了一支和谐的创新队伍。在宽松的学术环境中，人人都能够平等地展开学术争论，青年科学家在完成指定工作之余可以进行自由选题。人文素质成就优秀的科学家在卡文迪什实验室沿袭学术传统，该实验室为二战后英国的科学争得了极高的荣誉，类星体、脉冲星、DNA 双螺旋结构的发现和血红蛋白质结构的确定等都是在这里完成的。卡文迪什实验室为英国造就了大批杰出科学家，其中很多人获得过诺贝尔奖。[②]

上述事例表明：一方面，主体的人文素质是创新思维得以发展的基础；另一方面，教育机构中平等自由和谐的人际关系是主体进行思想碰撞、引发创新思维的“温室”。在平等自由的人际关系中，不同主体间能进行多学科的平等交流，其中平等民主的师生关系是引发学员好奇心和创新思维的必要条件。教师应该对学生保持平等、尊重、信任、民主的教学作风，把学生看作共同解决教学问题的伙伴，通过各种途径与学生进行思想交流，增强师生之间的相互了解，拉近情感距离，形成亦师亦友的关系。平等自由的参与是活跃创新思维的温床，师生双方

---

① 郑湘峙. 浅论人文环境对原始创新的促进作用. 成都理工大学学报（自然科学版），2003（S1）：230-232.

② 郑湘峙. 浅论人文环境对原始创新的促进作用. 成都理工大学学报（自然科学版），2003（S1）：230-232.

以平等心态交流思想，才可能形成自由的教学气氛，激发学生的想象力、创造力。如果教师是绝对权威，只能阻碍创造力的发挥，遏制创新思维的形成发展。

2）教育培训方式。教育培训方式是教育内容的呈现方式，也是教育内容转移至学生的方法手段。教育培训的方法手段对于学生学习的积极性和思考的独立性都有重要意义。武断粗暴的教育培训方式容易打击学生学习的积极性，墨守成规、一成不变的教育方式容易培养思想上的懒汉。从培养创新思维的角度看，教育培训方式选用需要注意以下问题。

一是采用激发学生学习主动性的教学方式。首先，改革教学与考试方法，制定适合学生预习、自我总结的学习模式。作业、考试向有利于提高学生预习、总结等自学能力的方面倾斜。其次，加大平时成绩的比例，把学生平时学习的情况按照权重列入学习成绩中。教师应改变学生平时不努力、考试时突击复习的学习习惯，加大平时成绩的占比，让学生重视每节课的课前预习、课上发言及听讲。例如，教师将每学期所讲授的内容分为几大部分，每部分讲完后要求学生进行自我总结，完成总结报告，并将其作为学生的平时成绩。

二是采用多种教学形式丰富学生的思考问题的思维方式和思维体验。例如采用小组合作学习形式，能使不同能力水平的学生增强平等意识，促进相互理解，借鉴并学习他人的思维方式。小组合作学习有利于学生开阔视野、吸取他人长处、增强合作意识，并促进创新思维的发展。

三是增加实践教学和实验教学方法。实践和实验室是创新思维的源泉。事实证明，创造力强的人往往来自那些参与过大量实践性活动的人。他们在实践中面对和解决过更多的实践问题，思维更有现实感和发散性，对事物之间联系体验更为深刻敏锐。创新思维以多样的实践体验为基础，实践体验能激发右脑的潜能，培养好奇心和求知欲，从而激发创新思维。

四是因材施教采用个性化的教学方法。教育的对象既是学生群体，也是学生个体，我们的教育往往过于注重群体，忽视了个体的个性。而创新是一种个性化的结果，培养创新思维需要因材施教，根据不同学生的水平制定相应的学习目标和学习方式。

但是传统的教学强调知识的记忆、模仿和重复性练习。在这种模式中，可以教出一大批戴深度眼镜的成绩好的学生和国际大赛上的冠军，但难出大思想家、大科学家、大文学家、大工程师。为改变这一局面，首先要求教育管理者会同学科专家认真研究各个学科发展的需求，结合创新人才培养的需求，科学合理地设置学科课程以及教学环节，建立适合学生个性发展的管理模式，并积极推行个性化教学模式。

3）教育培训内容。教育培训的内容基于人才培养目标和学生的素质水平进行选择，以课程的形式体现。能启发创新思维的教育内容具有综合性、新颖性、基础性、开放性和时代性等特点。重点围绕三个特点进行阐述。

一是教育内容的综合性与创新思维。教育培训内容的综合性对创新思维的形成具有现实意义。美国曾对 1131 位科学家的论文和成果等各方面进行了分析调查，发现这些人才大多数以博取胜，很少有仅仅精通一门的专才。因此，美国主张在加强基础专业学习的同时，提倡“百科全书式”教育，要求学生的学习不能仅局限于学校课堂中所学的有限知识范围，鼓励学生通过各种途径了解更多的知识，以开放性的学习促进知识的全面发展。[①]在课程体系的设置上，要构建多元化的知识结构，优化课程体系，从而建立创新知识结构。

二是教育内容的新颖性与创新思维。创新思维的重要特点是思维方式的首创性和新颖性，是对现有思维方式的突破。过于陈旧的课程内容不利于学生接收新的信息，妨碍了学生对新领域的思考能力。因此，要培养学生创新思维能力，有必要让学生掌握最新的知识内容，了解世界相关学科的最新发展动态，使学生的知识层次和结构与世界先进水平趋于同步。在教育培训内容上，要把最新的科学研究成果和科学概念及时地编进教材，帮助和引导学生去探索新的知识，培养其创新思维。

三是教育内容的基础性与创新思维。虽然创新思维讲新颖讲突破，但创新思维不可能脱离扎实的理论基础。创新思维是对基础知识与基本技能的整合与拓展，在扎实的理论基础上形成。例如：从中国科学技术大学建校开始，所有学生入学后都要进行两年左右的通识基础课程强化训练，高年级再进入专业学习。后来该校又实行按学院或学科大类招生，学生入学后不分系和专业，学校按通识课程、学科群基础课程、专业课程和集中实践课程几个模块设置课程体系，对于数学、物理、英语、信息技术等重要基础课程，全校非主修专业实行统一教学，目的是使学生打好宽厚扎实的基础，增强对科学领域的全面认识和了解，有助于发现和选择自己的兴趣和方向，并使各专业学生受到严格的逻辑思维训练。吴奇院士是中国科学技术大学 77 级化学物理系毕业生，大学毕业后到美国留学，2003 年当选为中国科学院院士。他说大学四年他只有两门专业课、一门激化化学、一门催化原理，而数学、物理、化学方面的基础课很多。他还说：“据我了解，中科大化学系毕业的同学在美国大学做教授都有很大优势，美国一流大学的化学系里几乎都有中科大校友在做教授。我现在作高分子研究，大学时这方面的知识一

---

① 唐荣滨. 试论大学生思维创新能力的培养. 北京联合大学学报，2002（S2）：45-47.

点也没学，完全是后来转过去的，是宽厚的基础教育起了作用。”①

此外，为了培养学员的创新思维能力，需要增设一些有关创新思维培养的内容，使学生了解创新思维的形成过程及特点，进而有意识地进行创新思维的训练。如美国麻省理工学院早在 1948 年就开设了“创新力开发”课程。自 20 世纪 50 年代中期，日本各县都创办了“星期天发明学校”，1974 年又创办了“少男少女发明俱乐部”，开展创新思维的训练，学生经过学习培训以后，发明创新的效率提高 10 倍！其他还有许多国家，如苏联、联邦德国等，都十分重视创新思维课程内容的传授。②

心理学研究表明，有利于产生创新思维的社会环境主要包括“文化手段的便利”“对文化刺激的开放”“注重正在生成的而不只是注重已经存在的”“无差别的让所有人自由使用文化手段”“接受不同的甚至相对立的文化刺激”“对不同观点的容纳及其兴趣”“重要人物的相互影响”“对鼓励和奖励的提倡”等。世界数学中心的转移就是一个很好的例子。二战之后，由于社会环境的原因，德国科学家大量流到美国，世界数学中心、自然科学中心由德国转移到美国。对此，著名科学家爱因斯坦认为，只有在自由的社会中，人们才会有所发明，并且创造出文化价值，使现代人生活得有意义。可见，环境对于创新思维形成发展和创新人才的成长具有重大意义。

① 韩江水，陈春林. 大学生的创新思维和创新能力培养之我见. 理论导刊，2009（6）：83-85.

② 转引自唐荣滨. 试论大学生思维创新能力的培养. 北京联合大学学报，2002（S2）：45-47.

第八章　创造技法

一、创造技法概论

（一）什么是创造技法

在信息化智能化时代，人的工作方式是创新性的。创新力成为人的劳动能力的最重要标志，是人的生存和发展的前提。因而，人们对创造的崇尚和追求更趋强烈。人们对于创造活动的研究，已不仅仅停留于对创新活动意义、原理的认识层面，人们更为关注的是创新的方法问题，即怎样才能去进行创新的问题。

（1）创造技法的由来

关于创造方法与技巧的探究由来已久。在古希腊数学家帕普斯的《数学汇编（第 7 卷）》里，就首次使用了“研究方法”一词，并总结了数学领域的创造方法。[①]这种研究方法就具有创造技法的性质。古希腊哲学家亚里士多德的形式逻辑则可被看作研究人类创造性思维方法的先例，可谓一种系统的创造技法。然而，真正首先明确提出内容具体、应用广泛、操作性强的创造技法的是美国创造学家奥斯本，他于 1941 年出版的《思考的方法》，被国外学者视为创造学尤其是创造技法研究的开山之作。其中，他所创立的创造技法“头脑风暴法”风靡全世界，成为最具代表性的创造技法。自此，人们根据发明创新的实践经验总结出许多创造技法，并运用于发明创新的实践，取得了很好的成效。

（2）创造技法的界定及特点

关于什么是创造技法，学术界也没有一个精确的界定。笔者认为，任何一种观念的产生都是历史的产物，都有其来龙去脉。正如列宁所说：“为了解决社会科学问题，为了用真正获得正确处理这个问题的本领而不被一大堆细节或各种争执意见所迷惑，为了用科学的眼光观察这个问题，最可靠、最必需、最重要的就

---

① 阿里特舒列尔. 创造是精确的科学. 魏相，徐明泽译. 广州：广东人民出版社，1987：6.

是不要忘记基本的历史联系，考察每个问题都要看某种现象在历史上怎样产生，在发展中经过了哪些主要阶段，并根据它的这种发展去考察这一事物现在是怎样的。”①从国内外创造学研究的历史看，创造技法通常被理解为进行创造活动的方法与技巧，它是创造学研究的一个主干领域。

创造学主要研究创新行为、创新活动的理论与方法，其理论主要以心理研究为核心，而方法则以创造技法为主干。创造技法，有时甚至被默认为“创造学”的代名词，被视为创造学研究的重点。但是，创造技法与其他关于创新活动研究的理论的不同之处主要体现在以下方面。

第一，它属于方法的范畴。创造技法是指进行创新活动的方法与技巧，是在创新活动实践的基础上、利用创新活动的客观规律而总结形成的有利于导致创新性成果的途径、手段和方式的总和。创造技法一定要遵循和体现创新的规律，但并不是所有的创新规律都能称为创造技法。创造技法要回答“如何做”的问题，而不仅仅是“是什么”的问题。

第二，创造技法具有极强的实践性。创造技法不是哲学层次上思辨的产物，它是在创新活动的实践当中总结出来的，因而具有很强的生命力。这正是创造技法在其理论还不是十分成熟的情况下能够风靡全世界的原因。除此之外，创造技法还能够很方便地运用于创新实践，几乎所有的创造技法都是经过创新实践检验而行之有效的。

第三，创造技法有着极强的指向性。从创造技法的研究历史和现状看，创造技法的研究往往不过多地纠缠于理论的审视，它执着地指向问题的解决，它以缩短创新探索过程、提高创新效率、激发创新思维等为目的。这也正是创造技法在工商企业界比在教育界更为普及和更受欢迎的重要原因。

第四，创造技法具有可操作性。创造技法之所以得以普及和推广，就在于它的可操作性。创造技法是创新活动的行动指南和活动方案，人们可以按照创造技法去实施，并能取得明显的效果。此外，创造技法还易于传授，可用来教学和培训，从而开发人们的创新力。因此，创造技法的教学深受重视，特别是在目前我国广泛开展的创新教育实践中，创造技法的教学越来越成为一项重要内容。

（3）创造技法与一般方法的区别

尽管创造技法的研究不断深入，创造技法的教学和训练深受社会各界（特别是企业界、教育界）的重视，但是学术界有关“创造有无技法”的争论一直存

---

① 列宁. 列宁选集（第 4 卷上）. 中共中央马克思恩格斯列宁斯大林著作编译局编. 北京：人民出版社，1972：43.

在。这种争论的焦点在于如何认识“创造技法”的内涵。如果将创造技法理解为某种创新活动的程序性操作技法，将创新看作按照这种程序性操作进行的活动，则这样的创造技法是不存在的。实际上，所谓创造技法，实质上就是激发创新思维的方法，而不是必然生成创新性成果的固定程式。由于创新思维是逻辑与非逻辑的统一，是潜意识思维与显意识思维的结合，因而创新思维的产生需要许多特定的条件。创造技法正是促进这些条件形成的方法和技巧。

从理论上讲，对创造技法的研究是方法论研究的重要内容，创造技法是创造学理论不可缺少的核心组成部分。而从实践看，创造技法为有意识地培养和发展人的创新能力提供了方法教育的素材，成为“创造教育”的重要内容。因而，对创造技法的研究在理论与实践上都有重大意义。

创造技法不同于一般方法。它的特点主要表现在以下几个方面。

第一，创造技法没有一个相对固定的模式。创造技法的实质在于调动主体的非逻辑思维，从而激发创新思维的产生。而非逻辑思维是十分复杂的，没有一个千篇一律的逻辑程序，因而创造技法十分庞杂，公布于世的创造技法已有300多种。这些技法有的着力于组织形式，有的着力于思维方法，有的着力于非智力因素的调动；有的宏观，有的微观；有的抽象，有的具体。

第二，创造技法的掌握不同于一般方法的掌握。创造技法的掌握不仅依赖对方法的理解和认识，更重要的是实践和体悟。应该说，任何一种方法的掌握都需要理论的学习和实践的锻炼，然而，创造技法的掌握在从理论转化为实践的过程中有着更强的差异性和偶然性。创造技法的学习和训练对不同的个体，其效果也是不同的，即使对于同一个体，在不同时期、不同领域，其差异也很大。从创新活动的实践看，创造技法的掌握和运用的效果如何，更取决于个体创新经验的状况、知识的背景、能力的结构、素质的高低以及许多人格、社会性因素。

第三，创造技法对创新活动的运行不起直接作用。创造技法不同于其他一些具有逻辑性程序的方法，不能“立竿见影”地产生明显的效果。例如，对于掌握一种菜肴的制作方法，只要具备必需的原料，按照菜谱规定的程序一步一步地做，就能做出所需要的菜而达到目的。创造技法却不这么简单，创造技法的作用尽管是不可忽视的，但并不一定直接产生创新性产品。创造技法可以有效地调动人的潜在力量，但创新效果如何主要取决于创新主体自身的知识经验水平、思维能力和非智力因素等状况，因而，创造技法的作用不能绝对化。

（二）创造技法产生的意义及学术界的争论

从创造技法产生的历史看，创造技法产生于20世纪三四十年代，它的出现主要得益于人们对创新实践的经验总结。

（1）创造技法的产生打破了创新神秘论

创造技法的产生与普及在人类文化历史上具有重大的意义，它揭开了创新的神秘面纱。从人类文明发展的历史进程看，在很长的一段历史时期内，创新被认为是神的专利，人被排斥在创新之外。欧洲文艺复兴运动使人性得以弘扬，使人的价值得到关注，使人作为创新主体的地位得以确立。然而，由于创新过程的复杂性和非逻辑特征，创新过程往往局限于少数的艺术家和天才人物。这一时期，人们不敢涉足创新过程内部机制的研究，对于创新活动方法论意义的揭示更是不可想象。因此，创造技法的产生揭开了创新的神秘面纱，使人们相信创新并不是高不可攀的神秘活动，人人都能从事创新活动。

创造技法具有很强的实用性，因而在其产生之初就得以广泛流传和普及，并产生了明显的效果，同时也在普及的过程中不断丰富和完善。正是由于传授创造技法在实践中能有效地促进人们的发明创新活动，因而尽管创造技法在理论上还不够成熟，它一旦产生就受到了人们的极大关注，并风靡世界。

（2）创造技法是否能提高人的创新力

尽管如此，有关创造技法的争论，尤其是通过创造技法的学习与训练能否有效地提高人的创新能力的问题，在学术界一直存在不同的观点。大量的事实表明，创造技法的学习与训练对于提高人的发明创新能力是有帮助的。例如，美国通用电气公司对其员工进行“创新工程”训练，经过训练的员工发明创新和获得专利的速度比未经训练的员工几乎高出 3 倍；美国心理学家和教育家梅多与帕内斯等在美国布法罗大学通过对 330 名大学生的观察和研究，发现受过创新思维教育的学生在产生有效的创见方面，与没有受过这种教育的学生相比，平均提高 94%；他们的另一项研究表明，学完创新思维训练课程的学生与没有学过这方面课程的学生相比，前者在自信心、主动性以及指挥能力方面都有大幅度的提高。①英国心理学家德波诺等认为，创新性思维是可以教会的。他在许多国家进行了试验，其中一个事实就是；加拿大多伦多大学每年有 800 名申请者，而被录取的仅有 70 人，在这 70 人中，20%的学生曾参加过他组织的创新思维训练。②

但是，也有一些学者（特别是教育界的学者）对于通过创造技法的传授和训练来提高人的创新能力持怀疑态度。在这些学者看来，创新活动具有明显的非逻辑特征，它充满偶然性，因而，有意识的、具有计划性和操作性的所谓“创造技

---

① 转引自王加微，袁灿．创造学与创造力开发．杭州：浙江大学出版社，1986：16-21.

② 德波诺，帕内斯，恩田彰，等．创造学研究．许立言，张福奎编．上海：上海科学普及出版社，1987：3.

法”实际是不存在的。法国发明家佩克利斯（J. Peterson）认为，“至于‘发明法’（关于这个问题人们写了很多论文）实际上是不存在的，因为，不然的话，就可以像现在滥竽充数的机械师和钟表匠一样大量‘生产’发明家了”[①]。

我国心理学家认为，将创新性当作像游泳或射击一样的技能，可以通过直接训练获得和提高，这种策略在指导思想上是片面的：它把创新性看成某种独立的技能或能力，而不是以发散思维为中心、发散思维与收敛思维相结合的一种智慧活动。单就发散性思维而言，创新性的直接训练是无的放矢。除此之外，创新性的直接训练只注意到了认知活动的方式，而忽略了认知活动的内容（即知识的积极作用或者说已有认知结构的可利用性）。这种策略在实际效果上是不显著的，因为这种训练的效果并不带有普遍性、稳定性、持久性的一般迁移效果。他们指出，创新性培养的最好场合和手段应该而且可以是日常教学活动。当然，这并不排除直接的智慧训练的一定效果和可行性，也不排除课堂教学之外作为辅助手段的发明创造等活动，对培养学生动脑筋的习惯与创新精神及能力所起的一定作用。不过，脱离学科知识教学的其他做法不应干扰或取代作为学生创新性培养的主要途径的课堂教学，否则将舍本逐末。[②]

（三）正确认识创造技法

笔者认为，要解决有关创造技法的争论，正确的态度就是要站在历史的角度从理论上深入研究创造技法的深层规律，因为“没有理论这盏明灯，实践不可能走向真正完美的境地”[③]。人们对创造技法的规律认识的程度不同，必然导致对创造技法的作用持不同的看法。同时，由于创造技法具有很强的实践性，创造技法的学习、运用与一般方法的学习、实践相比是很复杂的，因而创造技法的应用问题（特别是创造技法的教学）同样需要我们深入研究。

（1）创造技法的合理性

创造技法作为激发创造性思维的方法，有其理论上的合理性。从大量的创造技法论著中我们可以看到，创造技法实际上体现了心理学中所说的“元认知技能”和“思维策略”，而心理学研究表明，“元认知技能”和“思维策略”方面的知识和能力对于创新活动是极其有利的。

奥斯本的头脑风暴法主要是采用特殊的小型会议，让与会者畅所欲言，互相激发，并且禁止评价和批评，从而产生独特的创意。从心理学意义上看，这就是

① 佩克利斯. 开发人的潜力. 黄绍曾译. 北京：北京出版社，1988：235.

② 邵瑞珍. 教育心理学. 上海：上海教育出版社，1988：166-168.

③ 彼得洛夫. 智慧的探索. 乔立良，李爱萍译. 北京：生活•读书•新知三联书店，1987：5.

充分激发人们的发散思维，激活潜意识，从而有利于产生灵感和顿悟。当然，这与运用头脑风暴法的人员所具备的知识、智力、动机、情绪等状况有很大关系。

戈顿的集思法的一个重要特点就是运用“变陌生为熟悉”“变熟悉为陌生”的思考原则，“变陌生为熟悉”体现了分析的过程，这是创造的逻辑阶段。“变熟悉为陌生”就是远离思维系统的平衡态，摆脱思维定势，为获得创新性观念创造条件。

从方法论的角度审视创造技法，创造技法解释和体现了科学创新的思维规律，并运用规律促进创新性产品的产生，这本身就体现了人类能动性的最大限度的发挥。从非线性科学的角度看，创造技法体现了创新性思维的非线性特征，展现了创新性思维的逻辑性与非逻辑性、潜意识与显意识、智力与非智力辩证统一的本质特征，因而创造技法在理论上的合理性和方法论意义是不言而喻的。

（2）创造技法的本质特征

创新思维发展活动的一个最大特点是逻辑因素与非逻辑因素的统一、显意识思维与潜意识思维的交融，它是知、情、意的综合运用。由于创新的非逻辑特征，直接的、通常意义的、固定不变的创造方法实际上是不存在的。因而，创造技法仅能起到打破习惯思维束缚、激发潜意识思维、调动创新潜能的作用，其本质特征是逻辑性与非逻辑性、潜意识与显意识、智力与非智力的辩证统一，它与以逻辑程序为特征的一般方法有着本质的区别，不能将其看作一种可以按一定规范程序进行操作的方法。认清这一点对于创造技法的理论研究与应用十分重要。将创造技法与一般方法混为一谈，就会在运用时机械地生搬硬套、不得要领，不利于创新思维的激发。

但是，从潜意识思维的内部规律分析我们可以看到，通过一定的方式，调控潜意识思维是可以实现的。①这种调控的方式和原理正是激发创新的良好策略的体现，因而可以作为创造技法的重要来源。在潜意识调控策略研究基础上探索出的创造技法，是具有方法论意义的。因而，完全否认创新活动中的方法研究，完全不承认创造技法的方法论价值也同样是不可取的。由此可见，创造技法是方法与思想的交融、情感和智慧的结合，是逻辑性与非逻辑性、理性与非理性、有章可循与无章可循的辩证统一。

（四）创造技法研究与应用的现状

目前学术界对创造学没有统一的界定。有学者将创造心理学、创造技法和创

① 李小平. 潜意识思维的内部规律与调控初探. 湖北大学学报（哲学社会科学版），1994（4）：107-110.

造社会学列为创造学的三大重要组成部分①，但实际上，现在人们所说的创造学通常是指创造技法理论，这是创造学的核心。从历史看，以创造技法为核心的创造学在20世纪三四十年代就已经形成自身的学术体系，其主要代表人物是奥斯本、戈顿等，代表著作有奥斯本的《思考的方法》等。20世纪50年代以后，创造心理学的理论体系开始建立，代表人物有吉尔福特等。20世纪70年代以后，创造力的社会因素受到广泛关注，创造社会学也发展起来。从现状看，创造心理学已发展成为一个独立的、丰富的学术体系，进展很快，也备受学术界关注，创造社会学随着创造活动社会性因素的增加也发展很快，唯独创立较早的创造技法体系似乎进展不尽如人意。当然，一个可喜的进展就是，人们已普遍认识到创新性的技能是可以培养的。

（1）创造技法研究的现状

目前创造技法的研究主要集中在三个方面：创造技法的开发、创造技法的应用、创造技法的理论研究。

第一，创造技法的开发有两个主要方向：一是着眼于组织形式（或小环境）去激发创造力，头脑风暴法就是一个典型的例子，它主要通过一定的组织形式营造良好的环境，以激发人的潜意识；二是着眼于创新性思维的方式，如等价变换法、检核目录法等，主要通过思维形式的改进、扩充来激发新观念的产生。在创造技法开发方面，最有价值的研究就是把创造技法与学生创新性学习结合起来。人们已探索出这样的学习模式，如生成性学习模式强调，学生自己创造的算法或加工结构比别人设定的算法或策略更为有效，探索帮助学生发现或创造出他们自己启发创新力的方法的途径是非常重要的。②

第二，在创造技法的应用方面，主要运用创造技法进行创新技能的训练，如开设创造技法课、开展创造发明实践活动等。目前，在美国、日本等国家的企业界和大学里，创造技法的教学和训练经久不衰。在我国，随着创造教育的兴起，创造技法的应用也受到普遍重视。

第三，创造技法的理论研究是创造技法研究的一个薄弱环节，也是创造技法研究进展缓慢的主要原因。由于创造技法基本上是从大量的创造活动和管理活动实践中总结出来的，因而其理论研究相对滞后。一般来说，创造技法的心理学基础是其最重要的理论基础，但目前的创造技法研究中，两者是基本分离的。尽管一般的创造学著作要讲到创造心理和创造技法，但创造心理和创造技法两者没有

---

① 胡义成. 当代国外创造技法研究情况综述. 国外社会科学，1986（8）：36-39，50.

② 辛涛. 创造力开发研究的历史演进与未来走向. 清华大学教育研究，2000（1）：58-62.

相互融入，创造技法的机制没有得以深入探究。而创造技法的哲学基础，特别是创造技法的合理性问题，一直没有被创造学领域重视，这就必然导致“有没有创造技法”“创造技法可不可以传授”等问题的争论。近几年已有学者开始从哲学的角度来探讨创造技法的方法论意义①，这是一个可喜的开端，但总体来说，这方面的研究还是十分薄弱的，需要学术界更加重视。

（2）我国创造技法研究中存在的问题

从创造技法研究的现状看，我国创造技法的理论研究和实际应用目前还存在以下几个普遍问题。

1）创造技法的基本理论体系和内容基本上引自国外，对于中国传统文化中蕴含的创造学思想没有深入地挖掘。中国有着悠久的科技发明创造和文学艺术创造历史，其中不乏丰富的创造技法的思想资源。只有深入挖掘这些创造文化资源，才能不断丰富创造学的理论体系，总结出有中国特色的创造技法。

2）正如以上所提到的，在创造技法研究中，经验性的总结过多，理论性的论证不足，没有充分吸取现代心理学及相关学科的最新研究成果，导致创造技法的理论性缺乏，这也极大地影响了创造技法的教学和训练。

3）关于创造技法的专门教学问题缺乏科学的研究，创造技法被当成了一般的知识和方法进行传授，没有针对性。创造技法的功能远远不限于知识层面，创造技法的教学要想取得良好的效果，就需要运用特别的教学策略和方法，而我国教育界在这些教学理论研究上还相对缺乏。

由于创造技法的理论属性、基本标准在学术界还是一个十分模糊的问题，因而，什么样的技法才称得上是创造技法还没有一个统一、明确的规定。在众多创造技法中，有许多创造技法有着包含关系，有的是重复的，只是表述的形式不同而已。对此，有学者对名目繁多的创造技法进行了整理分类。日本通用电气协会在其编写的《实用创造性开发技法》一书中将真正有代表性的创造技法 29 种分为六大类：自由联想法、强调联系法、设问法、分析法、类比法和其他方法；我国学术界有人将创造技法分为三大类：提出问题的方法、解决问题的方法、程式化方法；还有学者将创造技法分为联想系列创造技法、类比系列创造技法、组合系列创造技法、臻美系列创造技法；其他的分类方法还有逻辑的创造技法、亚逻辑的创造技法、非逻辑的创造技法；另有创造意识培养技法、综合集中创造技法、扩散发现技法等分法。

---

① 罗玲玲. 创造技法的方法内涵和方法论意义. 自然辩证法研究，1998（7）：32-36.

创造技法是人们在创新实践中总结出的启发创新的途径、手段和方法。笔者认为，尽管创造技法的分类在创造学研究中是必不可少的，各种分类因分类标准的不同而各有差异，但是这不是最重要的。研究和应用创造技法的关键是挖掘创造技法的方法内涵、探讨创造技法的作用原理，从而让创造技法在应用中获得更好的效果。为此，本章就几种有代表性的、较为经典的创造技法进行深入、系统的分析，使读者能领悟创造技法的精髓，掌握其真谛，进而在创新实践中能很好地利用这些技法取得创新性成果。

二、头脑风暴法

头脑风暴法是最早被明确提出的创造技法，在创造技法中也最具代表性。其特点是组织一些具有一定专业背景的各类人员，以特殊的方式召开专门的会议，通过贯彻若干基本原则和特殊的规定，造成一种特别的环境，使与会者之间相互激发，造成思想共振，以激发与会者的潜意识，使之产生更多的新思维、新设想。

（一）头脑风暴法的实施方法

头脑风暴法实际上是关于如何召开特殊会议从而产生新思想的方法。它的基本内容包括会议的准备、会议的主题、会议的组织形式、会议所要遵循的基本原则、会议结果的整理等。

（1）会议的准备

第一，确定会议主题、时间、地点。头脑风暴法的会议主题要明确，一般适于解决单一性较强的具体问题，一次会议只解决一个问题。因而，对于涉及面广、涉及因素较多的复杂问题不要一次提出，应进行分解或划分层次，从中选择一个较为具体的问题作为会议主题，以使目标明确，并易于获得方向一致的众多设想。会议主题一般宜选择与实际生活需要有关的问题，这样做是为了使与会者对所讨论的问题感兴趣，避免对问题漠不关心而破坏热烈讨论的气氛。会议主题要提前告诉与会者，以使他们事先有所准备。会议的时间通常以 1 小时为限，半小时至 1 小时为宜。这是通过大量实践总结出的最佳时间段，即在这样一段时间里，思维的效果是最佳的，无限拖延时间并不利于问题的解决。但这个时间划分也因会议主题、人员状况、条件而定。日本著名创造学家恩田彰等认为，就日本人的体力计算，会议时间最长不超过 20 分钟，如果边喝咖啡边讨论或边吃饭边讨论的话，那就可以在 1 小时左右。[①]会议的地点应选择安静且不受外界干扰的场所，并最好切断与外界的通信联系。

第二，确定会议人选。会议一般挑选 5—10 人参加。人数过多会增加问题理解的分歧，导致思维目标分散、激励效果降低，同时也无法保证与会者充分发表意见；人数过少则会造成知识面过于狭窄，不足以提供解决问题的知识资源，难以形成不同专业知识的互补，从而大大降低新思想产生的概率，甚至造成冷场而达不到智力激发的效果。与会者要有丰富的实践经验和较全面的知识结构，每个人的专业结构要互补，不要局限于同一专业。与会者中最好有几个思想活跃、善于抛砖引玉的人。其中，主持人 1 名，主持人要对会议主题有正确的导向和统筹能力，必须头脑清醒，思路敏捷，作风民主，循循善诱。另设记录员 1 名，记录员要作风踏实、办事认真负责，客观完整地记录会议上提出的新观点和新设想。在确定人选时还要注意，所选人员必须对会议主题有相当的兴趣，最好会议主题与他们密切相关，是他们迫切想要解决的现实问题。大量实践证明，在参加会议的人员中，最好有一个或多个人急切地希望解决这个问题，并且这一点在与会者心中引起共鸣，这个问题成为大家共同关心的问题，大家在这个问题上成为志同道合的人。只有这样，会议才能取得良好的效果。这也是头脑风暴法会议不要求与会者“多多益善”的一个重要原因。

第三，进行会前热身活动。为了使会议取得良好效果，在进入问题的实质性讨论之前，与会者应进行充分的准备，以使讨论时集中精力，进入角色。具体方式可采取介绍一些相关的背景知识、看一段有关创造发明的录像、讲解一个创造发明的案例、对要讨论的主题提出一些示范和提示等，这样就能营造一个良好的会议氛围，使大家进入创造性思考的临战状态。

（2）会议的进行方式

头脑风暴法会议一定要营造自由讨论、相互激发的氛围，其进行程序并不是一成不变的，可根据问题性质和客观实践条件灵活进行。但通常有以下几个步骤。

1）由主持人说明意图，引发讨论。主持人首先说明会议目的、要解决什么问题，对问题进行简要的审视分析，努力使与会者明确所要解决的问题，使大家在对问题的准确理解上达到统一。

能否调动大家的讨论热情、启动智力激发的“发动机”，是头脑风暴法会议成功的关键。为此，主持人必须遵循简明扼要、鼓励启发的原则。主持人要以最

---

① 恩田彰，野村健二. 开发你的创造性：把隐藏着的能力开发出来的方法. 俞宜国，俞宙译. 北京：春秋出版社，1989：24-25.

小信息量向与会者提出问题，不要过多地介绍背景材料和提出自己的设想，因为这样会干扰与会者的思维，形成先入为主式的条条框框，束缚与会者的思路。主持人只需对问题做深入浅出、抛砖引玉式的简要解释。

另外，主持人要以有利于激发大家兴趣、开拓大家思路的方式介绍问题。这就要求主持人在介绍问题时不要加太多的限定。例如，针对一种革新加压工具的问题，如果叙述成"请大家考虑一种机械加压工具的设计构思"，就不如叙述成"请大家考虑一种加压工具的设计构思"，因为加上"机械"会将大家的思路局限于机械技术领域，而后一种叙述就可使大家考虑气压、液压、电磁加压等技术的应用。

大家对于问题有了明确的理解和充分想象的积极性以后，会议就应转入自由发言阶段。

2）自由发言。这是头脑风暴法会议的主要环节和实质性阶段。在这一阶段，要使与会者的思维自由驰骋，使其保持高昂的情绪，冲破常规性思维方式的束缚和心理障碍，借助他人的思维和观念相互激发，在知识互补和联想共振的基础上，使思维闪现创造的灵光。

主持人在这一阶段要注意调动和保持与会者的思维活跃状态，努力维持高度激励、充分自由的会议氛围，随时进行积极有效的调控。主持人原则上不提出自己的新设想，但应提出一些诱导性意见，其重点应是调动每个与会者的参与意识和积极性。

这一阶段要强调的关键问题是发言必须遵循以下四个基本原则。

一是自由畅想原则。要让与会者敞开思想，不受任何传统思维方式和逻辑的约束，抛开各种准则和条条框框，无拘无束，畅所欲言。提出的设想力求新、奇、异，不必顾虑其是否"离经叛道"或"荒唐可笑"。

二是延迟评判原则，即对于会上所提出的设想严禁自我和他人的评判，因为过早的评判会阻碍新观念的产生。尤其要强调的是，与会者要努力克服自我判断和自我否定的心理趋向，以联想为主，通过心理暗示将联想和评价分离。

三是以数量求质量原则。创造性结论的获得是一个逐渐逼近的过程，需要足够数量的观点作为基础。最初的设想往往不尽如人意，但只要不断涌现新观念，就能一步一步地趋向最佳方案。有研究者统计，一批设想中，其后半部分的价值比前半部分要高出70%以上。①

四是综合改善原则。要求发言者紧扣主题，充分利用别人的设想进行综合、

① 鲁克成，罗庆生. 创造学教程. 2版. 北京：中国建材工业出版社，1998：135.

改进，从而产生新的设想。只有紧扣主题、综合别人的设想，才能真正做到智力的相互激发，取长补短，形成一种新观念发展的“马拉松”，不断逼近创造性的观点。

3）记录与加工整理。记录员要将所有发言者提出的观点如实、准确地纪录下来。会议结束后，由主持人组织专人对各种设想进行整理分类，并进行初步的加工和提炼。

4）追踪补充设想。在头脑风暴法会议的第二天，主持人或其他人员应以电话或面谈的方式征求与会者会后产生的新思想，因为经过一天的休息，与会者很可能产生新的观念和想法，有些事后的设想是很有价值的。

5）评价与分析。这一阶段应组织有关人员（如设想的提出者、相关的专业人员、与问题解决有密切关系的人员等），对会议所提出的各种设想进行严格的分析和论证，从中产生正确可行的创新性观念或问题的解决方案。这一阶段的工作原则与自由发言阶段是完全不同的。如果说自由发言阶段是以发散思维为主、力求调动非逻辑思维的话，评价与分析阶段则以收敛思维为主，强调思维的逻辑性和严密性。这个阶段要制定一些标准，如制定关于可行性、简单性、效益性、等方面的具体指标，对会议提出的设想逐一进行推敲斟酌和分析比较，对原方案进行充分的优化和组合。

（二）头脑风暴法的基本原理

头脑风暴法之所以在实践应用中取得良好的效果，是因为这种方法有着充分的心理学依据，符合创造的心理机制。下面我们简要地分析这种方法的基本原理，因为只有真正掌握头脑风暴法的基本原理和内在依据，才能在实际应用中灵活地运用，并取得良好的效果；否则，就只会机械地运用，难以达到理想的效果。头脑风暴法的基本原理集中体现为以下五个方面。

（1）符合发散思维的产生机制

创造心理学研究表明，发散思维也就是发散式的信息加工是创新思维的核心。头脑风暴法不论从人员选择、组织形式还是发言原则方面来讲，都是促进发散思维的，因而，它为创新性观念的获得打开了新的信息资源的宝库。

头脑风暴法选择一些不同专业背景的人员，这就保证了与会者能够拥有进行发散思维的信息和知识环境，即从不同的学科、以不同的视角、按不同的思维方式思考问题；自由畅想原则为思考者去除了惯性思维的枷锁，为发散思维的展开创造了心理条件；延迟评判原则、以数量求质量原则等都为发散思维创造了良好的整体思维环境。头脑风暴法会议的程序也符合创造过程的从发散到收敛、发散与收敛相统一的基本规律。

（2）有利于激发潜意识

发散思维是创新思维的核心，这是从思维的形式或信息加工的方式上来说的。发散思维的效果如何，还取决于个体潜意识的充分调动。头脑风暴法是一种极其有利于激发个体潜意识的方法。

有研究表明，潜意识思维并不是完全不能调控的，通过一定的外部环境和人为的方式是可以做到间接地调控潜意识的。头脑风暴法为间接地调控潜意识思维、加快创新思想的形成提供了可能。显意识中过分强烈的逻辑思维会压制潜意识思维；种类各异的知识结构能增加潜意识中的信息量（即“思想元素”），从而产生更多有用的组合；轻松、自由的心境有利于潜意识中的观念（特别是创造性观念）向显意识转换，从而出现顿悟。因而，头脑风暴法会议中禁止逻辑性评判，使与会者能够无所顾忌地设想等，是激发潜意识的良好方法。

（3）营造创造的心理环境

罗杰斯等认为，“心理安全”和“心理自由”是创造性思维的重要心理环境。建立一种没有任何外部评价的气氛是心理安全的重要条件，同时心理自由正需要“自由地想和自由地感觉”①。

创新思维的一个重要心理障碍就是心理上的不安全（即害怕失败、怕担风险和怕受嘲笑），以及心理的不自由（即因长期受习惯性思维影响而形成的逻辑的心智枷锁）。头脑风暴法中的延迟评判原则和自由畅想原则正是为创造这种心理自由和心理安全的心理环境提供了保障。

（4）将联想和评价分开

将联想与评价分开，是奥斯本创造技法思想的一个重要内容。创新活动的一个本质特征就是逻辑与非逻辑的统一。联想与评价分别体现了非逻辑与逻辑的思维方式，它们是辩证统一体，互相否定、相互排斥，同时又互相依存、互相补充，统一于创造这一过程之中。联想是创新思维的重要方式，但联想所获得的观念往往不是很严密，经不起逻辑的检验。如果在联想的同时伴随着评价，则会大大抑制联想的进行。将联想与评价分开，在观念的产生阶段“严禁评价”，让思维自由驰骋，在完成联想任务后再进行评价，正是抓住了创造的内在契机，最大限度地调动了思考者的积极性，进一步优化了创造的效果。

---

① 卡尔·罗杰斯，洪丕熙. 走向创造力的理论. 外国教育资料，1984（3）：21-28.

（5）发挥群体效应

以集体的方式进行思考是头脑风暴法的一个重要特色，也是奥斯本创造学思想的独创之处。传统的创造学研究将创新力局限于个人的范围，而以群体讨论、互相激励的方式促进创新性思想的产生，是奥斯本以前的创造学研究所没有的，也是创新力开发的一种重要途径。现代心理学研究表明，创新力不仅仅是单纯的个人因素和智力因素，它也包含社会性因素，创新力是一种认知、人格和社会层面的综合体。在现代社会，创新力变得更具合作性，个人的创新成果往往需要他人的启发、合作和支持。①

头脑风暴法以集体的方式促进思考，正符合创新力发展的社会性规律。集体思考的效果并不是个人效果的简单累加，而是一种有思维质的跃进的整体效果。头脑风暴法所营造的特有的创新环境，如丰富的知识专业环境、自由轻松的心理氛围、互相激发和竞争的意识等，都是个人思考所无法比拟的。

（三）头脑风暴法所遵循的原则分析

头脑风暴法会议所遵循的原则是该创造技法的精髓，在创造学研究领域具有里程碑的作用。这些原则的本质就是要人为地消除大脑神经元之间的抑制作用，促进潜意识的显现，从而产生新观念。但是，运用这些原则的效果如何，还取决于个体自身和外界条件方面的许多复杂因素。因而，对这些原则进行深入分析是在创新实践中灵活运用技法的关键。头脑风暴法的会议原则能够充分激发潜意识思维、促进发散性思维的进行，从而有利于产生创新性观念。但是，这些原则也不是绝对的教条，在运用该技法时，我们应辩证地对待这些原则。

（1）自由畅想原则

自由畅想原则是为了使人冲破精神枷锁，产生新异想法而不顾及逻辑审视，这在讨论之始是有必要的。但是，一味地追求新异也是有违创造规律的。恩田彰等认为，自由畅想原则仅在集体思考的初期才可以使用，之后必须逐渐限制乃至不用这种技巧。否则，与会者仅以新异的想法吓人一跳为乐趣，为此而想出一些粗俗、低级、无聊的主意来，会导致与会者不认真地思考和回答问题。在这个意义上，自由畅想是有害的。因此，必须进行引导，把与会者的兴趣从为表面的新鲜有趣所吸引逐渐地转向追求本来的目的，引导与会者面对问题本身，掌握问题的核心，聚焦解决问题的办法。只有这样，与会者才能认真地、全身心地把注意力和热情倾注于要解决的问题上。一旦达到这种水平，与会者就会变成一有与问

① 武欣，张厚粲. 创造力研究的新进展. 北京师范大学学报（社会科学版），1997（1）：13-18.

题本质无关的低级无聊的主意想出来，便会因其妨碍思考的进程而愤慨。只有在温暖、轻松、严肃的气氛中，真正强大的创新力才会成长起来。[①]为了营造这样的气氛，必须特别注意两点：一是要使与会者认识到，不是有趣奇特的东西就可以被称为“主意”，主意必须是现实的、认真的，提出主意的目的是解决问题；二是提出来谋求解决的问题必须是迫切需要解决的问题。

其实，创造技法运用的效果如何不仅取决于技法本身，更取决于运用者对问题的责任意识和动机。同时，对创新本质的理解也是运用技法的前提：创新的本质就是新颖性和富有价值，两者缺一不可。如果忽视创新的价值成分，加上缺乏解决问题的责任意识，就只会哗众取宠。可见，运用自由畅想原则的前提是能够把握创新的本质，并具有较强的动机和责任心。

（2）延迟评判原则

延迟评判原则（或严禁批评原则）对不同的对象，其效果也是不一样的。延迟评判（或严禁批评）是为了不造成对新观念的压制、解除与会者的心理顾虑，因而，如果成员之间彼此心灵相通，只要不造成这种心理上的压抑，一定的建设性评判反而有助于创新性思考。建设性评判之所以是必要的，有两个原因：首先，消除肤浅的、与问题无关而仅仅是追求哗众取宠的观点，保证思考沿着有效的轨道进行；其次，善意的、建设性评判引起被批评者的反驳和深思，反而会刺激其思考，起到良好的启发思维的作用。当然，这必须建立在成员间彼此信任的基础之上。

（3）以数量求质量原则

这条原则的本意并不是要一味强调数量，强调数量只是手段，它的目的也是要消除抑制。因为当脑子中“想产生新观念”的意识太强时，反而会抑制思考，即所谓的“欲速则不达”。因此，在运用此原则时，鼓励大家尽可能多而广地提出设想，以大量的设想来保证获得交稿质量设想的概率。但是不必过分强调和刻意追求数量。许多实验表明，数量产生质量的观念是不适当的。日本创造学家恩田彰等[②]的研究也证明了这一点。数量不必然地产生质量，关键就在于以什么方式追求数量。在运用这条原则时，一定要避免“意识过剩”，即过分刻意地追求新观念数量的增加。

---

① 恩田彰，野村健二. 开发你的创造性：把隐藏着的能力开发出来的方法. 俞宜国，俞宙译. 北京：春秋出版社，1989：24-25.

② 恩田彰，野村健二. 开发你的创造性：把隐藏着的能力开发出来的方法. 俞宜国，俞宙译. 北京：春秋出版社，1989：40-41.

（4）综合改善原则

这条原则就是要与会者紧扣主题，充分利用别人的观点进行综合改善。如果没有这一原则，前三个原则很可能导致一些支离破碎的观念群，无法提高创新的效益。这一原则在创造学研究领域受到一致认同和较高评价。但是，要真正落实这一原则也是很困难的。综合的效果如何，与个体的分析能力有密切关系。如果个体的分析能力较低，综合就只能是表层综合，不会产生新颖的观念，恩田彰将这样的综合称为“非分割综合”，也就是对用来综合的观念没有进行深入分析、抽象和进一步转换，只是表面和初步的综合，这样的综合只具有初步的创造性。因而，综合只有以分析为媒介，才能使观念得到质的飞跃。

（四）头脑风暴法的应用形式

通过以上分析我们可以看到，头脑风暴法的应用效果实际上受很多因素的影响，具体应用方式也很灵活。因此，不同的人在不同的环境下对头脑风暴法的运用方式也很不同。研究者在创新性活动的实践中，依照头脑风暴法的基本原理，总结了许多有特色的创造技法。

（1）默写式头脑风暴法

默写式头脑风暴法是由德国人根据头脑风暴法的基本原理，结合本国人性格特点而创造的一种创造技法。该技法的最大特点是以书面发言代替口头发言。默写式头脑风暴法规定会议由 6 人参加，每人用书面形式提出 3 个设想，要在 5 分钟内完成，故也称为 635 法。交流的方式主要是在 5 分钟内写完卡片后就传给他人，他人在第二个 5 分钟里参照传递者的设想再写上 3 个设想，然后传给下一个，如此反复。

（2）CBS 法

这是日本人总结的方法。该技法综合了书面语言表达和口头语言表达的优点，具体做法是给与会者（5—8 人为宜）每人发 50 张空白卡片，在前 10 分钟让每个人在卡片上填好设想，每张卡片填一个设想，填的卡片越多越好。接下来的 30 分钟，由与会者轮流宣读卡片，每次一张。宣读时，卡片放于桌子中央，让大家能够看见。在他人发言时，其他与会者可边看边听边修改自己的设想。余下的 30 分钟，与会者根据桌上的设想进行交流、讨论。

（3）NBS 法

这是日本放送协会（NHK）改进了的 CBS 法。它的前一阶段与 CBS 法近似，只是在与会者（5—8 人为宜）发言全部结束后，集中所有卡片，按内容进行分类，横排在桌上，并在分类卡片上加上标题，然后再进行更有条理的讨论。这种方法比 CBS 法更具条理性。

（五）头脑风暴法的应用实例

（1）清除电话线冰凌树挂的设想

1952 年，美国北部某地遭遇暴风雪，1000 千米的电话线因冰凌树挂而导致通信中断。有关方面立即召开智慧讨论会，用头脑风暴法来解决这一问题。会上，专家畅所欲言，提出了许多设想。如有人提议沿线加置耗电且成本很高的线路加温装置以消融积雪，这是常规的想法；有人则提议安装振荡器，抖掉线路上的积雪；有人幽默地说，最简便的莫过于用大扫帚沿线清扫一回；有人接着他的想法继续，那除非把上帝雇来才能办到……这些怪念头和俏皮话激发了另外一个与会者的思想火花：啊哈！上帝拖着扫帚来回跑，真妙！我们开一架直升机不就行了吗？果然，直升机的速度和风力以及热量足以吹掉线路上的积雪。这个主意被采纳，并证明是切实可行的。

用直升机的气流清扫线路非常简便、易行、经济、高效，同时又是富有创造性的设想。这一设想的提出经历了从无逻辑甚至荒唐的联想到严密、现实的论证的过程，这一设想的获得需要自由畅想、无所顾忌的氛围，也需要相当数量观念的互相激发。在这次会议上，这种设想是第 36 个被提出的设想，但是如果没有前面 35 个想法（哪怕是错误的想法）相互激发、碰撞的基础，或在提出第 25 个、第 35 个设想时结束会议，这个设想就难以被提出的。

（2）创意游戏：如何砸开核桃

老师组织一些学生构成一个小组，由老师主持会议。

老师提出问题："如何砸核桃，要求多、快、好，请大家发言。"下面是会议讨论的过程。

甲：平时在家里用牙磕，用手或榔头砸，用钳子夹，用门掩。

老师：几个核桃用这些方法可以，但核桃多怎么办？

乙：应该把核桃分类，各类核桃分别放在压力机上压。

丙：可以把核桃粘上粉末一类的东西，使它们成为一般大的圆球，在压力机上压，用不着分类。（发展了上一个概念）

丁：最后使粘上的粉末带磁性，在压力机上压后，由于磁场作用核桃壳自动脱掉，只剩下核桃仁。（发展了上一概念，并运用了物理效应）

老师：很好！大家再想想，用什么样的力才能把核桃砸开？用什么方法才能得到这些力？

甲：可以用某种东西冲击核桃，或者相反，用核桃冲击某种东西。（使用逆向思维）

乙：核桃壳很硬，应先使它们软化或变脆。经过冷冻就可以变脆。（思维发散到另一方向）

丁：鸟儿吃核桃，用嘴啄不开，就飞得高高的，把核桃扔在硬地上摔脆。（思维发散到另一方向）

丙：可以将核桃放在水容器里，借助水力将核桃冲开。

老师：是否可以用反向思路解决问题？

丁：可以将核桃钻个小孔，往里面打气加压。（反向思考）

戊：可以将核桃放在高压室里，然后使室内压力锐减，这样压力差就会使核桃破裂，因为核桃内压力不可能一下减少。（发展了上一概念）

结果：仅 10 分钟的时间，就收到了许多有创意的观念，提供了不少有益的启示。

三、集思法

集思法（也称综摄法或举隅法）是由美国著名创造学家戈顿所创立的。集思法与头脑风暴法在形式上有共同的地方，如都是以集体讨论的形式进行、都是发挥集体的力量集思广益等。集思法的独特之处是在方法上集中运用隐喻、类比等机制，变熟悉为陌生，从而跳出习惯的思维圈子，使思维产生创新性的火花。

（一）集思法的一般步骤

（1）确定人选

集思法小组人选的确定尤其讲究，它要求将具有与问题解决相关的知识和技术的人集中起来，例如美术家、技师、设计师、科学家、心理学家、工艺家、音乐家、作家等，并且在要求智能素质的同时，还要求小组成员具备良好的情绪素质。小组人数与头脑风暴法相同，但主持人的职责与工作方式有所不同。事前只有主持人知道要处理的问题，而且主持人在小组成员开始涉及所要解决的问题的核心之前，绝不把这个问题告诉任何人。①

---

① 恩田彰，野村健二. 开发你的创造性：把隐藏着的能力开发出来的方法. 俞宜国，俞宙译. 北京：春秋出版社，1989：73

（2）会议时间

与头脑风暴法不同，集思法会议要求时间不少于 3 小时，时间不论多长都无妨。讨论时间之所以长，基于两个原因：一是疲劳有助于消除那些妨碍创新性思考的因素，例如紧张、恐怖等；二是肤浅得仅仅是出于记忆的主意出完之后，真正的创新性主意才会出现。这种讨论十分劳累，因而不宜连续举行，每周举行不得超过两次。①

（3）抽出本质，提出问题

集思法会议在提出课题时与头脑风暴法也大不相同。在提出问题时，力求将问题抽象化，只揭示本质。例如，开发新的玩具的问题，其本质是娱乐问题，因而就仅提出“娱乐”这一主题。同样，发明新的开罐头器这一问题的本质是“打开”，存车的新方法问题的本质是“储存”，防止地基下沉问题的本质是“固定”。

例如，对于“割草机的设计”这一问题，在向小组提出问题时，可采用以下方式。首先是要把握住割草机的本质是“分离”，然后可以提示：我们是在讨论把坚硬的东西切断为两个的方法。这些东西长度全部不相同，譬如在三英寸到五英寸之间，我们要把它们切成一英寸长。其次是对物质特性做出提示：我们要处置的物质是一种纤维质的细长的东西，它有点像纸，一端已经牢牢地固定在一定的地方，这些细长的东西或者水平地，或者倾斜地、密集地附着于比较平坦的面上（逐步地提高具体化的程度）。

（4）变陌生为熟悉

这一阶段主要是为了了解问题。了解问题就是将陌生的问题变为熟悉的问题，这是进行思考的第一步。具体做法是：首先借助分析方法弄清问题的细节和主要方面，然后与熟悉的事物进行比较，使陌生的东西变为熟悉的东西。

这一过程的思考以逻辑的分析和比较为主，但是分析、比较的目的是了解问题，为提出创新性观念打下基础，不能将分析和比较问题的细节当作目的而沉湎于这种逻辑思考之中。重要的是在熟悉问题的基础上能以全新的方式思考问题。这就需要变熟悉为陌生。

（5）变熟悉为陌生

这一步是集思法最重要的一步，是创新性观念获得的关键，也是戈顿创造技法思想的重要创新之处。所谓对事物的熟悉，在很大程度上表示我们已赋予该事

---

① 恩田彰，野村健二. 开发你的创造性：把隐藏着的能力开发出来的方法. 俞宜国，俞宙译. 北京：春秋出版社，1989：73.

物定论，我们很容易以惯常的、固有的方式对待它。因而，为了取得新观念，就必须跳出固有思维的圈子，变熟悉为陌生，即改变、逆转或转换通常那种给世人以可靠、熟悉感觉的观察问题和回答问题的方式。变熟悉为陌生实际上就是有意识地设法实现对已有世界、人、思想、感觉和事物新的思考。这种陌生并不是“无知”的陌生，而是在熟悉基础上的陌生。变熟悉为陌生，用戈顿的话说就是“形成熟悉的陌生”（making the familiar strange）。

集思法规定了四种变熟悉为陌生的类比方法：亲身类比、直接类比、符号类比（象征类比）、幻想类比。戈顿认为，这些类比都具有隐喻的性质。所谓隐喻，就是把某事物比拟成和它有相似关系的另一种事物。隐喻包括象征、移情等类型，其中移情是指思考的主体设身处地地为思考对象考虑，把自己想象成为思考对象。例如在思考阀门的问题时，将自己想象成一个阀门，并赋予阀门“想要”做什么的能力：如果我是阀门，我会怎样？这种情景就是一种移情。

亲身类比就是将自己设想成问题的要素，使个人不再按照先前分析要素的观点考虑问题。例如，化学家将自己与化学反应中的分子等同起来，他想象自己是一个分子，如何借助分子力产生排斥和吸引。这样他思考问题的角度就完全变了，他会以陌生的、全新的思考方式进行思考。

直接类比就是对类似的事实、知识或技术进行实际比较。例如，传说中鲁班发明锯子就是利用了直接类比：他由于手被树叶划破，因而观察到带齿的树叶具有锯物体的功能，于是通过直接类比，将铁片制成齿形，发明了锯子。

符号类比就是借助形象或象征符号来描述、比喻问题。例如，唐代书法家张旭从公孙大娘的健美的舞姿中得到启发，创造了他的草书艺术，这就是将舞姿喻为书法的象征性类比。再如，画家毕加索用鸽子象征和平，就是一种象征性类比。

幻想类比指借助幻想来比喻技术中的问题，从而利用想象力拓宽思路，找到解决技术问题的新途径。例如，为了设计自动开关的电风扇，人们想到天方夜谭中的拍拍手就能开门的情节，由此得到启示运用声电变换装置使电风扇自动开关。

在进行类比时，应尽量少考虑或不考虑任何想法在技术原理上是否可行，是否符合常规。这是由于人们往往在掌握科技发展规律的同时也被规律束缚，思想也变得不能容忍非常规的东西。类比有助于人们突破常规束缚，把表面上不相关的东西联系起来。

（二）集思法的心理机制

（1）创新的机制是构筑新的组合

日本创造学家大鹿让认为：所谓创新，是将看起来毫无关系的事物组成新的结构，创造出具有更出色功能的事物。也就是说，创新并不是从无到有，而是将已知事物进行新的组合。①用认知心理学的语言来说就是，利用认知结构中遥远的观念之间的关系创造一个新的事物，事先并不知道认知结构中哪些命题是相关的，也不清楚转换的规则。②

关于这一点，彭加勒以自己的创新实践证明了这一点。他通过发明富克斯函数的心理过程和大量创新实践研究进一步认识到，创新发明有两个基本过程，一是构建新的组合，二是对这些新组合进行识别和选择。数学创造实际上是什么呢？它并不在于用已知的数学实体做出新的组合。任何人都会做这种组合，但这样做出的组合在数量上是无限的，它们中的大多数完全没有用处。创新恰恰在于不做无用的组合，而做有用的、为数极少的组合。发明就是识别、选择。③

（2）情感因素的运用

按照戈顿的理论，集思法建立在以下五个基本假设的基础上：①每个人都存在潜在的创造力；②通过人的创造现象（包括科学和艺术）可以描述出共同的心理过程；③在创造的过程中，感情的非合理因素比理智的、合理因素更为重要；④这种心理过程能用适当的方法加以训练、控制；⑤集体经历的创造过程可以模拟个人的过程。这些假设有充分的心理学依据和创造实践的基础。自弗洛伊德建立潜意识理论，许多心理学家认识到潜意识过程是创新的根本环节。如何调控潜意识、激发潜意识思维是创新的关键。集思法注重感情的、非合理因素的运用，即假设，应用隐喻的思考技巧，这是调动潜意识思维的一个重要方面。

彭加勒认为，数学创造在很大程度上取决于一种情感，这就是数学家的美感。他认为：关于数学证明，它似乎只能使理智感兴趣，当我们看到它也乞求于情感时，可能感到奇怪；数和性的和谐感、几何学的雅致感，这是一切数学家都知道的真实的审美感，它的确属于情感；正是这种特殊的审美感，起着“筛选”作用，它帮助我们选择那些有创造意义的组合，这样的组合恰恰是最美的组合，它依赖我们的美感去感受。缺乏这种审美感的人成不了真正的创造者。④

（3）变熟悉为陌生

创新是构建新的组合，而新组合的产生一定不能是“非分割”的简单的合成，它不仅要求对事物进行严密逻辑的分析，更要求对事物进行超出常规和合理

---

① 转引自德波诺，帕内斯，恩田彰，等. 创造学研究. 许立言，张福奎编. 上海：上海科学普及出版社，1987：3.

② 邵瑞珍. 教育心理学. 上海：上海教育出版社，1988：52.

③ 彭加勒. 科学的价值. 李醒民译. 北京：光明日报出版社，1988：377.

④ 彭加勒. 科学的价值. 李醒民译. 北京：光明日报出版社，1988：383-384.

性的联想，即在逻辑分析、变陌生为熟悉的基础上，使事物由熟悉变为陌生。从这一角度看，创新的心理过程就是一个由陌生变熟悉和由熟悉变陌生的无限反复的过程。这个过程的前半部分历来被人们注重，后半部分却常常被人们忽略。

集思法提出的具体方法、途径，特别是通过隐喻性的类比方法变熟悉为陌生，即用与以往不同的角度来观察事物，找出事物新的性质、功能、结构，正是体现了这种创新的心理过程。以上介绍过的亲身类比、直接类比、符号类比和幻想类比，它们都有一个共同的特征，就是将没有逻辑上的因果关系，甚至显然没有任何联系的现象结合在一起。隐喻的形成使人们对微不足道的相似性产生认同，并忽视占主导地位的不同点，需要淡化惯常的、熟悉的、完全认可的认知结构。这对创新性活动极为重要：按照系统自组织理论的研究成果，隐喻的形成使得思维系统打破了原有认知结构的稳定和平衡，使思维构成一个开放的、远离平衡态的自组织系统，这就为创新思维的发生奠定了基础。按认知心理学的观点，隐喻使得认知结构中相距遥远的观念之间产生了连接，从而能产生创新性观念。因而，变熟悉为陌生是创新活动的基本心理机制和重要的方法论原则。

（4）类比的心理水平

戈顿认为，可以从包含多种水平（从人人都明白的水平到一般有才智的人都能理解的水平，到只有专家才能理解的水平）的等级上运用类比。①这些类比是恰当地引导比较的联想，较低等级的类比是将两个事物表面的、直观的特征进行比较和联想。例如，马的括约肌解剖图与自动闭合、自动清洁的售货机之间的联系。应用这种类比机制不要求有关于马肠子末端的专门生理学知识。从表面感觉来看，这个简单的括约肌解剖图所起的作用是足够的。

较高等级的类比机制是从高深的纯理论知识中产生出来的。戈顿经过 17 年的集思法研究注意到，直接类比的最丰富的源泉是生物学。这是因为生物学的语言没有神秘化的术语，而且生物学的组织方面能够引出把原形转化为严格的定量问题的类比。

虽然这些机制在原理上是简单的，但它们的应用却不简单，其要求有很大的能力输出。事实上，集思法在任何方面都不能使创新性活动更容易，它只是为人们提供了一种能更努力地进行工作的方法。戈顿在试验中发现，每当集思法会议结束时，就会看到与会者很疲劳。这种疲劳几乎不是由于集中精力专心致志地进行构造机制，更多的是由于讨论中所必需的情绪波动。仅仅串联在一起的类比是

① 威廉·戈顿. 综摄法：创造性思考的方法. 林康义，王海山，唐永强，等译. 北京：现代管理学院，1986：52-53.

非生产性的。参加集思法会议的人必须在心里记住要了解的问题，这样他们才能辨别问题的那些机制。一方面形成明显无关的类比，另一方面要把这种类比与问题的要素进行对比，思想在这两个方面之间进行游走是相当困难的。能够学会（或早已知道）对可变因素的巨大变化感兴趣而没有感到慌乱的人，在创新性环境下往往更有效率，所花的代价是体力上的消耗。

（三）集思法的应用实例

戈顿所领导的研究小组从 1944 年开始着力于研究创造的心理过程，他们既注重发明者实际的发明工作，也让发明者清醒地认识自己的心理过程，并密切观察发明者创新时的心理过程。以下是他们在研究中运用集思法进行发明创新的几个实例。①

（1）亲身类比的例子：恒速机的设计

集思法小组一直在着手解决发明一种新型实用的恒速机构问题：怎样以 400—4000 转/分的转速驱动传动轴，以便使驱动轴末端的动力输出总是以 400 转/分的速度旋转。

开始，小组在分析技术要素中急于找答案。可以想象，这些“急促做出的答案”无非采取齿轮、转轮、圆锥体或液压离合器等形式。以前许多有才能的工程师企图解决这种恒速问题，结果表明，除非获得一个全新的观点，否则就没有多大希望获得完美的答案。将这种熟悉的问题变为陌生的心理机制的是亲身类比：在黑板上画一个草图来描述带有输入轴和输出轴的箱子，输入轴标着“400—4000”，输出轴标着“恒速 400”。小组的成员依次以亲身类比的手法“进入”箱子，试图在没有工具的情况下设法用他自己的身体来获得所要求的恒速。下面列出的是这次会议记录摘要：

A：让我待在这个讨厌的箱子里，我一只手抓住输入轴，另一只手抓住输出轴。当判定输入轴转得太快时，我就让输入轴空转，以便维持输出轴的恒速。

B：但是你怎样知道实际转速？

A：我看手表并计数。

C：你在箱子里感觉如何？

A：我的手热得难以抓住……我猜测至少一只手难以抓住旋转轴……也就是，那只手的行为就像一只打滑的离合器……

---

① 威廉·戈顿. 综摄法：创造性思考的方法. 林康义，王海山，唐永强，等译. 北京：现代管理学院，1986：35-54

C：B，如果你进入箱子会怎样？

B：我看到我在箱子里，但由于我没有任何东西来测量每分钟的转数和时间，所以我无法做任何事情……我猜测我与 A 的处境是相同的。

C：D，你呢？

D：我在箱子里设法变成一个调速器……构成一个反馈系统……让我们来想想。如果我用手抓住输出轴……假定在输入轴上有一块金属板，这样我的脚就可以压住输入轴。我的脚放在金属板的边缘上……我确实希望随着输入轴转数的增加，我的脚会愈来愈小，因为那时摩擦力将会减小，为了我的可爱的生命我会牢牢抓住输出轴，这样输出轴的速度或许会保持恒定……输入轴转得愈快，我的脚就变得愈小，这样驱动力就会保持相同。

C：你怎样使脚变小？

A：这种提问题的方法不确切……较好的说法是："怎样使摩擦力保持不变？"

E：如果由于某种原因——某种非牛顿力学的原因，随着输入轴速度的增大，你的脚在金属板上靠得就愈紧，这时就会减小扭转力矩……这意味着你可以使作用在输出轴上的合力恒定。

C：我没法求得"反牛顿"的东西……我正在这里和离心力进行斗争。

E：反牛顿液体怎样？……是靠近旋转中心的液体而不是离开旋转中心的液体？

B：你将得到一种抗重力的机器。

E：好。

A：愈来愈紧地靠到旋转轴上的最合适的东西是末端具有重量的绳子……绳子系在杆上。你把绳子绕到杆上，使它变得愈来愈短……直到把绳子全部绕完。

E：由许多绳子组成液体怎么样……弹性流体更好一些……请注意听！可以想象这种流体是由无数根橡胶条所组成。旋转轴转得愈快，橡胶条在轴上绕得就愈多。

C：你将不得不使这些橡胶条一直似固定又非固定……似断开又非断开，你能做到吗？

E：大概可以……大概可以……这绝不是胡扯……

B：你知道我喜欢以这种怪诞的方式思考问题吗？可以安装调速器，这与现有的机制相矛盾。它们带有流速计和轴表……这个该死的反牛顿液体会告诉自己什么时候不要紧张。

小组的一名成员建立了关于这个原理的模型。但这种模型是无效的。该模型适用于传感装置，但不适用于动力传输装置。所以，该成员又建立了一个液体恒速装置的机械模拟模型。这个模型确切地证明这个原理，而且可以认为该模型是有效的、经济的。

（2）直接类比的例子：自动售货机的发明

集思法小组面临过发明一种从胶水到铁钉抛光剂的各种产品都能够使用的自动售货机的课题。这种自动售货机不同于每次使用时都要打开盖子并复原的售货机。这样的技术要求意味着：售货机的出货口必须设计成发货时张开，用完后闭合。小组成员致力于以新的方式思考这个问题。用于解决这个问题的机制之一就是直接类比。小组成员相互提问：自然界中有哪些活动像问题所要求的售货机那种运行方式？

A：蚌从它的外壳中伸出头……又缩回去紧紧关上外壳。

B：是这样，但蚌壳是一种皮骨骼的昆虫，蚌的实际部分，即蚌的实际组织是在内部。

C：那有什么不同呢？

A：噢，蚌的头不能清扫自己……它刚好把自己拉进保护壳中。

D：关于我们的问题还有什么别的类比吗？

E：人的嘴如何？

B：人的嘴分送什么？

E：吐痰……嘴任何时候都可以吐出它想……哦，哦。实际上它也不是自我清扫……你知道它是把吐出的东西滴在下巴上。

A：能不能把嘴训练成不把东西滴到下巴上呢？

E：可以，但如果人的嘴不能通过人的自身系统中的各种反馈使其保持干净……那么，他的嘴就是作为垃圾箱而被创造出来的……

D：我小时候是在农庄里长大的。我过去常常驾驭由两匹马拉着的指南车。当马便粪时，首先它的外面……我猜测你称为排便的肛门就会张开。然后，肛门括约肌就会扩张，便出马粪球。之后，肛门又重新闭合。整个过程干净利落。

E：如果马腹泻将会怎样？

D：当它们吃的谷物太多时就会发生这种情况……但马会在很短的瞬间收缩肛门……在瞬间挤出液体……然后外口又把所有的东西包裹住。

B：你描述的是一种塑形运动。

D：我推测可以用塑料材料来模拟马的臂部。

后来，从事自动售货机研究的集思法小组制造了一种几乎和上述类比所描述完全一样的新产品。小组成员中知识背景的差异为成功地运用直接类比的机制奠定了坚实的基础。

（3）符号类比的例子：千斤顶的发明

有人向集思法小组提出这样一个问题：如何发明这样一种千斤顶机构，它能被安装在不到4英寸×4英寸×4英寸的箱子里，顶杆能伸出升高3尺，顶起4吨重物，其用途是向上移动像房屋和装载货车货物一样的物品？那时，通常的做法是利用机械的或水力的顶起机构（小得足以安装在合适的孔洞内）进行一步一步的位移。这种受顶杆的长度来限制运动的千斤顶能够逐步增加它的载荷能力，然后用逐步增大的单个千斤顶来代替它。很明显，做这种工作要求一个单元机构而不是组合机构。在这种情况下，集思法小组应用符号类比，以新的方式来考察千斤顶：

A：……以某种病毒繁殖作为动力源的生物千斤顶怎么样？你往培养基中加一点“粮食”，病毒就会繁殖，占有更大的空间，这样就提供了一种动源。

B：我认为这些动物实体在生态环境达到每平方英寸2磅之后将会停止增长。

A：是的。我猜测你的看法是正确的……如果不是这样，它至少不是别的齿轮机构。

C：我不知道这个问题的关键是能量还是手段？

D：它不可能是能量，因为你总可以通过电机的挠性轴驱动它。你不必把电机安装在这里……所利用的恰恰是这种挠性轴。

E：你可以使用缓慢燃烧的粉末，当给它加氧时就可以获得能量。

B：但怎样安装现有的能够传输动力的机械运动部件呢？

A：这种令人讨厌的谜就像印第安人的绳技一样！让委托人去印第安人那请求工作。

C：印第安人的绳子拿给大家看。整个魔术是他怎样使绳子变硬，这样他就可以靠它爬上去。

C：我喜欢印第安人这种绳技的思维方式……我们怎样才能建立一个强有力的印第安人绳技……强得足以举起许多吨？

E：并非开玩笑……你可以利用水力学原理做到这一点。

B：怎样才能做到？

E：这是很明显的。准备一根刚好折成4英寸长的橡胶管……然后在高压作用下把水或油注入橡胶管中……

B：橡胶管会产生剧烈的振动。

E：在橡胶管内安装一个伸缩轴……实际上伸缩轴应当是一种可伸缩的东

西，用泵压它就上升，哈！这意味着它是极好的机制部件……和密封装置……但橡胶管有什么缺点吗？

A：不知怎么地，如果这种东西是用好钢制的，我就感到比较安全……如果为了我的生命，我不得不依靠它……

B：你可以给橡胶加筋……但这样一来，橡胶立刻就成了绉纱状的……它没有获得印第安人绳技概念的雅致……在某些地方我们就失去了它。

C：钢怎样才能进来软，出来硬？

B：测量用的钢尺就是这样。它伸出来时几乎不发生弯曲，其强度足可以使你把它从壳体的滑道拉出……然后又可以把它卷进壳体。

E：但你不能用它举起任何东西……它会损坏。

B：把两个钢尺背对背放在一起，这样就能相互加强……在壳里它们分开，出来时联到一起，这样它们就成了一个整体。

A：你知道自行车链子只能在一个方向上弯曲。它们在另一个方向上垂直对折。如果两条自行车链子安装在一个机壳里，设计成这样一种东西，当链子从壳里出来时，两条链子耦合在一起，这样就有了你所需要的刚性，而且也可以迅速地把它们紧紧地卷在一起。

E：我喜欢这种东西……我真的喜欢这种东西，但使我焦虑的是这两个链条怎样联到一起……这种东西是刚性的……这恰好表明它们不能联到一起。

C：我敢断定，如果在端部把它们接在一起，就可以使它们固定在一块……这就是把它们联接起来的方法。

根据印第安人结绳记事的符号类比构造了模型。它确实在开会中起了描述的作用。例如：麦克斯韦（J. C. Maxwell）创造了表示每个问题要素的思维图式——没有文字的符号，它们是一种专用的图画。高尔顿说："如果我不能连续地摆脱文字束缚，我还不能完全相信我能承担问题。"①麦克斯韦和高尔顿都用了符号类比的机制来摆脱熟悉的、过分合理化的、陶醉于文字的思考问题方式。

（4）幻想类比的例子：宇航服的气密封口设计

集思法不但承认弗洛伊德关于艺术创造的愿望满足理论，而且把它转用到技术发明上。例如，当所面临的问题是发明一种用于宇航服的气密封口时，用某些集思法处理问题时要提出疑问："在我们最狂热的幻想中希望气密封口如何运转？"

G：就这样。现在我们所需要的是用一种疯狂的方式去看这个混乱的问题。一种真正疯狂的观点……伴随着一种观点就会出现一种全新的机会！

---

① 鲁克成，罗庆生. 创造学教程. 2版. 北京：中国建材工业出版社，1998：96.

T：我们想象你们可能要求宇航服是封闭的……愿望会使它达到你所要求的那样。(幻想类比机制)

G："愿望会使它成为封闭的……"

F：好。愿望满足。童年的梦……你们希望它是封闭的，为你尽力的、看不见的微生物把手伸过空隙，把它拉紧……

B：拉链是一种机械虫子（直接类比机制)。但不是空气密封……也不太坚固……

G：我们如何构造一种"会使它密封的"心理学模型？

R：你在谈论什么？

B：他指出，如果我们想出在真实模型中怎样才能"使它一定密封"，那么，我们……

R：花两天时间用来随意提出一种工作模式——你嘲弄谈论童年的梦！制一张列有密封东西的各种方法的表。

F：我憎恨这种表，它使我追溯到我的童年卖东西。

R：F，我们有时间时，我可以了解你的间接方法，但现在这个不可逾越的界限……你仍然在谈论愿望满足。

G：天下所有懊丧的解法都已被这种不可逾越的界限合理化。

T：可以训练昆虫吗？

B：你指的是训练昆虫有规律地关闭和展开吗？1—2—3展开！嘿！1—2—3关闭！

F：有两种昆虫，其中有一种是闭合物的，它的每一边为了闭合，都要钩住触角……或指状物……或瓜……然后，关闭物闭合成为密封的……

G：我觉得好像是一海岸巡逻虫（亲身类比机制)。

D：不要介意，继续讲下去……

G：你知道这个故事……冬天最厉害的风暴——触礁的船……不能使用救生艇……一些性急的勇士用牙齿咬着铁索游出去……

B：我明白你的意思。你要一只在罩子上跑上跑下的虫子，它操纵着小小的门闩……

G：我正在寻找一个恶魔为我做闭合工作。当决意要把它闭合时（幻想类比机制)，赶快！就把它闭合了！

B：找到这种昆虫——它能为你做这种闭合工作！

R：如果利用蜘蛛……它能吐丝……把它缝合起来（直接类比)。

T：蜘蛛吐丝……把它给跳蚤……罩上有一些小孔……跳蚤从小孔跑进跑

出，从而把小孔封闭……

G：好。但这些昆虫只能发射很低量级的能量……当军队试验这种东西时，他们将用 150 磅的拉力把老虎钳的前唇拉开 1 英寸宽……为了……你的这些昆虫将不得不在它们的后面拉钢丝……他们不得不用钢丝缝合钢（符号类比机制）。

B：我能够找到做这种工作的方法。以昆虫在孔上拉丝结网为例……你可以用机械的方法来实现……同样，昆虫也可以像这样进入孔内……像缠绕弹簧一样绕着整个孔道前进直到形成那个倒霉的封闭物……绕，绕，绕……嗬！废物！花了几个小时！拧断了你的倒霉的手臂！

G：不要放弃，或许还有别的用钢来缠绕的方法……

B：听……我有另外一种类型的缠绕图……在你的那种弹簧中……取其中的两条……假如有一个像这样……强制缠绕通道向上的一个大魔鬼……

R：我明白他指的是什么……

B：如果那种皮状的魔鬼是金属线，我就把它伸向上方，如果抓住了金属线的一端，就可以把全部东西聚拢在一起……把弹簧拉在一起关闭出口……恰好把金属线推向上方……推——它会把橡胶的凸出部分拉在一起……把弹簧嵌入橡胶中……此时你就得到了用钢制品缝合的东西（图 8-1）。

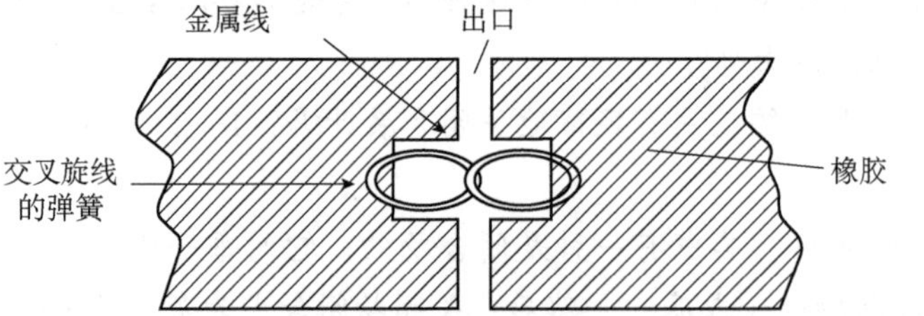

图 8-1　横剖面示意图

（5）灵活屋顶的发明

集思法小组曾设法解决发明一种比传统的屋顶更灵活耐用的新型屋顶问题，对问题的分析表明，一种在夏天呈白色、在秋天呈黑色的屋顶可能有经济效益：白色屋顶在夏天可以反射太阳光线，这样就可以降低空调的成本；黑色屋顶在冬天能够吸热，这样就可以把取暖的成本减至最低限度。下面是关于这个问题的集思法会议的一部分对话：

A：在自然界中什么东西是变色的？

B：黄鼠狼——在冬天是白色，在夏天是棕色——伪装。

C：是对，但黄鼠狼在夏天必须脱掉白毛才能长出棕色的毛来……不能一年换掉两个屋顶。

E：非但如此，黄鼠狼的脱毛也并非自发的，而且黄鼠狼一年只变两次颜色……我认为我们的屋顶应当利用太阳的热来改变颜色……在春天和秋天里也能改变颜色。

B：好变色的蜥蜴怎样？

D：这是一个很好的例子，因为它在没有脱皮或脱毛的情况下能使其颜色变来变去。

E：变色蜥蜴怎样变色？

A：……比目鱼也一定以这种方式改变颜色。

E：什么？

A：嘿！如果比目鱼躺在白色沙子上，它就变成白色，如果它在黑色的沙地……泥地上岸，它就变成黑色。

D：你是正确的，我碰巧见过种情况！但不知它是如何变色的？

B：色素细胞。我不能肯定它是自发的还是非自发的……等一等，它既带一点自发的特性，又带有一点非自发的特性。

D：它是怎样起作用的？我还没有弄明白。

B：你想得到详细的说明吗？

E：是的，教授，请继续讲下去。

B：好，我来给你详细分析一下。我认为，比目鱼的颜色从暗到亮又从亮到暗的变化不应说成是“颜色”的变化，因为，虽然比目鱼有一点褐色的黄色，但……无论如何也没有蓝色或红色，这种变化部分是自发的，部分是非自发的，是一种自动与环境条件相适应的反射作用。这种转换的工作原理是：在它真皮的最深层是黑色素。当黑色素靠近表皮的表面时，比目鱼就为黑点所覆盖，这样看起来就好像是黑色……这就像一幅印象主义的画一样，在画的整个轮廓上轻轻涂上一点颜料，就显现出总的画面。只有当你靠近时才能看得见那一点点轻涂的颜料。当黑色素退回到色素细胞的底部时，此时，比目鱼就呈现出白色……你还想了解一下细胞生发层和鸟嘌呤吗？与此相比，没有什么东西会使我产生更大的兴趣了……

C：你知道，我有一种很笨的想法。我们整个逆转比目鱼的类比，把它用于屋顶问题上……我们制成一种黑色的屋面材料，只是在这黑色材料中埋有微小的白色小球。当太阳出来屋顶变热时，小白球按博伊尔定律膨胀，露出黑色盖屋顶材料的载色剂。现在屋顶是白色的，按照赛厄拉特的说法也就是印象主义上的白色。这恰好是按照英国方式反转了比目鱼的变色机制。比目鱼是色素细胞着黑色部分达到皮肤表面吗？对。对于我们的屋顶来说，当屋顶变热时将是着白色的塑料达到表面。考虑这个问题有许多方式。

由B所传授的动物学知识并不是天真或幼稚的。与分解括约肌类比相对照，比目鱼类比是以技术洞察力为后盾的，没有这种技术洞察力就不可能有新观点。

四、检核目录法[①]

提问能促使人们进行思考和创造，提一系列问题更能激发人们的思维热情和创新才能。大量的思考和有序的检核，使人们可能产生新的设想和新的创意。根据这种机理和事实，人们总结概括出检核目录法创造技法。

提出问题是发明创新的第一步，但大多数人并不善于提出问题。而源于创造学中多向思维原理的检核目录法，可使人们根据检核项目，逐个方面提问，逐个思路想问题。这样，不仅有利于人们较系统和较周密地想问题，也有利于人们较深入和较细致地提出更多的创新性设想。

检核目录法几乎适用于一切领域里的创新活动，因此，在创新工程中享有“创造技法之母”的美称。目前，创造学家已经创立了多种各具特色的检核目录法，例如5W2H检核目录法、人才管理检核目录法、经营决策检核目录法、青少年创造力开发检核目录法等，尽管它们用途不同、形式也不同，但它们都是以奥斯本检核目录法为蓝本的。

（一）《新创意检核用表》

（1）主要内容

奥斯本在其著作《发挥创造力》一书中，介绍了许多新颖别致的创意技巧，其中一些成为后来创造技法的基础。比如，美国创造工程研究所就是从这本书中选择出75个激励思维的思考角度，分成9个方面，编制出《新创意检核用表》，以此作为提示人们进行创造性设想的工具。这种建立在奥期本检核目录法的9个方面的提问如下：①能否他用。在此方面还可深入提问：现有的事物有无其他用途？保持原样不变能否扩大用途？②能否借用。在此方面还可深入提问：现有的事物能否借用别的经验？能否模仿加紧的东西？过去有无类似发明创造？现有的发明成果能否引入其他创造性设想中？③能否改变。在此方面还可深入提问：现有的事物能否做某些改变？比如意义、颜色、声音、味道、形状、式样、花色、品种等能否改变？改变后的效果如何？④能否扩大。在此方面还可深入提问：现有的事物能否扩大应用范围？能否增加使用功能？能否添加零部件？高度、强

---

① 鲁克成，罗庆生. 创造学教程. 2版. 北京：中国建材工业出版社，1998：143-151.

度、寿命、价值等能否扩大或增加？⑤能否缩小。在此方面还可深入提问：现有的事物能否减少、缩小或省略某些部分和东西？能否浓缩化？能否微型化？短一点行否？轻一点行否？压缩、分割、简略行否？⑥能否代用。在此方面还可以深入提问：现有的事物能否用其他材料、其他元件、其他原理、其他方法、其他结构、其他工艺、其他动力、其他设备来代替？⑦能否调整。在此方面还可深入提问：现有的事物能否调整已知布局？能否调整既定程序？能否调整日程计划？能否调整规格型号？能否调整因果关系？⑧能否颠倒。在此方面还可深入提问：现有的事物能否从相反方向进行考虑？能否位置颠倒？能否作用颠倒？能否上下颠倒？能否正反颠倒？⑨能否组合。在此方面还可深入提问：现有的事物能否组合？能否原理组合？能否方案组合？能否材料组合？能否部件组合？能否形状组合？能否功能组合？

在发明创新过程中，人们以检核目录法进行逐项思考，就会引导创新思维有序迸发，从而提出新的创意或设想。

（2）应用举例：开发新型保温瓶的设想

我们以开发新型保温瓶为目标，运用奥斯本检核目录法进行创造性设想的构思，其结果如表 8-1 所示。

表 8-1 新型保温瓶的创造性设想构思

序号	检核项目	新设想	
		名称	设想概述
1	能否他用	保健型理疗瓶	利用保温瓶的热气对人进行理疗
2	能否借用	电热式保温瓶	借用电热壶原理制造电加热保温瓶
3	能否改变	个性化保温瓶	按消费者心理需要和个性特点制作
4	能否扩大	大瓶盖保温瓶	扩大盖容量，分两层，上层装茶叶
5	能否缩小	小型化保温瓶	按使用需要开发多形状保温瓶
6	能否代用	不锈钢保温瓶	用不锈钢代玻璃，使瓶胆一体化
7	能否调整	新潮流保温瓶	调整形状结构和比例，使造型多样化
8	能否颠倒	倒置式保温瓶	用旋转支架使瓶倒转，向下倒水
9	能否组合	多功能保温瓶	与空气净化器组合，具有多功能

（3）检核目录法对创新的作用机理

检核目录法之所以具有较强的启发创新思维的功能，主要原因如下。

1）检核思考是一种强制性思考。它有利于突破一些人不愿提问或不善提问的心理障碍。提问，尤其是提出有创见的新问题，本身就是一种创新。比起海阔天空的随机遐想，运用检核目录法顺藤摸瓜式自问自答时，人们提出创新性设想的方向性更强、目的性更明、成功性更大。

2）检核思考是一种多向发散的思考。广思以后再进行深思和精思，这是创新思维的思考规律。由于心理习惯使然，人们通常很难对同一问题从不同方向和角度去思考，这就给广思造成障碍。运用检核目录法可以在一定程度上帮助人们进行有效的广思，因为检核目录法的设计特点就是多向思维，它用多条提示引导人们去发散思考，使人们的思维角度和思维目标更丰富。

3）检核思考提供了创新活动最基本的思路。发明创新的思路固然很多，但也有其基本规律、基本思路可循。采用检核目录法，可以使创新者尽快集中精力，朝着提示的目的和方向去构思、去创造。

（4）运用要点

检核目录虽然作用很大，但也有一定的局限性。比如，它较为强调对创造发明主体心理素质的改变，而较为忽视对创新发明对象客观规律的认识。因此，在运用检核目录法进行发明创新时还需注意以下两点。

1）加强对检核对象的分析。对发明创新对象进行细致周密的分析，是检核目录法能以创新的基础。使用该技法解决复杂技术问题时，它仅能提供大概的思路，还必须与创新对象的具体情况和技术方法相结合，才能完成有实际价值的发明。比如，用检核目录法进行老产品改进设计或新产品开发设计时，就应认真分析产品的功能特点、技术含量和价格情况。对产品现状和发展趋势了如指掌，避免闭门造车式的检核思考。

2）注意对检核思考的要求。检核思考是运用检核目录法的核心。在检核思考时要注意三个要点：一是将每条检核项目视为单独的一种技法，例如“能否他用”可被视为“用途扩展法”，“能否颠倒”可被视为“逆反思考法”，并按照创新性思考方式进行广思、深思和精思；二是结合其他创造技法共同运用，例如“能否改变”一项，可结合“缺点列举法”先找出应克服的缺点，再结合“特性列举法”将缺点按特性进行分解，然后思考如何加以改变；三是对设想必须进行可行性检验，应从技术先进性、经济合理性、市场竞争性等方面进行综合评价，尽可能检核思考出有实用价值的创新性设想。

（二）其他检核目录法

（1）5W1H 法

此法由美国陆军首创，通过连续提 6 个问题，构成设想方案的制约条件，设法满足这些条件，便可获得创造方案。目前，5W1H 法已广泛用于改进工作、改善管理、技术开发、价值分析等方面。实施程序如下：一是对某种现行的方法或现有的产品，从 6 个角度进行检查提问，即为什么（Why）、做什么（What）、何人（Who）、何时（When）、何地（Where）、如何（How）；二是将发现的疑点、难点列出；三是讨论分析，寻找改进措施。

如果现行的方法或产品经此检查基本满意，则认为该方法或产品可取；若有其中某些点的答复有问题，则就在这些方面加以改进；要是某方面有独到的优点，则应借此扩大产品的效用。

5W1H 法视问题的性质不同，设问检查的内容也不同。例如：①为什么：为什么发光？为什么漆成红色？为什么要做成这个形状？为什么不用机械代替人力？为什么产品制造的环节这么多？为什么要这么做？②做什么：条件是什么？目的是什么？重点是什么？功能是什么？规范是什么？要素是什么？③何人：谁来办合适？谁能做？谁不宜加入？谁是顾客？谁支持？谁来决策？忽略了谁？④何时：何时完成？何时安装？何时销售？何时最切时宜？需要几天为合适？⑤何地：何地最适宜种植？何处做才最经济？从何处去买？卖到什么地方？安装在哪里最恰当？何地有资源？⑥如何：怎样做最省力？怎样做最快？怎样效率最高？怎样改进？怎样避免失败？怎样求发展？怎样扩大销路？怎样改善外观？怎样方便使用？

在 5W1H 法的基础上加上多少（How many），就变为 5W2H 法，这时候还要考虑多少的问题：功能如何？效果如何？利弊如何？安全性如何？销售额如何？成本多少？

（2）人才管理检核目录法

人尽其才是用人之要则，国外现代人事管理研究者拟定 13 条检查之：①此人对现在的工作熟悉否？②是否因工作熟练而产生了惰性，听不进建议？③能否再给他增加点工作？④高一级职务的人能否兼任他的工作？⑤低一级职务的人能否兼任他的工作？⑥他有什么专长，都发挥了吗？这项工作对他本人的专长是否有发展？⑦他对自己的工作满意否？还想做什么？⑧比他学历低的人能否胜任此工作？⑨这项工作是否经过短期培训就能掌握？⑩他与上下级同事的关系好吗？⑪他是否使工作复杂化了，浪费了精力？⑫他是否因循守旧不愿意与别人交流？⑬他是否尽力简化自己的工作来完成任务？

我国学者结合我国实际情况，又增加了 10 条：①他有无业余爱好，并形成专长，但没有得到发挥？②他同上级的关系如何？有否因上级压制而感到有力使不出？③他在业余从事兼职有偿的社会劳动（但未影响本职工作），领导上干预吗？④如果他确有某种专长，但不与本职工作对口，在他本人申请专业对口时，是否认为他在闹个人情绪？⑤本单位积压着不少人才，又不使用，其他单位前来借用，他乐意支援时，是否认为他想“吃里扒外”？⑥这个单位鼓励技术革新，还是害怕技术革新革掉笨重劳动能获得的较高奖金？对喜欢搞技术革新的人，领导是否感兴趣？⑦这个单位是否鼓励“冒尖”，业务上的尖子有光荣感，还是孤立感？⑧他喜欢业务学习科学文化知识，单位领导对他表示支持，还是不闻不问？⑨这个单位的年轻同志能进入领导班子或担当学术带头人吗？⑩这个单位有无派系斗争，令人厌烦？

（3）经营管理检核目录法

一是阿诺德提问法。这是美国麻省理工学院独创，用于工业技术与管理革新的检核表。增加功能，使之用途更广。①提高性能，使事物变得更完善、更正确、更直接、更完全、更便利，使工作效率更高或产品更便于使用、保养、维修。②降低成本，简化结构，改用廉价材料，简化制造方法，减少中间运输贮存环节，实行零部件标准化和生产自动化。③增加服务面，从管理、服务、设计、计划、制造等环节考虑，增加产品或劳动的服务范围、内容，提高吸引力和销售额。

二是通用汽车公司的检核表。美国通用汽车公司的职工都持有为开发创造力而用的检核表，其内容包括：①为了提高工作效率，不能利用其他合适的机械吗？②现在使用的设备有无改进的余地？③改变滑板、传送装置等搬运设备的位置或顺序，能否改善操作？④为了同时进行各种操作，不能利用某些特殊的工具或夹具吗？⑤改变操作顺序能否提高零部件的质量？⑥能用更便宜的材料代替目前的材料吗？⑦改变一下材料切削方法，不能更经济地利用材料吗？⑧不能让操作更安全吗？⑨不能除掉无用的形式吗？⑩现在的操作不能更简化吗？

（4）青少年创造力开发检核目录法

我国创造学者结合青少年儿童的特点，并在上海市静安区和田路小学试验后提出了“创造十二技法”。①加一加：可在这件东西上添加什么吗？需要加上更多的时间或次数吗？把它加高一些、加厚一些，行不行？把它与其他东西组合在一起，会有什么结果？②减一减：可在这件东西上减去些什么吗？可以减少时间或次数吗？把它降低一些、减轻一些，行不行？可省略、取消些什么吗？③扩一扩：使这件东西放大、扩展，会怎么样？④缩一缩：使这件东西压缩、缩小，会怎么样？⑤变一变：改变一下形状、颜色、音响、气味、味道，会怎么样？改变一下次序又会怎样？⑥改一改：它在使用时是否给人带来不便和麻烦？有解决这些问题的办法吗？⑦联一联：某个事物（某件东西或事情）的结果，跟其他的起因有什么联系？能从中找到解决问题的办法吗？把某些东西或事情联系起来，能帮助我们达到什么目的吗？⑧学一学：有什么事情可以让自己模仿、学习一下吗？模仿它的形状、结构，会有什么结果？学习它的原理、技术，又会有什么结果？⑨代一代：有什么东西能代替另一样东西？如用别的材料、零件、方法等，代替另一种材料、零件、方法等，行不行？⑩搬一搬：把这件东西搬到别的地方，还能有别的用处吗？这个想法、道理、技术，搬到别的地方，也能用得上吗？⑪反一反：如果把一件东西、一个事物的正反、上下、左右、前后、横竖、里外颠倒一下，会有什么结果？⑫定一定：为了解决某个问题或改进某件东西，为了提高学习、工作效率和防止可能发生的事故或疏漏，需要规定些什么吗？

五、其他创造技法

（一）信息交合法①

（1）技法内涵

信息交合法为我国创造学研究者许国泰所创，是一种立体的、动态的、多维的系统构思法。这种方法在他所著的《产品构思畅想曲》一书中有较详细的介绍。许国泰这种利用信息反应场的创造技法对产品的开发有重要作用，是中华文化沃土中孕育出的瑰宝，是一种有效技法。

信息交合法俗称“魔球法”。这个魔球可定义为：一个由多维信息标组成的全方位信息反应场。例如，曲别针的用途有哪些？一般人能够根据自己的实用经验说出几种乃至几十种，其用途不外乎勾、挂、别、联……魔球法却能突破这种格局，能创新性地讲出曲别针的千万种用途，其思维技巧是利用信息标和信息反应场。先把曲别针总体信息分解成材质、重量、体积、长度、截面、颜色、弹性、硬度、起码边、曲弧 10 个要素，把这些要素用直线连成信息标的 X 轴，然后，再把与曲别针有关的人类实践（各种实践活动）进行要素分解，连成信息标 Y 轴，两轴垂直相交，构成信息反应场，将一个轴上各点的信息依次与另一轴各点的信息相交合，这时思维的奇迹倏然产生了。

比如拿 X 轴上“弧”的要素与 Y 轴上的“字母”标相交合，曲别针就可弯成 a、b、d 等，又如 Y 轴上的“电标”与 X 轴上的“磁标”、X 轴上“直边”或

① 王惠中，顾国强，黄维珩. 实用创造力开发教程. 上海：同济大学出版社，1998：168-172.

“曲弧”要素相交会，曲别针就可用作导线或线圈，Y轴上的“磁标”与X轴上的“直线”要素相交合曲别针可做成指南针。

这种方法借助坐标系作为反应场，不但使人的思维在信息变幻莫测的交合中变得更富有发散性，而且使人的发散思维能按一定的顺序推进并在一定控制、测评下展开。

(2)应用举例：瓷杯的革新

下面以瓷杯的革新为例介绍魔球法的构思奇妙之处。首先把瓷杯分解为功能、材料、形态结构三因素并用三维坐标系表示，然后对每一因素进行分解将所得的要素（即信息因素）标注在相应的坐标轴上（图 8-2）。

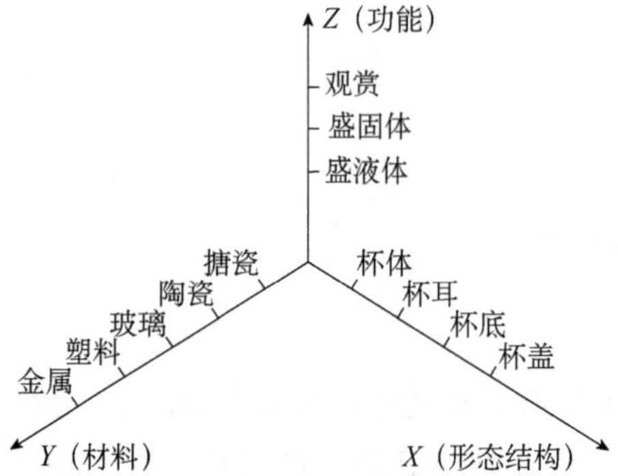

图 8-2　杯子的分解

对每一个坐标上的要素还可分解为更小的信息因子，如将图 8-2 的X轴上的“杯盖”再仔细分解可得图 8-3 所示的信息标。

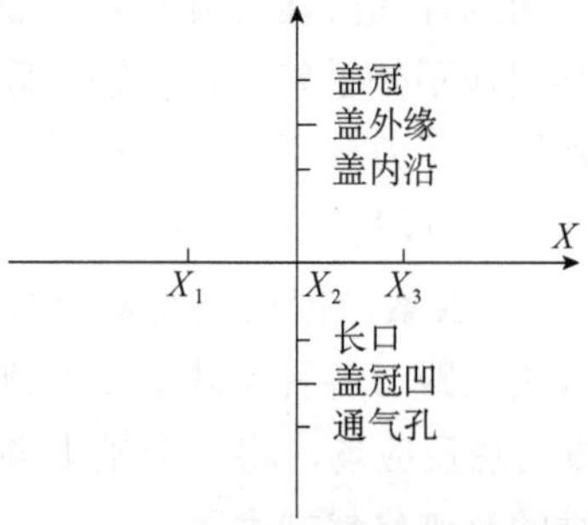

图 8-3　杯盖细分信息标俯视图

在分解过程中应充分发挥发散思维的作用，要特别重视信息因子的深度、广度、精度和密度，争取做到巨细不遗，这与一个人知识面和信息展开能力呈正相关。为了进行系统构思，可将上述三维坐标空间作为“母体”信息场，然后引进各种学科信息作为“父体”进行信息动态交合，从而像“魔球”一样展现出无穷无尽的新构想。

例如，引进各种学科信息与母体信息“杂交”，可做出一整套茶杯新系列，如从历史角度可在杯体上绘历史年代表，从地理角度可绘中国地图、各省地图、市区邮编图、铁道运营图，把其他方面知识引入信息系列绘成小学生九九歌、英文字母杯、珠算杯、太阳系杯、乐谱杯，引入空间方位“父体”则可做出指北针杯、世界时杯、函数杯、对数杯、24 节气杯等。如此可见当环绕这个魔球的人有相当的知识，并有美学方面的训练时，他就可发明可供参考的数万种新杯子系列，这种方法实际上为商品更新换代提供了无数可能性。对于复杂的系统，如大的机器、一个企业的改造则需用多个信息或使用多维坐标，延伸扩大实施大系统的分层控制。实践证明越是边缘杂交，越出奇效。

(3)应用原则

信息交合法毕竟不是玩魔球般的游戏，在实际创新应用中它也需遵循一定的原则：①整体分解原则。先把整体加以分解，分解得越细越清楚越好，并按序列出要素，各要素要注意分化，使之具有各自的相对独立性、完整性。②设想交合原则。一个轴的每一个要素逐一地与另一轴要素相交合，交合后形成的并不是“结果”，而是新的生长点，即形成创造思维的晶核。③结晶得选原则。通过对方案的筛选找出更好的方案，如果是研究新产品开发，在筛选时应注意新产品的实用性、经济性、易生产性和市场可接受性等。

与魔球法相类似的是形态分析，形态分析法是把所需要解决的问题分解成若干个彼此独立的要素，然后用网络图解方式进行排列组合以产生解决问题的系统方案，形态分析方法已广泛应用于新产品新技术的开发之中。

(二)形态分析法[①]

形态分析法（又称形态矩阵法或形态综合法）是美籍瑞士天文物理学家兹维基（F. Zwicky）在 1942 年出版的《形态天文学》中首先提出的一种创造技法。它根据研究对象系统分解与层次组合的情况，把所需要解决的问题首先分解成若干个彼此独立的要素，然后用网络图解的方式进行排列组合，以产生解决问题的系统方案或创新性设想。它被广泛应用于自然科学、社会科学以及技术预测、方案决策领域，是创新工程最为常用和最为有效的技法之一。

---

① 王惠中，顾国强，黄维珩. 使用创造力开发教程. 上海：同济大学出版社，1998：168-171.

（1）技法原理

形态分析法认为，在那些有很多不同现象交织在一起、形成错综复杂的大系统或大集合的地方，人类的思维都可以发挥巨大的能动作用，都可以根据系统论的观点和层次性的方法把大系统分解成子系统、把大层次分解成小层次，因而都可以用形态分析法来进行求解。人们可以将那些子系统或小层次按若干特性或若干标记予以分类，然后再进行技术处理。一般情况下，总系统可以分解成子系统A、B、C、D等（被称为目标标记）；而对应于每个目标标记还存在很多可能状况，称之为外延标记。将所有的目标标记和外延标记列成矩阵或画成网络，然后从该矩阵或该网络中依次从每个目标标记中选出一个外延标记，就可组合成各种状态的不同总系统（即不同的总方案）。

由于形态分析法采用图解方式，因此可以使各种方案比较直观地显示出来，有利于产生大量创新程度较高的设想。20世纪40年代初，兹维基教授在参与美国火箭开发研制时，根据当时的技术条件和物质水平，运用形态分析法，按火箭各主要部件所可能具有的各种技术方式进行组合，得到576种不同的火箭构造方案，其中许多方案对美国以后的火箭事业的发展做出了巨大贡献。特别值得指出的是，在这些方案中，已经包括当时法西斯德国制造的令英伦三岛闻之变色的V-1、V-2飞弹，而这种带脉冲式发动机的巡航导弹及其技术，是同盟国情报机关的间谍削尖脑袋、使用一切手段都没有弄到手的。

（2）运用要点

在运用形态分析法时，对于创造对象的要素既可以按材料和工艺分解，又可以按成本和周期分解，还可以按功能和技术分解，这样就扩大了可供组合并分析的余地，使发明创造有了数量和质量的保证。比如在设计一种新型包装时，如果只考虑包装材料和包装形状这两个目标标记，并暂定这两个目标标记各自对应有4个外延标记，采用图解方式进行排列组合，则可得到16种设计方案；若再加上色彩作为目标标记，也暂定其对应有4个外延标记，那么就可以得到64种组合方案（图8-4）。

形态分析法在发明创新中的求解过程常分为5个步骤，下面结合一种新的运输系统的创新设计来予以说明。

1）详细说明需要解决的设计问题。比如现在要解决的设计问题是将物品从甲地运到乙地，采用何种运输工具为好？

2）根据需要解决的设计问题，列举出主要的目标标记。比如经分析和判断，确定装载形式、输送方式和动力来源作为运输工具的设计目标标记。

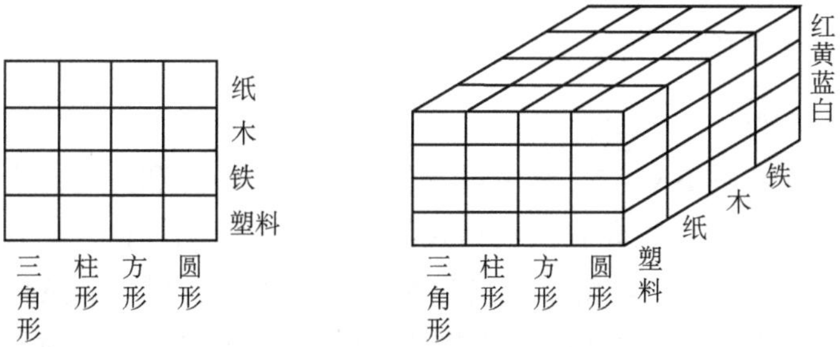

图 8-4 形态构造

3）利用智力激励法，尽可能多地列举出各种目标标记所对应的各种外延标记。比如在该设计问题中，对应装载形式有车辆式、输送带式、容器式、吊包式及其他形式；对应输送方式有水、油、气、轨道、滚筒、滑面、管道及其他形式；对应动力来源有蒸汽、压缩空气、电磁力、电动力、内燃机、原子能、蓄电瓶及其他来源等。

4）将各个外延标记分别组合成不同的方案。根据排列组合原理，可知我们的设计问题共能获得 5×8×8=320 种方案。其包括用容器装载、轨道运输、压缩空气作动力的组合方案以及用吊包装载、滑面运输、电磁力作动力的组合方案等，其中不乏创新程度较高的构想（图 8-5）。

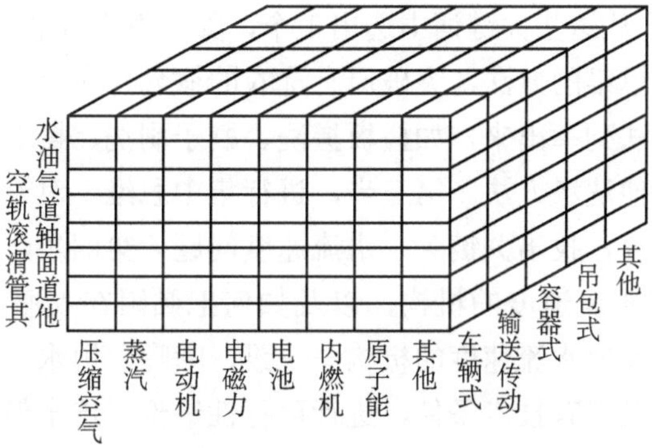

图 8-5 新运输方案构造形态图

5）参照创造对象的定性指标和定量指标，从众多组合中选择最佳设计方案。此时可借助计算机进行辅助设计，以求多快好省地完成设计任务。

在解决发明创造问题时，形态分析法可使设计人员的工作合理化、构思多样化，帮助人们从熟悉的解答要素中发现新的组合，使其避免任何先入为主的看法，也帮助人们克服挂一漏万的不足，从而推动创造活动的发展。

（三）中山正和法①

（1）技法内涵

中山正和法或称 NM 法，是由日本创造学家中山正和提出并由高桥浩改进的一种创造技法。中山正和教授根据人的高级神经活动理论，把人的记忆分为“点的记忆”“线的记忆”。由第一信号系统对具体事物形成的条件反射，称为“点的记忆”；由第二信号系统对事物的抽象化而形成的条件反射称为“线的记忆”。如果通过联想、类比等方法来搜索平时积累起来的点的记忆，再经过重新组合，把它们连接成线的记忆，这样就会涌出大量的创造性设想，做出新的发明。

（2）运用程序

中山正合法的运用程序如下：第一步，确定课题并进行“点”的记忆。例如，洗衣机的发明过程，就运用了 NM 法。采用 NM 法发明洗衣机，不是先去设想它的具体结构，而是先抽象化，找出能反映洗衣机本质（或者发明一种洗衣机所要达到的目标）的关键“词”，例如，反映洗衣机能洗东西的“洗”一词，洗得是否清洁的“清洁”一词，使用是否安全的“安全”一词，等等，先找出这些关键词。关键词通常选择 4—5 个。第二步，对“点”的记忆进行分析组合，提出“线的记忆”。从这些关键词中选出 1 个，如“洗”，围绕这个关键词，通过联想、类比等扩散思维的方法，突破原有洗衣的概念，充分发挥自己的想象力，把各种各样洗涤方法列举出来，如搓板搓洗、刷子刷洗、棒槌敲打、河水漂洗、流水冲洗，以及其他洗涤方法。第三步，进行集中思维，对设想出来的各种洗涤方法进行本质的研究，找出关键——水流速度问题。第四步，应用类比方法，设想出各种可以加速水流速度的机构，以及如何把黏附在衣服上的污物冲掉的方法。如找出可用以加速水流速度的机构——泵、喷嘴、甩水、超声波发生器等，然后根据价值观以及现有技术条件，进行可行性评价，选出最经济、可行的设计方案。如果选择“洗”一词并不能达到目标，可以另选关键词，以上述相同的步骤，重新寻找设计方案，直到找到较理想方案为止。也可以同时选几个关键词，找出几个方案，进行分析比较，从中选出最佳方案。

① 王加微，袁灿. 创造学与创造力开发. 杭州：浙江大学出版社，1986：214-215.

第九章 创新思维的方法论思想

从创造学研究的历史看，创造技法的产生与创造力开发活动是相伴相生的。人们从发明创造的过程中发现一些规律或操作技巧时，便马上进行概括与总结，并将总结出的创造技法直接传授给其他人，以这种方式开发他们的创造力。对于通过创造技法的传授和训练来开发人的创造力问题，许多创造学家提出了自己独特的理论。

一、德波诺的思维训练观

英国牛津大学教授德波诺（E. de Bono）是著名的创造学家和教育家，他认为教育就是教人思维，而思维是一种需要专门训练的技巧，它并不是一般知识教学的副产品。按照他的观点，创新思维能力的提高并不能仅通过运用思维，它需要专门的课程和专门的训练，这便是其思维训练观的核心思想。德波诺的思维训练观归纳起来有以下主要观点。

（一）知识与思维

知识与思维是难以分开的，将知识与思维截然分开或混为一谈都是片面的。对知识与思维关系的认识不同，将直接引发对创造力开发本质认识的不同，也在很大程度上影响创造力开发的效果。

德波诺对于学校教育在培养学生的思维能力方面过度依赖知识课的教学提出了不同的看法。他认为思维是为了某一目的对经验进行的有意识的探究，这种目的可能是理解，可能是决策或计划，也可能是解决问题、做出评判、采取行动等。思维被看作某种指导经验的内在洞察力，其目的在于探索、理解和丰富经验。学校教育的一个重要缺陷就是注重知识而轻视思维，知识和思维有着密切联系，但它们毕竟不是一回事。

思维能力的提高（特别是创新思维能力的发展）是在知识教学过程中通过知

识获得实现的，不存在纯粹的发展思维的教学。对此，德波诺指出，知识并不能代替思维，如同思维不能代替知识一样。或许我们教授一门知识课的目的就是使思维技能在学习知识的过程中得到发展。如果我们的目标是发展思维技能，那种把思维技能视为知识课的副产品的教学方法就不是十分有效的。①知识是如此庞杂，以至于人们在学习知识的过程中很难注意发展思维技能。

人们认为在知识传授的过程中自动完成思维能力的培养是合理的，因为传统的学校教育就是这么做的，而且培养了一批杰出人才。对此，德波诺认为，尽管传统教育也培养了一批杰出的学生，但这并不意味着过分注重知识的教学在培养人才方面是有效的。这是因为人才的成长主要是一个自我完善的过程，名牌大学之所以造就优秀的毕业生，并不一定是因为其教学出色，还可能因为其招收了出色的学生。

学校教育之所以注重知识而忽视思维能力培养，有其内在的原因。这主要是因为知识、信息是现成的，很容易教授。而且没有充分的知识、信息，思维就无法进行。德波诺认为，尽管信息是思维的基础，但完备齐全的信息也会使思维成为多余的东西。学校的各门课程通常把信息看得比思维更重要，思维往往只被当作一种对信息进行吸收、分类并置于恰当之处的工具。比起思维来，信息要容易教得多，而且信息可以通过考试客观地进行测试。但是信息在一般情况下是不完全的，需要靠思维来补充。因此，“教学生独立思考”作为教育的基本目标，应落在教学实处，这就要求进行思维教学。思维教学的主要目的就是使学生客观地看待自己的思维，正视自己思维中的问题。

（二）思维训练不是知识教学的副产品

德波诺明确地指出，“思维是一种技能”，它与知识积累或天生聪明并不是一回事。②他将“智慧”与“聪明”进行辨析：聪明属于高智商，智慧则属于思维的技能。思维这种技能可以通过自我有意识的注意而得到改进，但是思维不应仅仅作为知识课教学的副产品。

德波诺经过长期的研究和实践认为，思考可以直接当作技能、技巧来传授，也就是前面所指出的，思维的训练不应仅仅作为其他课程知识教学的副产品。他特别强调，“进行思考”本身是不能提高思维技巧的。对内容的讨论再充分，到头来也不会使内容本身转化为能迁移的思维技能。他以打字为例说明了这种看法：一个终日忙忙碌碌的记者，在快要退休时还在用两个手指打字。尽管他用两

---

① 德波诺. 思维的训练. 何道宽，许力生译. 北京：生活·读书·新知三联书店，1987：8-14.

② 德波诺. 思维的训练. 何道宽，许力生译. 北京：生活·读书·新知三联书店，1987：48.

个手指打了千千万万个字，然而其打字技巧却并没有大的提高，这是为什么呢？因为他只是在“进行打字”，而没有专门学习打字的技巧。如果他用几个星期的时间学习正确的打字技巧，那么其工作效率就会大大提高。同样的道理，我们也要专门花点时间来学习思维的技巧。

在学校教育中，思维能力的培养大部分是在学习学科知识的过程中通过潜移默化的体悟而实现的，也有大量专门训练思维的课程与方法，包括有关形式逻辑的训练课程，如哲学、心理学等，还有一些经过特别设计的游戏和讨论等。但在德波诺看来，仅有这样的训练是远远不够的。他认为，在以内容为主的学科里，思维无法走在内容的前面，与具体的事实材料相比，思考只能处于次要的地位。除了那种事后的认识，思维没有多少用武之地。为什么会出现这种状况呢？德波诺的解释是：问题出在以内容为主的那些学科本身，因为内容比思维过程要有趣得多，而且学生知道要学好哪个学科，知识少但很爱动脑筋的人是赶不上那些掌握很多知识但不大肯动脑筋的人的。

除此之外，以内容为主的课程来传授思维的缺陷是：即使学到了一些思维技能，也是一些很有限和狭窄的技能，如分类、解释、综合事实以得出结论等，这些在思维中都很重要，但它们只是思维技能的一小部分。思维技能还包括决策、区分轻重缓急、考虑别人的观点、解决问题、应对冲突、进行推测、预防感情上的偏见及消除成见等能力。

用现有的某些特殊课程来传授思维技能也存在类似问题。例如，哲学和思想史的教学可以教会学生许多基本的思维原则，但这仅仅是对思维消极的描述，并不能培养积极的思维技能；心理学则偏重思维的心理过程的描述与分析，如观察、分析、抽象、期望、动机等，这些仅能够作为思维教学的理论基础，但不能为人们提供使用这一过程的手段；游戏有助于人们观察与评判自己的思维过程，游戏情景能很快地暴露一个人的思维习惯，游戏是观察人们思维和行动的窗口。但是，游戏中所涉及的思维技能都是专门技能，很难迁移；辩论与讨论有助于改善表达能力、流利程度、自信心和思维速度，但这些并不是思维技能的素质，善于表达的学生与不善于表达的学生在一场辩论中的思维内容几乎没有什么差别。

形式逻辑的教学是学校教育培养学生思维能力的突出表现，但是形式逻辑教学主要是学习逻辑规则。逻辑规则的确很重要，但逻辑规则本身的完善并不能保证它成为实际有用的思维教学途径。逻辑思维依赖逻辑的前提或出发点，如果前提有了变化，即使使用的逻辑推理准确无误，也可能得出完全相反的结论；而逻辑前提主要依靠感知和模式，这些是形式逻辑教学不能获得的。

（三）思维是可以教授的技能

德波诺认为，学习思维的规律不会使人学到思维的实用技能，在特定环境中运用思维，可以让人学到适用于那些特定环境的思维技能，却不能使人学到可以迁移的思维技能。技能应该跟着人走，而不应受环境的制约。这样就产生了一个使人进退两难的问题：一般来说，你只能传授受具体情景制约的技能，训练人在特定的情景中以特定的方式去行事。摆脱这种困境的办法是，创造出一些本身就能迁移的情景。这样的情景被德波诺称为工具。人在工具中受训，并学会如何与工具打交道，工具与使用工具的技能就可以同时迁移到新的情景中。至于工具是否真有必要，那是毫无关系的，不必要的工具也能起到迁移技能的作用。因此，德波诺指出，思维可以作为工具和技巧来学习和应用，并且可以收到良好的效果。设计出一些思维的工具，将思维当作一种技巧和工具来教是可行的。

但是，教思维不仅仅是教批判性思维或缜密性思维等逻辑的东西。人们通常将批判性思维视为创新思维的重要因素，在德波诺看来，批判性思维尽管是思维的很重要的一个功能，但它仅仅是一部分。创新思维发生与否更在于生成性思维的效果。批判性思维是从确定的东西入手，并得到某种确定的结果。“批判性思维让我们在已知数据的自足环境中舒舒服服地论证，不必为获得新数据而操心，我们只寻求论证内部的正确与一致。”①而生成性思维所关注的是生成事物、解决问题，与批判性思维相比，生成性思维更富有创造力和建设性。也许生成性思维不够缜密和完善，但必须与现实世界打交道并采取行动，它不是让现实世界等着它学究气十足地生成出足够的知识作为依据再采取行动。②

有人认为，思维根本不能教，能教的只是那些供人思考的材料。也有人认为，思维教学就是教逻辑，即教授缜密性思维。德波诺鲜明地指出：思维教学不是教逻辑而是教感知。他认为，在大多数情况下，思维没有明显的错误，有的只是感知不足。而感知的不足是无法通过对思维的主观检查来发觉的。感知与知识并不一样，感知是我们察看既有知识并把注意导向现有知识的手段。思维错误与其说是知识不足造成的，不如说是察看知识的手段本身有缺陷造成的。

德波诺强调的思维教学实际上就是激发创新思维的技法教学。逻辑只是创新思维的一部分，非逻辑方法和手段在创新思维的激发过程中尤为重要。因此，这样的教学必须在逻辑教学的基础上注意非逻辑手段的运用。只有用探究的过程取代逻辑证明，我们才能了解情况并扩大对情况的感知。探究能有效地开发感知，

① 德波诺. 思维的训练. 何道宽，许力生译. 北京：生活·读书·新知三联书店，1987：13.

② 德波诺. 思维的训练. 何道宽，许力生译. 北京：生活·读书·新知三联书店，1987：13.

逻辑证明则在一定程度上封闭感知，因为逻辑回避那些提不出证明的地方。

按照德波诺的观点，学校教育实际上是以逻辑教学取代了整个思维教学，特别是创新思维的教学。他所提倡的“教学生思维”实际上是教学生如何获得感知力和创造力。在他看来，逻辑虽然是看起来唯一能教的确定的东西，但在它本来的范围内，逻辑只不过是感知的工具。因此，从开发创造力的角度看，教感知比教逻辑更为重要。

教感知就是要使人的注意力导向整个感知范围。但感知与思维是不能截然分开的。感知能为思维加工提供更为广阔的背景，使思维更全面和富有创造性。那么究竟如何教感知呢？德波诺认为，最关键的就是有意识地注意和不断地实践。

（四）思维训练的方法与途径

如何进行思维训练呢？德波诺经过深入研究和广泛实践，编制了一套特殊的课程以训练学生的思维能力，特别是创新思维能力。他称这套课程为认知研究基金会（Cognitive Research Trust，CoRT）思维教程。CoRT 思维教程的重点不是教学生缜密性思维，不是注重批评或证明别人的错误，而是强调如何让一件事情发生。因而，该教程实际上是着眼如何激发学生的创新思维，它弥补了学校教育在学生思维培养上过分注重逻辑过程而忽视非逻辑方式的缺陷。

CoRT 思维教程共 6 个单元，每个单元集中于一个主题，如思维的广度、思维的组织、相互影响、思维的创新性、信息与情感、行动等。每个单元分为 10 课，每一课只着重一个注意领域，如猜想、决断、界说问题等。有些课所注重的思维运作被具体化为一种“思维工具”。

把思维的各个侧面具体化为一些明明白白的思维工具，这是 CoRT 思维教程的方法论原则。德波诺认为，一切教学都可以说是在指引学生的注意力，思维教学几乎是注意力的取向问题，因为它不传授新的知识和内容。为了某个目的去探索经验时，人们的注意力倾向于固定的轨道，这些轨道受制于人们自己的经验、情感和狭隘的兴趣。①可见，在德波诺看来，思维教学就是要教会学生冲破习惯性思维的障碍，发展元认知技能，提高创新思维能力。CoRT 思维教程的主要功能就体现在这个方面。例如，第一课就是重点介绍一种思维工具 PMI，即在思考问题时充分观察一件事物的有利因素（plus）、不利因素（minus）、有趣因素（interesting），这一课的重点就是要学生用 PMI 方式考虑问题。在 CoRT 思维教程中，有好几课被具体化为这样的思维工具，如 OPV（考虑别人的意见）、CAF（考虑一切因素）、C&S（考虑各种后果），APC（可能性与选择）等。

---

① 德波诺. 思维的训练. 何道宽，许力生译. 北京：生活·读书·新知三联书店，1987：185.

CoRT 思维教程之所以这样设计，是为了在每一课只突出一个注意点，以便给予学生启发，让他们在各种不同的问题背景中充分洞察自己的思维过程，使其将注意力集中于思维的过程而不是思维的具体内容。从心理学角度看，这种训练方法有利于培养学生的元认知技能，对创新思维的激发很有效。德波诺的思维训练方法在世界各地得到迅速推广，并在开发学生的创造力方面取得了很大的成功。

二、奥斯本的创造力激发思想

头脑风暴法的发明人奥斯本（A. F. Osborn）是美国创造工程学的奠基人，被誉为“创造学和创造工程之父”。他在 20 世纪三四十年代撰写了大量创造学著作，包括《应用想象力》《思考的方法》等。他所发明的创造技法“头脑风暴法”成为当时创造力开发研究的突出标志，迅速普及到企业和学校，在美国和世界各地形成了创造力开发的热潮。

头脑风暴法的实质在于通过组织化的形式与一定的保障原则来激发个体的潜意识，从而产生独特新颖的想法，创造性地解决问题。其基本做法是召开一种特殊的小型会议，与会者畅所欲言，会上所发表的观点不得被批评或下结论，经记录整理后再进行严密的分析。头脑风暴法在企业界和大学被广泛传授和应用，取得了很好的效果，并迅速推广和普及到世界各地。

头脑风暴法源于奥斯本对创新思维的深入思考和广泛实践。他对于创新思维的产生机制有独特的见解，尤为可贵的是，奥斯本将他的思想成功地应用于创新思维开发的实践，在创新思维开发方面做了大量工作，从而打破了创造力的神秘观，使创新思维开发在美国以及世界各地形成热潮。不仅如此，由于奥斯本工作的影响，教育界和心理学界也逐渐被激发研究创新思维的热情，创造心理学和创造教育的研究蓬勃发展，产出一大批有影响的研究成果。奥斯本关于创造性问题的论述很多，我们重点介绍奥斯本创新思维方法论的主要思想。①

（一）在创造过程中要协调好判断与创新精神

奥斯本认为，我们的思维一般由两种机制组成：判断与创新精神。判断在于分析、比较和选择，创新精神则在于检验、预测，使观念产生；判断有利于将想象力维持在正确的方向上，创新精神则有助于启发判断和产生观念。

分析与综合是判断和创新的共同的心理过程。分析事实、比较事物，扬弃某

① 阿历克斯 • F. 奥斯本，洪丕熙. 什么是阻碍创造力的因素. 全球教育展望，1987（5）：23-30.

些部分并保留一些部分，从而最终集合余下的成分以抽象出结论，这就是判断。创新精神的作为也离不开这些过程，不过，它最终产生的是观念，而不是判断。除此之外，判断倾向于以已知事物为限，着力于分析和论证，以逻辑的严密为准则；创新性思维或想象力则相反，它倾向于未知事物，注意力集中于探究，力求产生新的观念，然后才是论证。

奥斯本认为，判断力随着年龄的增长而自动地发展，创造力则不然，如果不有意识地予以发展，则会逐渐减退。周围的环境无时无刻不在迫使我们训练自己的判断力，正是由于这种训练，判断力得到了很好的发展，或至少因不得不发展而变得更优和更有把握。也就是说，判断力的发展是得到社会广泛认同的，因为良好的判断力使人稳妥、严密，减少失误或不失误，不冒进，少犯错误或不犯错误。学校教育更倾向于判断力的培养而忽视创新精神的培养，因为创新思考或行动通常是不严密的、违反常规的，并且容易失败。多数教师喜欢“从不失误”的学生而不是“富有想象力”的学生，他们习惯于学生按照常规去思维或行动，而对过于“出格”的学生通常持否定态度。

判断力更能体现批评的精神。在奥斯本看来，批评精神所习惯的气氛是广泛的消极气氛。它局限于“什么是”“哪里”“那里能得出什么”等严格的逻辑性问题。相反，创新思维的心态必然是积极的，它要求积极、热情、信心十足、自我鼓励，特别是要有克制、求善、责备之心，不然，人们就会压抑自己的观念。因而，批评精神与创新精神如果得不到很好的协调，就会阻碍彼此的运行。例如，爱迪生的第一只灯泡就是一件不完善的产品。他可以力求完善，也可以抛弃他的单纯和简单的观念。但是，他不求完善，也不抛弃。他认为这样的灯泡比当时使用的烛台、油灯、煤气灯等都要好，就应该被投入市场，而他着手使之完善，那是在这之后的事情。

如何激发我们的创新思维？奥斯本认为一个基本的思维策略就是：时而熄灭我们的批判精神之灯，时而点亮我们的创新精神之灯。而且在再点亮批判精神之灯以前，我们要耐心等待，因为一不小心，过早的批评就会把已经产生的观念扑灭，甚至就此熄灭我们的创造之光。因而，奥斯本在他的创造技法“头脑风暴法”中十分注重强调“严禁批评”原则。

在奥斯本看来，新观念的出现是十分可贵和难得的。它比对于某个问题进行严密性的逻辑证明或判断重要得多，判断和下结论是新观念充分出现以后的工作。正因为如此，我们进行创造性思考的时候，尤其要让想象力绝对领先，任它围着目标翱翔，甚至要做有意识的努力，为新观念的产生创造良好的环境，哪怕这些新观念看起来有悖于常理、荒唐可笑，因为这些观念也许是最能带来良好答案的观念。

作为这种思想的实践者，奥斯本在头脑风暴法中规定的“严禁批评”原则要求：对于小组会议中涌现的各种思想火花，不管它多么荒唐可笑，我们都不能批评或嘲笑，而是要把它记下来，认真分析。

（二）冲破既成观念的障碍

儿童为什么比成年人更富有创新精神？这主要是因为成年人比儿童拥有更多的“习惯”。随着年龄的增长和知识的增多，成年人具有越来越多的经验和习惯，这些对于逻辑性的思考或判断是有好处的，但它们也逐步导致思维方式的僵化。这种思维方式的僵化是知识的抑制作用造成的，许多心理学家将这种现象称为“思维定势”“功能固化”等。按照心理学的研究，人们思考问题的过程与其个人的思维模式直接相关。凡是人们以往的所见所闻，特别是人们取得成功的活动和思想，整合于人们的心理态度而成为其中的一部分，这对于解决遇到过的问题是极其有用的。事实上，当类似的问题再出现时，人们总是拿已经证明过的最优解法处理它。于是面对新问题，人们倾向于在以往用于解决类似问题的几种方法中思索。如果以往的方法无一见效，就必须设想新的方法，新方法并不是从无中产生，它实际上是旧材料的新组合。通常做法是组合习惯行为的各种片段，或者说以新的方式综合以往某些活动的某些部分。

创新从某种意义上就是组合或综合。然而，产生新的组合并选择有意义的组合是十分不易的，这正是创新思维的重要契机。在奥斯本看来，头脑风暴法正是激发人们产生新组合的良好技术，它有助于人们打破以往经验的封锁，放开缰绳，听任想象力去奔驰、去搜索解决新问题的各种新方法。

具体地说，激励创新的基本原则与方法应该包括以下几个方面。

一是营造鼓励和赞扬的气氛。罗切斯特大学的考恩（E. L. Cohen）做过这样的试验，他将学生分成两部分，一部分常予以严厉批评，另一部分则反复予以表扬。一段时间的学习和训练后进行创造性测验，测验结果表明，那些被反复表扬的学生在思维活跃度比常受严厉批评的学生高37%。他将这种差别归结为测验者的鼓励态度。[①]实际上，鼓励及表扬的氛围有益于学生克服焦虑情绪，摆脱固定思维的枷锁。

二是通过有意识的努力激发潜意识。头脑风暴法要求在特殊的会议过程中，每个与会者都有意识地摆脱习惯性思维的压抑和经验的重荷，尽量产生新颖甚至“怪诞”的新观念。这种特殊会议的一个重要功能就是通过“风暴式”的轮番发

① 郭有遹．创造心理学．北京：教育科学出版社，2002：139.

言互相启发，从而调动与会者的潜意识，激发灵感。

三是将观念的产生与分析批判分开进行。人们在思考问题时，一种最常见的模式就是“产生”观念的同时就予以逻辑分析和批判。创造性的努力与批判几乎是相伴相生的。这就出现了一个矛盾：新观念在最初大都是不严密的，因而往往在产生之初就被否定。然而，大量创造发明事实表明，有很多创造性的观念在最初往往是不严密的，甚至是荒诞的，需要让其发展和逐步完善，而不能轻易否定它们。奥斯本认为，将观念的产生职能与批判职能分开是解决这一矛盾的良好方法，应采取延迟评判的方式来保护新观念的产生，即让批判推迟到新观念已达到足够数量的时候。以足够的数量来产生质量是头脑风暴法的特点，因为尽管大多数新观念是不成立或无用的，但在新观念的数量足够多时，创造性观念出现的概率也会增大。

（三）克服不利心理因素的障碍

创造力的发挥与个体的性格、胆识等心理因素密切相关。奥斯本认为，自我泄气、从众循俗、羞怯、不愿冒险等都是创造力的“灭火剂”。因而，创造技法的一个重要功能就是克服不利于创新思维发展的心理因素障碍。

自我泄气是创新思维的常见的心理障碍。自我创新的努力十分艰难，而且经常成为无数批评的目标，因而许多人在自我创新努力的开始就会成为众矢之的，在强大的压力下，一些人自我泄气，发挥不了创新作用。可见，不怕批评，增强自信心，克服自我泄气的情绪，是实现创新的关键因素。

从众循俗也不利于创新思维的发展。一些人因害怕被视为离奇或显得“疯疯癫癫”而宁愿与别人保持一致，这样，个性与创造性就被扼杀。奥斯本曾对接受创新思维训练的学生说：在他人眼里，或在你们自己眼里显得疯癫，哪一种更坏？你们的观念中，有一些可能被人们认为蠢，但是，你们因此就停止从自己的脑袋里提取可能提取的观念，岂不更蠢？真正的聪明人无不赞赏创新思维的努力发展，因为他们知道，世上已有的福利无不来自当初被视为“荒唐”的观念。

羞怯是导致创新观念流产的一个重要因素。奥斯本认为，羞怯的一个重要原因是人们对自己创造力的怀疑，这是一种本能的怀疑，它使人们害怕尝试，因而失去很多创新机会。羞怯还使人不敢表达自己的观念，尽管这种观念已在其头脑中深思熟虑。羞怯的另一个重要原因是人们太在意别人的评价，如害怕自己的观点不如上司期待得那样好，或害怕一旦出错会使自己难堪等。

不愿冒险是一种扼杀创新思维成长的心理因素。所有关于创新的尝试几乎无一例外地面临失败、遭受磨难的可能。十拿九稳的创新几乎是不存在的，因而创新是在从无数失败中滋生的。有心理学家做过这样的实验：一个甘愿冒险试做三件事而只期求两件事成功的孩子和只愿意试做一件事但力求完美的孩子，他们的精神状态大有差别，力求完美的精神对创新的努力是有抑制作用的。

头脑风暴法正是为发明者营造了一个充满鼓励、严禁批评的环境，使与会者大胆尝试、无所顾虑，从而有利于克服这些心理障碍。另外，奥斯本认为，要克服这些不利心理因素的影响，除营造有利的环境之外，个体自身的心理暗示或训练也是十分必要的。除此之外，有益的尝试是十分有效的，在一些相对简单的事物上做一些创新尝试，尽管不是很辉煌，但这是“在开创一种习惯”，对于培养创新思维的心理习惯是非常有利的。

三、戈顿的创新思维开发思想

戈顿是美国著名创造学家，他所提出的创造技法“集思法”（或综摄法）与奥斯本的“头脑风暴法”齐名，风靡全世界。集思法与头脑风暴法的一个共同点是召开专门的集体会议，以集体的方式进行思考，这样就能充分调动促进创新思维的社会因素和团体环境。但集思法的主要特点是充分调动思维者以新的眼光看待熟悉的事物，也就是变熟悉为陌生。关于集思法在调动思维方式上的特色，我们将另外详细论述，这里只着重介绍戈顿关于如何利用社会性因素激发创新思维的思想。①

（一）创新是一种社会性活动

戈顿认为，创新经验并不是个人的奥秘，在一个成功的创造者背后集结着一个工作集体，其成员以自身特有的优势激发了个人的创新才能。因而，为了解决问题和探究创新过程，一个合适的工作小组比单个人更有优势。

在戈顿看来，创新力虽然不是神秘的个人因素，但也不能绝对地理解为可以测验、可以教给别人的品质。20世纪三四十年代，创造学领域对于创造力产生的本质问题有两种截然不同的观点：一种是将创造力神秘化，认为它是天才所特有的，甚至依赖遗传的个人因素；另一种观点则认为创造力与其他能力无异，是可以教授的。戈顿的集思法的理论基础正是充分吸收了这两种观点的合理成分。

20世纪以前，甚至直到现在，许多人将创新归结为个人的奥秘，这严重阻碍了人们对创新过程和规律的探究。既然创新只是个人的奥秘，那么，怎样理解

---

① 威廉·戈顿. 综摄法：创造性思考的方法. 林康义，王海山，唐永强，等译. 北京：现代管理学院，1986：7-12. 注：也有将作者翻译为威廉·戈登，本书正文统一为“戈顿”。

创新的过程与规律呢？一种常用的被大多数人所接受的方法就是创新者本人事后记录自己的创新经验，或者说，创新者个人对创新经验的叙述或纪录成为研究创新过程的最重要甚至是唯一可靠的依据。但戈顿认为，创新者个人对创新经验的叙述或纪录作为研究创新的准确资料来源是成问题的。同样，创新性人物传记的作者所提供的素材也是不可信的，因为传记作者要证明的是他的主题。这就使得他戏剧性地夸大了个人天才、个性化和神秘经验，而牺牲了对个人或“英雄”周围世界之间的相互作用的客观分析。例如，在爱迪生的创新岁月里，他周围就集结着一个工作群体，这个集体的成员补充并刺激了爱迪生的个人才能。然而，其传记作者纠缠于证明他的个人天才，为了培养他的英雄形象而可能歪曲和弱化了集体的作用。

关于“顿悟”的描述在叙述创新活动时是常见的。但许多人对“顿悟”的实质的理解是片面的，这也助长了创新神秘论的观点。我们知道，“顿悟”是创新过程的重要环节，许多艺术家、科学家以及传记作者在描述创新过程时都指出了顿悟的重要和神奇。但是戈顿认为，这些描述过分地将顿悟看成一种孤立的现象，而忽略了顿悟的来龙去脉。顿悟是以平凡的日常工作为基础的，在顿悟的瞬间所出现的思维的跳跃与创造者周围环境的熏陶以及集体的影响是有密切关系的。因此，忽视集体的作用因素而对创新规律进行研究是不科学的，集体作用这一因素在研究创新行为时是不容忽略的。

但是，在另一个极端，过分强调集体、把它看作最高的创新源流对于探究创造力的规律也是有害的。戈顿认为，为了解决问题和探究创新过程，一个合适的工作小组比个人更优越。只有一个经过优化的集体，即经过特殊训练并以某种特殊方式工作的集体才真正有利于个人创新的产生。戈顿通过对一种经过特别训练和组合的工作小组（即集思法小组）的研究，得出这样的结论：个人从事创新活动时所发生的心理状况和机制在正常情况下都是隐藏的。集思法小组中的处境推动每个参加者用语言表达对于手头上的问题的想法和感觉，这能使创新过程的要素在公开场合明白地表示出来，使它们能够被辨识和分析。

我们也许要问，集体思考会不会妨碍个人的思考呢？因为在通常情况下，个人的独立深思是创新过程的重要环节。根据戈顿的研究，这种情况在集思法小组是不会出现的。集思法小组并不拒绝和批评个人的想法，并不干扰个人的独立思考，其关键作用是利用小组的构成和工作方式的特别优势，在个人独立思考遇到困难时给予启发，激发个人的潜意识。戈顿认为，集思法小组能够把那种半意识思想浓缩于几个小时，而单个人的话很可能酝酿好几个月。因而，集思法小组更能有效地激发潜意识，从而产生顿悟。

（二）鼓励表达“有裂缝”的思想

创新性的思想在最初往往是不严密的，很容易被忽视或扼杀。如何让创新性思想的嫩芽不受摧残，这对创新性思维的形成至关重要。因而，戈顿认为，要允许小组成员在讨论问题时发表不太严密的意见，即允许表达“有裂缝”的思想。

戈顿认为，顿悟的产生在经过训练的小组顺利工作时是一再发生的，它依赖集思法小组成员对非理性方式的接受态度，即小组成员愿意在或多或少的非理性的基础上工作。换句话说，小组成员一定要克服总想表达完全合理、完整概念的意图。如果一种思想是在完整制定好之后再发表出来，那么它要么是真实的而可被接受，要么不是真实的而不可被接受，这样就完全拒绝修改，通常情况下，人们在讲述一种思想时就要决定它的生死，别人不可能给它想办法或以它为基础来改善它。相反，非理性交流能唤起隐喻、表面粗糙的想象和“有裂缝”的思想，别人可以抓住它并参与进来。当然，这种非理性的相互作用只是创新性思维过程的一个组成部分，这个过程还要经过螺旋式上升走向愈来愈强的逻辑上的连贯性。问题的最后答案是理性的，寻找答案的过程却不是。

（三）以集体的工作方式进行创新

以集体的工作方式进行创新活动，最大的好处是可以充分利用小组成员的得天独厚的知识结构。戈顿在试验中将这样的创新集体（集思法小组）从人员组成上进行了优化，使小组成员具备各不相同的知识结构和学术背景。他的集思法小组成员先后采用了多种多样的组合，包括画家、雕塑家、数学家、广告家、物理学家、哲学家、化学家、演员、力学工程师、建筑学家、电气工程师、市场人士、化学工程师、社会学家、生物学家、生理学家、音乐家、人类学家和动物学家。人员组合的变化对于创新性解决问题的影响是试验的重要内容。

戈顿通过多年的实验证明，给予问题的最优美的答案与所涉及的“复杂性因素”成正比，而与答案的简单性成反比。复杂性因素是以集思法小组成员的数量和差异性来描述的，即小组成员的数量越多、学术背景差异越大，解决问题的创造性水平就越高。简单性因素主要是指由于运用集思法理论达到统一参加者和统一概念的结果。戈顿认为，一个普通水平的新产品依赖最广泛的技术和知识种类，以及竭尽全力使其实现的兴趣。一个传统上从化学方面提出的问题和得到的答案，也可以从微观生物学这个新的出发点进行恰当的探讨和解决。例如，一个集思法小组要发明一种油漆和罩漆方面的全新产品，小组可以由动物学家、物理学家、生物学家、化学家、数学家、及工程师组成，并不局限于油漆化学。这样的小组可以超出化学的局限，把思想指向生物覆盖物，产生“生物油漆”的概念，它由原始植物地衣、水藻和苔藓的种子组成。这些细小的孢子可以“罐装于含营养的黏性溶液”，因此把它们刷上墙，就会在那儿生长。

以集体的工作方式进行创新遇到的棘手问题是如何在因不了解而互不信任的集体中促进集体成员相互协作并积极交流。相互作用是由某种机制造成的，这种机制对于所有的创造性思想领域起着共同的方法论作用。在挑选小组的成员时，最重要的标准是情绪素质，而不是智能背景，因为情绪素质为一个人攻克问题开辟道路。情绪素质决定了个人的风格：是雷厉风行的，还是犹豫不决的；面对着明显的失败，是消极的，还是努力争取成功；在犯错误时，是觉得很有趣，还是自我保护；能有效地运用他的概念能力，还是在危急关头感到厌倦。

戈顿强调，集思法小组进行创新性的工作不同于技术专家小组解决专门领域的技术问题。技术专家小组带着指定的问题、在假定的答案范围内工作；集思法小组所研究的问题更具有不确定性，小组成员不同的知识背景和情绪倾向更有利于发散性思维的产生。而且，情绪倾向更为重要，在为集思法小组活动选择人员时，如果遇到两个不同知识背景而具有相似情绪倾向的人，则只需挑选一人；如果两个人有同样的知识背景但有不同的情绪倾向，则可将两人都纳入小组中。

（四）集思法小组应采取开放的工作方式

尽管集思法小组具有优化的知识结构和多样互补的情绪类型，极大地提高了创新效率，但是一个 5—7 人组成的小组并不可能拥有所有科学领域的技术能力，因而集思法小组应采取开放的工作方式。

戈顿认为，如果有必要对某项设想进行可行性的检验，集思法小组就应该引进一定领域的专家，因为专家或者起百科全书的作用，或者起“吹毛求疵”的作用。作为百科全书，专家成为自动的知识箱，要是敲对了地方，其反应是提出专门的技术建议；作为“吹毛求疵”的人，专家从给出的概念中挑出薄弱的地方。在一些情况下，有必要将从外面招来做指定工作的专家变成小组的长期非正规成员。这样的专家对小组的方法和潜力发生兴趣，像正式成员那样熟悉工作。这样，他们能够把自己专业的术语变为小组成员都能理解的语言。作为业余爱好者，他们必定愿意浸入其他专家的领域，也愿意接受小组浸入自己的领域。

第十章　创新思维发展的理论分析

一、创新思维发展的基本目标

创新思维发展的基本目标是真、善、美等综合品质的全面发展。作为人类本质的人类劳动是真、善、美相统一、协调的实践活动，因而求真、向善、臻美是人的本质规定性的重要维度，只有包含真、善、美的全面人性特质的创造性，才能作为人性的精华并体现人的本质。人的劳动（或者说创造性）发源于真、善、美的人性潜质，这种作为一体而不可分割的真、善、美的“人性”的根基是创造性的内在的、有机一体的存在状态，而作用于外部世界的“人力”只是其外部表征。这种包含真、善、美的全面的创造性在个体身上就体现为“人性”与“人力”的有机一体性，即新颖独特的创新精神、人格、态度、意志、情感、能力等方面的有机结合与统一和谐。

（一）人的创新实践活动是真、善、美的整体活动

受科学主义观念的影响，人们通常认为，创造性的显著表现是新颖独特的创造能力和由此带来的创新产品，因而创新实践活动主要是求真的活动，创造性主要表现为“真”的品质。其实不然，因为这种外在的创新能力与产品其实正是人的内在真、善、美本性的集中体现和外在化、对象化。科学心理学之所以忽视了创造性构成中善和美的因素，主要是因为这两个方面的因素无法精确地界定和实证观测，不符合科学主义研究范式的规则。然而，不能客观测量的东西并不是不存在的，超越实证、客观化的局限而从教育、人的发展、人性完善的视野看，体现在人类劳动中的人的创造性，从根本上说应该包含真、善、美的全面的人性特质。我们不仅可以从人类劳动的本质看到这一点，还可以从人的创新实践中超越性活动的性质加以分析。

第一，人在创新实践中的超越活动以真、善、美的总体追求为起点和动力。

创造能力的运用和创新产品的产生过程都是“内生而外发”的，它是人的本质的对象化，它以人性的真、善、美的整体潜在追求为源泉和发端，同时这种体现丰富人性的总体追求也为人的创新活动提供不竭的动力。

人的活动是有意识有目的的，人的超越性活动的起点是人内在的、精神上的冲动和需要，而这种本能的、天生冲动和需要包含着物质的、肉体的需要，更包含精神的需要，体现为真、善、美的全面的人性需要。

马克思早在《1844 年经济学哲学手稿》一书中就提出的“人也按照美的规律建造”“人化自然”等重要思想，其实就给人类创造性活动中真、善、美的有机统一开了先声。马克思认为“动物只是在直接的肉体需要的支配下生产，而人甚至不受肉体需要的支配也进行生产”，“人不仅通过思维，而且以全部感觉在对象世界中肯定自己”。①人在对象世界中的创新活动如果是“人化”的，就必须是人的本质力量的对象化，必须是人对于自身的肯定。在这种自我肯定的追求中既有求真的、思维的需要和追求，也有道德的、意志的、审美的需要和追求，仅仅是物质的、求真的追求还不能体现人的本质和人性的丰富、全面的感觉，因为“囿于粗陋的实际需要的感觉只具有有限的意义”，“贩卖矿物的商人只看到矿物的商业价值，而看不到矿物的美和特性；他没有矿物学的感觉”②，这种仅具有“有限意义的感觉”的追求并能体现人的本质追求。人的创造性活动如果是体现人的本质的话，则是以真、善、美的全面丰富的人性感觉的追求为起点的。

关于真、善、美的整体精神境界对于外在“人力”的根基和动力作用，中国文化提供了丰富而深刻的论证。按照中国哲学的人格理想，创造性的人应该是“内圣外王”。冯友兰先生认为“所谓‘内圣外王’，只是说，有最高的精神成就的人，按道理说可以为王，而且最宜于为王。至于实际上他有机会为王与否，那是另外一回事，也是无关宏旨的”③，即只有内在具有崇高的精神境界才能达到外在的强大力量，只有真、善、美的总体精神力量才能为实现创造性实践的外在成果提供动力。儒家经典《礼记·大学》主张人的发展要遵循“修身、齐家、治国、平天下”的路径，而修身意指“正心、诚意、格物、致知”，实际上就是说人对外部世界的创造和作为首先取决于个体内在精神的修养，而这种修养以道德品性为核心，是一个“生生不已”、不断创新的过程，即“苟日新，日日新，又

① 马克思，恩格斯. 马克思恩格斯全集（第 42 卷）. 中共中央马克思恩格斯列宁斯大林著作编译局译. 北京：人民出版社，1979：90-98，123-126.

② 马克思，恩格斯. 马克思恩格斯全集（第 42 卷）. 中共中央马克思恩格斯列宁斯大林著作编译局译. 北京：人民出版社，1979：123-126.

③ 冯友兰. 中国哲学简史. 台北：蓝灯文化事业股份有限公司，1993：8.

日新”。《孟子·尽心上》载“尽其心者，知其性也，知其性，则知天矣”，也是说人内心深处的人性道德力量是外在知识能力的依据和源泉。科学主义“物性化”的创造观割裂了这种“内生外发”的关联，将“真”从整体的人性中剥离，使“人力”脱离人的本质。

第二，从人类超越性活动的性质看，创新活动是外显的“求真”与内隐的“向善”“臻美”活动的融合。真正意义的创新是人的本能追求，出于人的本质的创新活动只要不被人为地扭曲，如过分地追求功利、过分关注手段而迷失目的等，那么这种创新活动一定是真、善、美一体的超越性活动。因为人的活动（包括思维）都是社会性的，“人们获得概念和一般理性并不是单独做到，而只是靠你我相互做到的”①。对自然世界的探索创新必然包括社会性活动与行为的规则构建，这种规则的构建以人类的善性为准则和核心。求真、求知体现了人类思维合价值性的一面，求善、求价值则体现了人类思维合目的性的一面。除此之外，不同于动物或机器，人的活动充满情感的体验，审美作为人类情感的最高境界始终引导着人的一切活动。美“不是物理的事实，它不属于事物，而属于人的活动，属于心灵的力量”②，因而臻美是人的本质力量的外化，求美是合规律性与合目的性的同一。求美的思维方式侧重于对象与“我”的精神的和谐，使“我”感到愉悦。“美”不是现成的，而是主体将自身的内在尺度不断投射于对象，在对象中显现主体的“审美理念”而生成的，因而，美是“理念的感性显现”。③可见，善和美不仅是求真的保障和引导，而且与求真相伴共生，融为一体。人在创新活动中需要不断地克服精神的困惑，这不仅仅是认识、思维所能解决的，还需要知、情、意的整体力量，因而创新是求真、向善、臻美的统一，离开向善和臻美的创新活动实际上是不存在的。

科学作为人类最重要、最引人注目的求真创新活动，从本质上说，“它在伦理意义上是至善至美的。但科学本身不能至善，像道德一样，它的至善要以技术为中介。而科学的技术应用，对于人类的价值来说，则可能有好坏两种结构。人类行为既要合目的性，又要合规律性，人文为其合目的性提供基础，而科学则为其合规律性提供基础，两者互补是行为合理性的保证”④。著名科学家爱因斯坦就是体现这种科学真、善、美有机一体性的生动案例。“爱因斯坦是我们这时代的科学与文化的最主要特征的一个典范。真与善的冲突在爱因斯坦科学创造的心

---

① 康德. 实用人类学. 邓晓芒译. 重庆：重庆出版社，1987：186.

② 克罗齐. 美学原理. 朱光潜译. 北京：商务印书馆，2012：87.

③ 黑格尔. 美学（第一卷）. 朱光潜译. 北京：商务印书馆，1997：135

④ 亚里士多德. 尼各马可伦理学. 廖申白译. 北京：商务印书馆，2003：125

理中是从不存在的。”[①]爱因斯坦科学创造的实践体现了科学创造活动中真、善、美的有机一体性，那就是，离开善和美的科学创造是非人化的，善和美与求真是不可分割的。

（二）创新思维活动是求真、向善、臻美有机一体的过程

从人类的进化历史看，作为人类创造性活动开端的工具制造过程充分体现了创造性的求真、向善和臻美的有机一体性。在动物进化为人、动物性的东西转化为人性的东西的过程中，劳动起着决定性作用。人的创造性及表现这种创造性的人类劳动成为人性与动物性的分水岭。人类劳动则是以制造工具为开端和标志的，制造工具的活动中具体体现的真、善、美的有机一体性，充分反映了创造性的真、善、美的有机一体性。

“工具与人类同步诞生，它是人类最古老的创造物。制造工具的行为是推动动物快感向人类美感转化的原始动力，它打开了一系列的转化过程的闸门，并使一系列转化成为可能。”[②]工具的诞生作为劳动的标志，或者说作为人的本质的体现，必须具备三个基本条件。

一是求真维度的认识和行为创新。根据考古的历史记载，人类最初制造工具是通过借助一种自然力而不是手和牙去处理树枝，从而创造了最原始的工具——极不像样子的棍棒等，在此基础上，由于加工树木的需要，人类逐步创造了石器。“借助中介物去加工工具，哪怕是木类工具，这是人类祖先不同于一般动物的地方，人的特殊本质就是从这里开始的。”[③]在这个创造过程中，最明显的特征就是思维的创新、物质的创新。这种新颖性程度可以说相当低的，但是它体现了超越，体现了人类不同于动物的创造性。“科学家曾尝试让黑猩猩用石斧去砍砸树枝，但无论怎样地启发和示范，黑猩猩都没有能从树枝上砍下一点木片。”[④]

二是求善维度的社会性构建。“‘求善’的价值追求，表现为人对自己行为的‘恰当性’的反思。”[⑤]人从制造工具开始就已经具有和表现出反思性，人的第一个本质特性的东西就是“他在思想上传递着的和传递得到的实际联系”，这种反思性“也使人获得行为的规范意识，特别是在他人面前的行为规范意识成为可能。因而反思决定了人的社会行为的特殊形式”。[⑥]工具的制造不仅是行为上创

① 董光壁. 真与善的协调：爱因斯坦的榜样. 科学对社会的影响，2002（1）：45-48.
② 刘骁纯. 从动物快感到人的美感. 济南：山东文艺出版社，1986：104.
③ 刘骁纯. 从动物快感到人的美感. 济南：山东文艺出版社，1986：111.
④ 刘骁纯. 从动物快感到人的美感. 济南：山东文艺出版社，1986：109.
⑤ 李鹏程. 当代文化哲学沉思. 北京：人民出版社，1994：273.
⑥ 茨达齐尔. 教育人类学原理. 李其龙译. 上海：上海教育出版社，2001：32-37.

新的结果，更是人的社会性构建的产物，是人的社会意识、道德等方面的超越性成果。工具的制造是群体的结晶，涉及行为中人与人的合作、目的的倾向、价值的思考等，这就需要以规范意识为保障和前提，需要了解“应当”与“实际”不同，需要了解实现什么、应当怎么办等问题，“这些就是在思想上加以说明的行为规范，它们构成了社会的风俗和道德以及个人的品性”①。因此，以求善的道德追求为核心的社会性构建是伴随着行为、认识创新活动始终的。

三是求美维度的情感升跃。一般的动物也有它们的“创造物”，不过它们没有观念上的建筑蓝图，它们的建筑蓝图只是以某种遗传信息的方式存在于群体的遗传记忆中，它们的行为属于本能或反射。“而工具的制造却有一个大脑将外界信息加工成蓝图，然后再将观念中的蓝图物化为工具的过程，伴随着这一过程，主体有一种一般动物从未经历过的情绪，一种空前高级的快感——创造的愉快”，“一旦他们通过自己的悟性，给传统加进一点新的东西时，便会领略到一种更大的愉快”。②可见，人的创造行为体现为一种实现自己的冲动，即一种创造欲，这种创造欲就是“创造的愉快”，就是一种新颖的审美感，没有这种审美的体验，人的行为就不能真正算作人的创造活动。

可见，人类的第一个创造壮举——工具制造，就包含求真、向善、臻美的有机联系，它从人类史的角度说明了人的创造性的真、善、美的有机一体性。

（三）创新思维的结果蕴含着真、善、美的整体成分

人的创造性的生长和形成是真、善、美的互动共生和整体发展的结果，因而必然包含真、善、美的整体成分。

从人的创造性的生长和形成过程，我们也可以看出创造性的真、善、美的有机一体性的本质特征。人类早期文化中对于人的创造性活动和超越品性都是从真、善、美相统一的观点来认识的。中国哲学的一个显著特点和独特智慧就是“同真善”：“从不离开善而求真，至真的道理即是至善的准则。离开求善而专求真，结果只能得妄，不能得真。中国思想家总认为致知与修养密不可分；宇宙真际的探求，与人生至善之达到，是一事之两面。穷理即是尽性，崇德亦即致知。”③这种将求真与求善和谐相融的思想给我们理解创造性的全面内涵带来了重要的启示，即只有真和善的和谐才能提升人的情感世界，达到审美的境界。

人的创造性的形成和发展是在创造性实践活动中实现的，创新活动的过程同

---

① 茨达齐尔．教育人类学原理．李其龙译．上海：上海教育出版社，2001：37.
② 刘骁纯．从动物快感到人的美感．济南：山东文艺出版社，1986：117.
③ 张岱年．中国哲学大纲：中国哲学问题史．北京：中国社会科学出版社，1982：6.

时也是人的真、善、美及相应的知、情、意等成分共同参与、相互作用、不断构建和完善的过程，这个过程以个体真、善、美的人性潜质为基础，通过创新实践活动不断内化和发展。人对未知世界的探索创新使人的求真本能和创新能力得以强化和完善，但是这种活动是社会性的，它要求超越无序、冲突的群体生活而创造有序、和谐的社会关系，这种社会性关系使人的善性和道德智慧受到珍视及彰扬；与此同时，人的创造活动不仅是为了满足动物般的快感，而是超越动物追求快感的物质和肉体本性，寻求有意义的审美。马克思所说的人的劳动“按照美的规律来建造”，就反映出人类劳动的审美特征。劳动实践中的审美需要及追求创造了美感并使人的臻美能力和审美体验不断丰富、提升。在实践活动中，“激情、热情是人强烈追求自己的对象的本质力量”①。创新活动中真、善、美相互渗透，共同构建一个整体品性，因而人的创造性发展的水平取决于真、善、美的整体水平。

可见，情感、道德、意志等精神因素不仅仅是与创造能力和创新成果相分离和独立的“催化剂”，更是作为“人强烈追求自己的对象的本质力量”成为人的创造性的有机组成。科学创造和社会创新中的“以美导真”“以美导善”，其本质反映了真、善、美三者整体一致地存在于人的创造性中。如果人的活动仅仅是一种物质性求真实践而忽视在求真的过程中完善道德和情感的话，那么这种单一的求真和创新仅能对物质世界进行改造创新，只能是一种“对象性超越”，它将现象界与本体界割裂，不能使个体通过外在的活动获得内在精神、情感、态度的体验。而缺乏意义的追寻、精神的体验、情感和态度的提升，这样的求真活动就容易使人的精神物化，人就会在这种活动中变成机械的功能，人的能力发展和产品的增加就脱离精神提升并反而扭曲人性完善。这种不以人为目的的异化的超越，结果就是成就的增加，而不是幸福的增加和人性的完善，可能导致人格越来越被扭曲。许多“创造性人物”的创新成就卓著而人格病态、人性扭曲的现象足以证明这一点。只有实现对自然物质世界和自我精神世界的双重超越，创新过程才是真正人性完善的过程，才能体现作为人性特质的创造性。而这样的双重超越必定需要真、善、美的整体力量和整合方式，这样的创造性就应该是包含真、善、美的全面的品性。人类的创造性活动在不同的领域和不同的情景下虽然侧重点有所不同，但仍然是将三者融为一体的整体活动，真、善、美不可被分割。在教育实践中，只有持这样的“有机的整体的创造性培养的观点，人的创造性的发展才成

---

① 马克思，恩格斯. 马克思恩格斯全集（第 42 卷）. 中共中央马克思恩格斯列宁斯大林著作编译局译. 北京：人民出版社，1979：117.

为真正的人性的完善、人的本质属性的展现，才赋予创造性教育本体论意义”①。

二、创新思维的新颖独特品性

创造性不是泛化的人性而是新颖独特的品性，创造性体现为超越，这就意味着突破常规而无规律可循，需要新奇、非凡的方式与能力。无论是人对自然界的对象性超越还是对自身精神状态的自我性超越，都需要新颖独特的思想和行为以及非凡的情感和意志。因而，创造性必须是超越常规、新颖独特的。

（一）创造性不能泛化为普通人性

针对科学主义“物性化”创造观的弊端，人本主义心理学针锋相对地提出了“自我实现”的创造观，把人的创造性主要看成是一种健全人格，与“心理健全”“自我实现”几乎是同一语。这种创造观实际上是“泛性化”的创造观，其进步意义是不言而喻的。然而，把“人性”与“人力”割裂，过分强调脱离社会的、孤立的“人性”，并且以泛化的人性特征指代创造性，这同样是脱离人的现实性的，对教育实践也产生了许多困惑。创造性虽然是人人都具有的人性潜质，但不是泛化的人性，人性有许多侧面和层次，创造性是体现人的本质特征的，必须体现超越性，表达个体身上新颖独特的人性特质。

（二）新颖性具有物性与人性两种内涵

创造性的新颖性既包括认识、智力和产品成分的新颖独特性，更包括新颖独特的、具有个性化的情感体验、态度和精神等领域的超越创新，通过这种精神领域的超越创新，个体能够获得新颖独特的精神体验，从而克服精神的困惑，使人性正常发展。也就是说，创造性的新颖性是指真、善、美的整体品质结构和知、情、意的整体心理结构的新颖独特。这种整体的新颖性不仅集中体现在物质创新活动中，而且体现在人的一切活动中，包括人的日常生活、社会关系、精神生活等。儒家经典《礼记・大学》中所说的“苟日新，日日新，又日新”“日日维新”等，就是描述人的整体精神境界的更新和超越；马斯诺所说的能够超越平凡、过着独特新颖的创造性生活的“家庭主妇”，就是在其日常生活中展现了新颖独特的超越性品质。这些正是创造性的内在新颖性的表现，它反映了创造性的“本体性功能”，即对于自身精神困惑的超越与创新。

---

① 鲁洁. 挑战知识经济：教育要培养创新人才. 上海高教研究，1998（12）：29-31.

（三）内在的新颖性的内涵

创造性的内在的、精神体验的新颖性通常无法以外显的形式客观观测和实证，但它是我们每个人都能体会到的。例如，在人类情感中，真正的爱就是这样一种具有新颖性的“心灵习惯”，这样的爱是出自个体自身体验的爱，这种情感体验对于个体自己和别人来说一定是新颖独特的，是一种超越性的体验，它体现了人性的崇高又极具个体性，因此，弗洛姆称之为“创造性的爱”；老子所说的“大德不德”，孔子所说的“随心所欲而不逾矩”等境界，正是一种新颖独特的、超越常规的创造性道德体验。按照别尔嘉耶夫的观点，创造分为内在创造和外在创造，内在创造就是一种超越世界的内在体验，是创造的“热情”，“是对客观化世界重负的克服，是对决定论的克服”①，外在的创造只是体现为文化的成果，处在客观性的王国，相对于主观性王国中的创造热情而言已经下降、下沉，是热情的冷却。其实，在人的创造性的新颖性特征中，创新能力与产品所显示的新颖性只是这种情感、态度等精神超越的内在新颖性或整体超越的“心灵习惯”在一定条件下的外化和体现。只有当一种物质性创造成果的新颖性作为人的整体精神体验新颖性的对象化和具体体现的时候，这种创造成果才是真正体现人的创造性的成果，这种创造活动才是新颖独特的、体现人的本质的创造性活动，才具有教育实践的价值。因此，教育实践中所追求的创造性的新颖性就应该以内在的新颖性为依据，使内外的新颖性达到和谐统一。

作为人性特质的创造性，其新颖性是以人的价值性为前提的。人对自然界的超越与自身精神的超越都是追求人性完善和社会进步，都要以真、善、美的整体追求为基本价值取向。对自然世界的探索创新体现了可贵的“求真”追求和“真”的价值，但作为人的活动，它还必然与全面、整体的健全人性相协调，必然是自身精神追求的外部化。求知、求真的人性价值在于人生意义的追寻，“善”和“美”正是求知、求真的“价值性”的体现。偏离了“善”和“美”，对自然世界的创新就不是以人为目的，这样的“创造性”同样不能体现作为人性特质的创造性，而只是一种功能化的“人力”。随着科学技术的发展，人类的创造性活动越来越频繁和深入，求真的价值把握显得相对容易，因为它有一些相对完备的科学体系作参照，但是，对于“善”“美”这些维度的价值把握却越来越使人困惑，人们对一些迅猛发展的科技发明创造成果持疑虑态度，例如对于“克隆”技术运用的谨慎态度，恰恰反映了这种科技创新成果在“善”“美”等方面

---

① 尼古拉·别尔嘉耶夫. 论人的奴役与自由：人格主义哲学体验. 张百春译. 北京：中国城市出版社，2002：147-148.

价值性的模糊。

（四）创造性是真、善、美相统一的新颖性品性

新颖性与价值性一直是心理学在界定创造性时所强调的①，但是心理学依据科学研究的“可操作性”将其仅局限在“求真”领域，仅关注智力成分和产品的新颖性，创新产品物质性能方面的新颖性成为决定人的创造性的根本尺度，而“价值”则建立在以实用为目的的产品功用上，凝结在求真过程中和物质产品上的善和美被忽略。这样，人格自然成为产品与功能的附庸，人性也成为“人力”的附庸。于是，在科学心理学的视野中，“创造性”人才不乏精神萎靡、人格病态者，甚至连“精神失常”（mental disorder）、“怪癖”等心理病理倾向（psychopathology）也被许多人视为与创造力相关联的个性特质②，因为“有条理的思想是重要的，但精神病并不阻碍杰出思想的产生”③。这足以显示创造性研究中人性被忽略的“人力化”倾向，健全的精神和人格成为追求杰出思想及产品的牺牲品。实际上，从科学及整个人类文化发展的历史看，伟大的创造性人物从来就不是离开“善”“美”而求“真”的，其超越性活动或所表现的新颖性往往体现为对真、善、美的有机一体性的追求。正如爱因斯坦所说：“第一流人物对于时代和历史进程的意义，在其道德品质方面，也许比单纯的才智成就方面还要大，即使是后者，它取决于品格的程度，也远超过通常我们所认为的那样。”④

三、创新思维的“双重超越”

创新思维的双重超越指创新思维具有物质创新的“对象性功能”和自我超越的“本体性功能”。从较为具体的层面看，“人力”与“人性”相统一的全面的创造性不仅应体现为对物质性世界创新的“对象性功能”，更应体现为对自身精神世界创新的“本体性功能”，即双重超越。这一点是科学主义创造观所忽视的。

（一）双重超越的本质内涵

人的创造性既体现在对于物质世界的“对象性超越”中，也体现在对于自身精神世界的“本体性超越”中。在人类文化的形成和发展中，尽管人们对于创造

① 林崇德. 培养和造就高素质的创造性人才. 北京师范大学学报（社会科学版），1999（1）：5-13.

② Simonton D K. Creativity：Cognitive，personal，developmental and social aspects. American Psychologist，2000，55（1）：151-158.

③ 阿瑞提. 创造的秘密. 钱岗南译. 沈阳：辽宁人民出版社，1987：456-457，459.

④ 爱因斯坦. 爱因斯坦文集（第1卷）. 许良英等编译. 北京：商务印书馆，1976：339-340.

主体的认识在不断变化，即从神、圣人和天才、艺术家、科学家到普通人等，而对创造性的含义即使是今天也众说纷纭，但是，“超越常态”始终是人们对创造性的基本认识，因而可以说：超越常态是创造性的核心意蕴，是创造活动的本质。超越常态不仅是针对物质世界对于人的物质追求的束缚，也包括人自身的精神困惑。这种对于精神困惑的超越、内心和谐宁静的追寻同样需要人的新颖独特的精神方式，同样是创造性的结果。“在良好的健康状况下，不仅我们的躯体能够平衡而和谐地发挥其功能，而且我们的头脑和意志力量，包括理解（知识）、体验（爱）和选择（意志）能力也会根据团结的法则而得到发挥。由此可见，内心的和谐与宁静是创造出来的，真正的幸福是体验出来的。”[①]人在超越物质世界时，其实也伴随着自身的精神超越，伴随着内心宁静的追寻和幸福的体验。用黑格尔的话说，人有一种在“外在事物上面刻下他自己内心生活的烙印”“实现他自己”的冲动。[②]

正是这种双重的超越使人摆脱自然生物进化的局限，在劳动中实现了由猿到人的飞跃。人作为自然和社会存在物的统一体，在改造物质世界（即“对象性超越”）的同时也改造着自身的精神世界（即“本体性超越”），是在对自然物质世界和自身精神世界的双重超越及建构中不断完善的。因而，这种为追求人性完善而超越的对象世界，既包括自然世界，也包括人个体自身的精神世界。

（二）心理学关于双重超越的典型论述

关于创造活动中的这种内在精神超越功能，阿瑞提指出“一种创造活动不能仅从它自身来考虑，还必须要从人的角度来考虑，它在世界与人的存在之间建立了一种附加的联系，这种新的联系随创造领域的不同而不同。我们看到妙语和滑稽的新创作就会笑起来，在艺术作品面前就会感到美的愉悦，进入到哲学与宗教的领域就会感到超然，而科学创新又可以提供一种实用性、理解性和预见性”[③]。在阿瑞提看来，创造活动有双重作用：它增添和开拓出新领域而使世界更广阔，同时又因使人的内在心灵体验到这种新领域而丰富发展了人本身。创造的成果不仅是可见的，而且在许多方面也是不可见的。与通过探索外部世界及人的心灵而将要发现的新世界相比，这个摸得着、看得见、听得到的世界是非常渺小的，这确实是产生创造力的永久的前提。

---

① 丹尼尔. 精神心理学. 陈一均译. 北京：社会科学文献出版社，1998：205.

② 黑格尔. 美学（第1卷）. 朱光潜译. 北京：商务印书馆，1979：39.

③ 阿瑞提. 创造的秘密. 钱岗南译. 沈阳：辽宁人民出版社，1987：5.

（三）双重超越体现了人性的完善

对自然的超越（如探索未知、掌握自然规律、发明创造等）并不足以体现人的本质，作为一种“社会性动物”，人还有内心精神生活，还要追寻超脱于具体活动的存在意义、情感体验等。人的主要动机是要揭示出自己生存的意义，即“探求意义的意志”（will-to meaning）①。因而，创造性不仅仅表现在“对象化劳动”（即物化劳动）的产品创新中，更表现在主体对自我心理和精神面貌的创新上。从人性意义上看，个体精神上的“本体性超越”可以说更具创造性，“真正意义上的创造总是一种纯洁和净化，是精神对心理-肉体本性的摆脱，或者是用精神克服心理-肉体本性”②。人“经由精神的创造，他开始意识到他自己的存在”，才能体验价值与意义，才不至于将“本质的人性降格为功能化的肉体存在的生命力”。③人只有在自身的精神世界不断实现超越，才能在“成为人”的过程中保持人性不被异化和物化，不沦为物质成就的奴隶和工具。对外部自然世界的超越与对内部精神世界的超越是紧密相联、相互促进的。人对外部世界的超越、改造和创新活动一方面源于人对自我精神的超越和更新，另一方面也进一步强化了人超越自我精神的能力，从而从整体上提升人的创造性。

（四）双重超越应该是协调一致的

从哲学意义上说，在两种超越中创造性的“对象性功能”和“本体性功能”是统一、相辅相成的。因为物质性的活动是个体精神体验和提升的前提和基础，个体对精神的超越只有在具体的对象性活动中才能得以形成，同时它也会成为超越对象性世界的动力源泉。但是，如果物质性活动偏离精神的追求和意义的探寻，这种活动不仅不能有助于精神的提升，反而可能造成精神的扭曲。在人的创造性实践活动中，“对象性功能”和“本体性功能”很容易被割裂。两种功能的统一意味着人的活动与他的精神追求相统一，人的成就和产品成为其内在精神的外化及体现，而不是纯粹为了某种外在的功利。人只有在活动中超越活动本身，把具体活动看作其人性完善的一个载体和过程，这两种功能才能统一起来，其创造性的发展才是“人性”与“人力”相统一的全面创造性的发展。当人过分关注成就和产品，忘记真、善、美的生命意义的体验和追寻时，其本身就成为一种物性化载体，就容易造成两种功能的分离，使创造性发展“物性化”。

---

① 沃克. 存在的焦虑与创造性的生活//马斯洛，等. 人的潜能和价值：人本主义心理学论文集. 林方主编. 北京：华夏出版社，1987：401.

② 别尔嘉耶夫. 论人的使命. 张百春译. 上海：学林出版社，2000：169-171.

③ 卡尔·雅斯贝斯. 时代的精神状况. 王德峰译. 上海：上海译文出版社，1997：42-75.

（五）教育必须促进人的双重超越

在目前的教育实践中，由于创造性的“对象性功能”给人们带来的是物质财富和可见、可测的精神作品，因而为人们所重视，与这种“对象性功能”直接关联的创造能力也成为教育学、心理学关注的核心。相反，创造性的“本体性功能”则是内隐的，不为人们所重视，它是人的思想和精神层面的解放及自我更新，通常以一种隐性的、非凡的情感、态度、精神存在。然而，创造性的“本体性功能”带来的是自我精神的超脱和愉悦，给予人幸福的体验，因而是创造能力的源泉。在物质生活资料相当丰富、人的物质生存已不再困难时，人的幸福感的缺失其实在很大程度上是由于缺乏这种“本体性超越”和创造性的“本体性功能”，是只注重“成物”而不注重“成己”的结果。

对于个体的存在而言，创造性的“对象性功能”是个体幸福感的重要因素，但它仅能提供幸福的手段和条件，不能代替幸福的必然和本质。人的基本生理需要满足之后，人的幸福的本质就在于其本性中潜在精神需要的满足，在于个体在对象性活动中对精神困惑和矛盾的超越，而这种超越仅靠创造性的“对象性功能”所提供的各种产品、手段、条件是难以实现的，而需要创造性的“本体性功能”直接提供。“培养创造性的人”首先意味着培养健全和幸福的人，这远不在于使人制造出什么创新产品，更在于滋养产生创新产品的内在源流，即作为人性本体的超越精神。单向度地发展创造性的“对象性功能”而忽视“本体性功能”，最终会使创造性的发展偏离人性的发展，造成个人生活意义和幸福感的缺失，甚至给社会带来危害。

四、创新思维发展的基本要求

创新思维发展的基本目标是真、善、美等综合品质的全面发展，创新思维发展的基本要求是完成新颖能力与新型人格的同步构建。

（一）科学主义心理学的局限

新颖性与价值性一直是心理学在界定创新思维时所强调的。[①]但是，科学主义心理学依据科学研究的实证原则和可操作性方法将其仅局限在“求真”领域，仅仅关注智力成分和产品的新颖性，认知方式与产品性能的新颖性是决定人的创新思维的根本尺度，价值追求则建立在以实用为目的的产品功用上，只注重“工具价值”。然而，如果只造就“新物”而不造就“新人”，就不能达成“成物”与

① 林崇德. 培养和造就高素质的创造性人才. 北京师范大学学报（社会科学版），1999（1）：5-13.

“成己”的统一，大学生的创新思维活动同样失去了人文蕴涵与教育价值。因此，同步构建新颖能力与新型人格，是大学生创新思维发展人文蕴涵的根本特征。

科学主义心理学也注重研究“创造性人格”，但其所说的“创造性人格”实际上只是“创造者的人格”，是一些“创造者”身上出现的个性特征的客观统计，这种统计忽略了道德上的规范，牺牲了人性的价值。在中外历史上，“创造性”人才不乏精神萎靡、人格病态者，而在科学主义心理学看来，甚至连“精神失常”“怪癖”等心理病理倾向也被视为与创造力相关联的个性特质①，因为“有条理的思想是重要的，但精神病并不阻碍杰出思想的产生”②。健全的精神和人格成为追求创新产品的牺牲品，这足以显示科学主义心理学在创新思维研究中的“物性化”倾向。

（二）人本主义心理学的启示

人本主义心理学把人格与能力割裂，过分强调人格，并且以泛化的人格指代创造性，这同样对教育实践产生了许多困惑。创造性虽然是每个人与生俱来的人性潜质，但不是泛化的人格，它必须是个体身上新颖独特的品质。这种新颖性从“人力”和产品的维度看是比较明显的，它体现为与众不同的思维和功能等外部特征。但是作为一种精神品质和新型人格，通常表现为内隐的求新求异、追求新奇体验、追寻非凡意义和价值而不盲从附和的“心灵习惯”与精神面貌。

（三）创新思维是新颖能力与新型人格的双重构建

从人文的视野看，大学生创新活动中的新颖性既包括智力成分的新颖性，也包括人格层面的新颖性，而新颖的能力与产品只是这种新型人格或“心灵习惯”在一定条件下的外化和体现。例如，在人类情感中，真正的爱就是这样一种具有新颖性的“心灵习惯”，这样的爱源自个体自身，是典型的个性化情感，其体验一定是新颖独特的，它体现了人性的崇高又极具独特性，因此，弗洛姆称之为“创造性的爱”。在创新活动中，不仅要追寻新颖独特的思维和方法，更要追求个性化的情感体验、态度和精神提升，实现新颖能力与新型人格的双重构建。

五、“创造性人格”的人文意蕴

心理学研究普遍认为，创造性的人格有利于创新思维的发展。因此，培养创

---

① Simonton D K. Creativity：Cognitive，personal，developmental and social aspects. American Psychologist，2000，55（1）：151-158.

② 阿瑞提. 创造的秘密. 钱岗南译. 沈阳：辽宁人民出版社，1987：456-459.

造性人格是促进创新思维的内在支撑和心理前提。创造性人格体现在创造性过程和创新思维的具体活动之中，包括发现问题到解决问题的一系列环节与过程中。创造性人格有外显和内隐两种形态，它可以用外在的物质产品来衡量，也可以是一种内在的甚至是潜在的心理与行为能趋倾向，体现为“人性”与“人力”的和谐统一。因此，为了科学培养创新思维能力，使创新思维发展成为人性发展的有机组成，就必须充分认识创造性人格的人文蕴涵。

（一）必须从人文视野审视创造性人格

从人文的视野看，创造性人格不能简单等同于“创造者的人格”，它的界定不仅建立在创新产品基础上，还包含普通人身上表现的与众不同的心理特征与精神风貌；创造性人格的内涵不仅要依据创造者个性的“统计上的规范”，还要具有符合社会文化发展的“道德上的规范”；创造性人格的功能不仅要有助于“人力”的提高，还要有助于“人性”的完善。

由于科学主义心理学的实证研究范式处于主流地位，人们对创造性人格的认识大多是实证的结果，主要采用心理测量和问卷调查，而在真实创造活动中所展现的创造性人格的其他影响因素几乎没有进入研究者的视野。因此，符合实证主义经验证实原则的创造性产品和创造性的认知、智力过程或要素成为创造性研究、创造性培养的核心，这必然使创造性的精神过程、内在体验被排斥于创造性研究之外，逐步造成心理学对创造性研究的肢解、窄化和“物性化”。

具体来说，在近几十年的主流心理学理论中，外在可观测的创造“产品”成为创造性研究的出发点，智力成分和认知过程成为创造性研究的核心，这就造成了人们对创造性人格认识上的“外在化”，人格实际上成了产品的附庸。当前，大部分心理学理论将所谓“创造性人格”看作“反映那些富有创造性个体的精神面貌”[①]，而这里所说的“创造性”实质上是指“创造力”，取决于个体所做出的成就与产品。因而，在一些科学主义心理学家眼里，“创造性人格”（creativity personality）实际上是与“创造者的人格”（personality of creator）相混淆的，失去了其本体的人文意蕴。

然而，创造性人格依存于特定背景的经验性知识，基于每一个体的个性经验与反思而形成，不仅包含显性知识，也包含“默会知识”。因此，在创造性人格的研究和培育中，不应片面强调单一的创新思维或单维的认知结构或仅从创造产品入手，要把握创造性人格教育的全面性、动态性和系统性，特别要重视长期被忽视的人文意蕴。创造性人格的人文意蕴以现代人应具备的基本素质为基础，以

① 高玉祥. 健全人格及其塑造. 北京：北京师范大学出版社，1997：298.

创新思维为核心，以创新实践为指向的知、情、意、行和真、善、美高度统一的综合品性。

（二）创造性人格的“道德规范”

目前，大多数对创造性人格的研究更倾向于从创造的产品入手，心理学中的“创造性人格”一般指“创造者”，即具有创造产品的人。对于一个“创造者”，其个性特征或者人格的是与非、正常与异常有两种截然不同的判断标准，那就是奥尔波特所说的“统计上的规范”和“道德上的规范”[①]，前者指一般的或常见的可观察的表面特征，后者则“与人们心目中的欲念和价值有关”，要符合健全和健康的人格标准。显然，科学心理学仅仅是从统计规范上来说明创造者的个性特征，牺牲价值意义而将其等同于“创造性人格”，强调客观存在的“实然”人格的合理性，而忽视了作为创造性人格的价值判断标准，即“应然”的一面。创造性人格可以是一种外在的物质产品，也可以是一种内在的甚至是潜在的心理与行为能力。创造性人格不仅是一种能力或智力品质，也含有非智力品质，是两者有机结合的统一体，是一种全面的综合素质和修养。创造性人格要符合人性价值的规范，是对人格的一种理想化描述，强调人格本身，其定语是“创造性”，也就是超乎寻常、新颖独特且具有人性价值的人格。

同时，创造性人格研究奠基于人的生活世界，回归生活世界的教育研究所要凸显的并不是科学领域遵循的理论逻辑，不是发现自然科学方面的规律，而是生活世界特有的实践逻辑。我们需要有一个研究立场的根本转换，冲破单一的理论逻辑世界及其统治，把视角伸向事实与意义相互作用、自然交融的生活世界。在生活世界中，人们每时每刻都在通过自己的实践从“实然”向“应然”过渡，从事实向意义转化。在这一转化过程中，正是人的价值追求、情感体验、终极关怀等丰富的人文意蕴架起了“实然”与“应然”之间的桥梁。

创造性人格作为一种独特的知识形态，不能在纯粹的“统计上的规范”中找到，它呈内隐状态，具有隐蔽性、非系统性和缄默性等特征，在提取与移植上有相当的难度，在很大程度上是不能以语言的方式加以传递和陈述的。而“道德上的规范”遵循独特的实践逻辑，而实践取向的“创造性人格”研究，实质上是反思性研究。反思性研究的特征在于：立足于特定的教育情景，解决特定情景中的问题，在活动中进行反思。反思性研究不是为了抽取一般化的原理，而是阐明特定环境中个别、具体的经验和事件的意义。值得注意的是，反思性研究不反对经验提升和理论指导，因此，在研究方法上，创造性人格研究应注重质性研究与量

---

① 马斯洛，等. 人的潜能和价值：人本主义心理学译文集. 林方主编. 北京：华夏出版社，1987：87.

化研究的有机结合，使质性研究因有实证研究的支持而更具说服力，量化研究也因结合质的研究而更值得信赖；还应综合运用多种研究方法，采用多种变量设计，加强创造性人格的综合化研究，从而加深研究深度和提升研究效价。此外，创造性人格研究既是一个科学的心理学问题，也是一个复杂的社会学问题，仅靠心理学或教育学等一两门学科单独进行研究，是有一定局限性的。因此，走多学科、多方法的综合研究之路是创造性人格研究的必然选择。

（三）"创造者的个性特征"

以已经具有创造产品的"创造者"为研究对象，心理学通过对这些"创造者"的个性特征的测量、统计分析，已总结出大量的"创造者的个性特征"。例如，亨利（M. Henle）、吉尔福特、斯滕伯格等从认知的角度描述了创新思维的条件。"亨利认为第一需要感受性，第二需要专心致志，第三需要具有发现正确答案的能力、从错误中获得有益教训的能力以及具备一种超然的热诚（创造活动似乎既需要热情的关注，又需要一定程度的超脱）。吉尔福特则归纳出创造者认识上的特征：综合概括的敏感性（评价能力）、思维流畅、灵活性、独创性等。斯腾伯格指出创造者具有'立法'的思维风格，即善于以自己独特的方式看待问题和组织事情。"①

巴伦（F. Barron）从个人偏好的角度提出了五个创造者的特征：有独创性的人喜欢复杂的和某种程度上显得不均衡的现象，有独创性的人有着更为复杂的心理动力和更广阔的个人视野，有独创性的人在做出判断方面有着更大的独立性，有独创性的人更坚持己见和具有支配权，有独创性的人拒绝把抑制作为一种控制冲动的机制。他还对"压抑"与创造行为的关系做了解释：压抑虽然是实现统一常用的一种方法，但是这种方法只在短时间内有效，当一个人面临所要出现的复杂情况时就不起作用了。独创性"在最少压抑的情况下以及在最高整体利益容许某些规范被打破的情况下就会活跃兴盛起来"，支配权是"追求一种不仅仅对于其他人也对于一切经验的个人控制权"。②他通过对图画的爱好试验得出：独创性与杂乱、不规则甚至乱画的偏好之间存在着相互关系；有创造性的人并不被自然现象中再现为几何规则的图画所吸引，而是被那些追求新鲜感受的图形所吸引，这些图形是可以理解的、协调的、能激起审美情趣的。对此阿瑞提认为："'对杂乱的追求'就是对原发过程与未成熟形态的承认，'对秩序的追求'就是对继发过程的需要，而第三级过程或原发过程与继发过程的相配合，就会产生新

① 郭有遹. 创造心理学. 北京：教育科学出版社，2002：131-136.

② 皮埃尔・布迪厄. 实践感. 蒋梓骅译. 南京：译林出版社，2012：79.

的图形或新的秩序”。①

斯滕伯格从总体上总结出与创造行为相联系的人格特征：“能忍受模糊、具有克服障碍的意愿、具有不满足并自我超越的愿望、敢冒风险、自信等”。②西蒙顿（D. K. Simonton）在综述中总结了创造者的个性特征：“独立、不遵从习俗、反常规甚至放荡不羁、有广泛的兴趣、对新经验开放、行为出色、认知灵活、敢于冒险和勇敢。”③除此之外，心理学家对于一些特定领域的创造者和特定年龄的高创造性个体进行了大量的专门研究，总结出了许多特定专业领域和特定年龄群体的创造者的个性特征。

从这里我们可以看到，对这些“创造者的个性特征”的揭示对于人格的研究和培养固然有一些帮助，但是，这些个性特征的描述十分含混笼统，给人以模糊的感觉。它们的确切内涵、相互关系与区别，以及与创造行为之间的关系、对于人性完善的意义等，都没有得到清晰的说明。正如米哈伊所言：“有创造性的人与众不同之处在于，它们有能力适应几乎所有环境，可以利用手头任何条件去达到他们的目标。不说其他，光这点就能把他们同我们这些芸芸众生相区别。然而，似乎又没有某些特定的品质是人们为了得出有价值的创新而必须具备的。”④他引用曾任花旗银行公司总裁约翰·里德对于创造性的企业家个性特征的描述：“有意思的是，这些企业家在考虑问题方面有共同点，但在他们的风格、态度和个性等方面却毫无共同之处。除了他们的经商方式外，他们之间没有一点共同之处。”⑤科学家和艺术家的情况也是如此。因此，对于创造者的外在个性特征的实证归纳并不能为我们发展创造性人格提供清晰的理论指导。

（四）“创造者的个性特征”与“创造性人格”

心理学仅研究拥有创造性产品的“创造者”的个性，并将它视为“创造性人格”，这里必然产生这样的问题：其一，是否能将创造产品的拥有者（即创造者）的个性特征归纳出一些共同的成分，从而我们把这些稳定、共同的成分叫作“创造者的人格”或个性特征；其二，这些归纳出的个性特征是否引发创造产品的特征；其三，这样的个性特征是否具有创造性，即符合“超越、独特、新颖和

---

① 阿瑞提. 创造的秘密. 钱岗南译. 沈阳：辽宁人民出版社，1987：57.

② 郭有遹. 创造心理学. 北京：教育科学出版社，2002：114.

③ Simonton D K. Creativity：Cognitive，personal，developmental and social aspects. American Psychologist，2000，55（1）：151-158.

④ 郭有遹. 创造心理学. 北京：教育科学出版社，2002：71.

⑤ 米哈伊·奇凯岑特米哈伊. 创造性：发现和发明的心理学. 夏镇平译. 上海：上海译文出版社，2001：50.

有价值”的标准，符合这个标准的人格特征才符合创造性的基本精神，这种体现人性本质的“创造性人格”才是需要教育来培养和发展的。

第一，从统计规律上，心理学并没有归纳出一套公认的、一致的“创造者的人格”①。心理学关于创造个体所具有的个性特征研究可谓众说纷纭。几乎任何一项研究都根据所调查或测量的对象提出了创造者个体的众多个性特征。这些特征中有一些是有共性的或者相似的，但是更多的是不同的和难以比较、归类的。阿瑞提对此进行了总结。他认为，“如果将这些创造者的个性特征归纳和列举的话，会发现大部分特点似乎对任何人都是合意的。但也有一些有分歧的，比如，易于受到神秘难解的事物的吸引，蔑视常规，独立判断与思考、有怪癖、好极端。另有一些消极的：例如遇事不满、扰乱组织、喜欢挑剔、爱犯错误、刚愎固执和变幻无常”②。之所以会出现这种情况，是因为这些研究是从创造者出发，而这些创造者由于不同的文化背景、不同的专业领域，其个性也各有不同，很难说有一个共同的个性特征。即使有一些共同的个性特征，由于个体的差异，其表现形式、程度也是不同的。从心理学已有的研究成果看，似乎很难得出一个创造者个性特征的整体面貌。在这众多“创造者的个性特征”中，有一些是共同的个性特征（例如灵活性、冒险、独立、容忍模糊和错误等）对于产生创造产品十分有帮助，而且这些品质也具有人性的价值，是一个人要做好某事应该做到的。

第二，是不是这些“创造者的个性特征”就一定促进、导致创造性产品？科学心理学充其量从统计规律上说明了这些特征与创造行为的相关联。一些心理学家进一步认为，这些个性特征只有与其他的心理品质相结合才有助于产生创造性产品。例如，在斯滕伯格著名的投资理论中，人格被视为创造性众多心理资源的一种，人格对于创造行为的作用如何，还要看这些人格特征与其他心理资源的结合方式。

按照科学心理学的理论准则，似乎投资理论并没有解释人格究竟能否或如何作用于创造的过程，正如巴伦所说的：“投资理论只是创造力的一条准则，而不能解释具体操作的过程。”③事实上，沿着科学心理学的道路，必然走向困境。完全的科学实证无法验证“创造者的个性特征”是否产生创造性产品，也无法解释人格在创造性行为中的具体作用，因为对于科学心理学来说，即使是对不可观察现象的研究，也必须建立在可观察的基础之上。然而，事实上并不是所有心理现象都可以被直接观察和测量，尤其是高级的心理现象，因为越是高级的心理现

① 郭有遹. 创造心理学. 北京：教育科学出版社，2002：71.

② 阿瑞提. 创造的秘密. 钱岗南译. 沈阳：辽宁人民出版社，1987：65.

③ 阿瑞提. 创造的秘密. 钱岗南译. 沈阳：辽宁人民出版社，1987：71.

象，越是无法以物质的物理或生物过程来描述或者验证。“创造性人格”这样的高级、内在的心理现象带有很强的主观色彩，不完全具有重复验证和经验证实的性质。因此，体现人性价值、意义层面的精神特征依然有赖于理性的反思，而不仅仅是科学的实证。这正是科学心理学在研究创造性问题上的根本困惑和不可逾越的障碍，也是20世纪80年代中期以来创造力研究在创造力的根本理论问题上停滞不前的根本原因。

要解决这一问题，有学者认为“要从创造方法论”或“创造哲学”中寻找。[①]而自20世纪60年代兴起的“超个人心理学”则为我们提出了一种突破科学主义局限的强调对象中心论的最具开放的方法论模式，对研究内在的创造性人格不无启发。其实，对于创造性人格来说，这不仅仅是方法论的问题，而是根本的逻辑出发点问题，也就是从创造的产品出发还是从人格出发、是从“人力”出发还是“人性”出发的问题。显然，心理学是纯粹从产品和人力出发的，忽视了人格的人性意蕴。因而，从方法和实证上能够清晰无误地证明一种个性特征能有效地促进个体生产出创造性的产品，这种个性就一定符合人性的准则和创造性的基本精神而值得教育去培养吗？

第三，“创造者”的个性特征仅仅是一种客观的个性现象，至于它是不是具有“创造性”，其依据不能只看他是否发生在“创造者”身上，还要看这种个性特征是否符合人性准则和创造性的基本精神。任何一种关于人的研究必须有其人性价值，科学是人的，科学的真正动机不能与人的价值追求分离，而是来自人类对于美和善的追求。人格通常能体现个体差异，但是不同于个体差异，因为“人格关心的是人性的本质”[②]，科学心理学对于“创造者个性特征”的研究固然有其“描述和解释”的求真价值，然而将求真与求善、求美分开，将客观性的、以产品来判定的“创造者的个性特征”视为与人性真、善、美密切相关的“创造性人格”，对于教育有一种误导倾向，因为“创造性人格”作为人之为人的人性精华，内隐“好”的或“理想”人格的含义，具有健全人性发展的价值趋向，而“创造者的个性特征”纯粹是一种客观的个性描述。并不是创造者的所有个性特征哪怕是能够产生创造产品的个性特征就一定是“好”的、健全的人性体现，值得教育和培养。因此，对于教育来说，将“创造者的个性特征”与“创造性人格”严格区分开来十分重要。

---

① 孙雍君. 斯腾伯格创造力理论述评. 自然辩证法通讯，2000（1）：29-37，46.

② 鲍利克，罗森次维格. 国际心理学手册. 张厚粲主译. 上海：华东师范大学出版社，2002：394.

（五）创造性人格中“人性”与“人力”的和谐统一

从教育的角度看，我们今天所要追求的创造性人格既不是忽视人性的、纯粹的创造者的客观个性，也不是不顾社会现实发展背景的孤立和抽象的人性，我们需要的是“人性”与“人力”统一视野下的创造性人格。这样的人格既有利于产生外在的成就，也符合健全的人性。要达到这两者的和谐统一，就必须将创造性的视野拓宽。仅仅从狭窄的创造领域和少数创造者个体身上分析人格，是无法实现这种统一的。

科学心理学所选取的样本（即“创造者”）是有局限的，因为从广义看，很多被科学心理学视为非创造者的个体也许在其他方面具有较强的创造性。在人类物质生活十分贫乏的时代，物质上的创造成为人们生存的首要条件，这个时期人们将创造的目光投向有形的外在的物质创新上，创造性也仅仅用于表征那些物质产品的创造者。在现代社会，人们的需要是多元化、多层次的，人类工作和生活的任何侧面和层次都存在超越的需求，都有创造性的存在。因而，今天我们所要研究的创造性不是少数领域和少数人的特权，而是社会广泛领域中的超越现象，创造性人格也应该表现于形形色色的创造性人物身上，仅仅研究科技或艺术等狭小和尖端领域的创造者并不具有完全的代表性。

这里需要说明的是，人本主义心理学这方面是例外的，马斯洛首先将人格研究的眼光投向了普通人和现实生活，反省道：“不久我发现，第一，我已经像大多数人一样，根据成果考虑创造性了；第二，我已经不知不觉地把创造性只局限在人类努力的某些传统领域上，我无意识地假定：任何画家、任何诗人、任何作曲家，都过着创造性的生活。理论家、艺术家、科学家、发明家、作家，可能也有创造性。而其他的人则可能没有创造性。我不知不觉地假定，创造性是某些专业人员独家的特权。但是，这些预期被我的各种各样的被试给打碎了。”[①]他根据人格本身是否具有创造性来考察，认为即使是一个家庭主妇，其人格也体现出“独到的、新颖的、精巧的、出乎意料的”，因而是具有创造性的。他把创造性这个词不仅运用到产品上，而且以性格学的方式运用到人、活动、过程和态度上。

显然，人本主义心理学偏重“人性”与人格，以创造性的基本精神和人格本身为价值来判断其是否具有创造性。但是，人本主义心理学（尤其是马斯洛的自我实现的创造性理论）实际上是将创造性的“人性”与“人力”分割了。从马斯洛的许多著述中可以看到，“自我实现”的创造性几乎等同于“健全人格”，这种创造性主要强调人性而忽略了创造能力的侧面。至于“特殊才能”的创造性，在

① 马斯洛，等. 人的潜能和价值：人本主义心理学译文集. 林方主编. 北京：华夏出版社，1987：244.

马斯洛的著作中未做过多描述，但基本上特指创造的“才能”或社会性成就，因而忽视了人性的一面。这就是说，马斯洛主要依据健全“人性”和新颖“人力”而将创造性划分为“自我实现”型与“特殊才能”型。但笔者认为创造性作为“人性”与“人力”的统一是不可分割的，即使是在论述学生“自我性”的创造性与科学家“社会性”的创造性的差别时，也只能强调水平的差别，而不是“人性”与“人力”的差别。正如“强烈的求知欲”可以是动机或兴趣特征的一种表现，还可以被看作性格中的一个理智特征，同时它又带有意志和情感色彩。由于创造性人格本身是多要素相互联系、相互制约、相互作用的统一体，各组成要素之间一般没有很明确的界线，某一创造性人格特征也往往是多种人格要素的结合和综合体现。创造性人格既是健全精神的表征，同时也一定能外化为各种各样的创造性产品，因为创造性人格的养成必须在创造性活动中实现，在创造性产品的生产过程中形成。不同阶层的人由于其知识、能力的不同，其表现或许相异，在一个家庭主妇身上，这种创造性人格也许体现为一种生活态度，外化为一种创造性的生活；但对于一个科学家来说，这种创造性人格就必然产生发明创造，外化为创造性的高科技产品。对于教育来说，其关键之处就在于，创造性人格的培养不能使“人性”提升与“人力”发展相割裂，而要使两者相得益彰。

第十一章　创新思维培养的现实反思

一、创新思维培养的人文性偏差

由于功利主义思潮和实证主义方法论的影响，目前大学生在创造性发展中，外在的、可测的、物质性的因素备受关注，而人格、精神等人文性因素常常被忽略或成为物质的附庸。人格与精神的价值仅仅在于其外在的功用，即在于其在多大程度上促进物质产品的创新。这样，大学生创造性的发展慢慢“片面化”“物性化”，失去了人文精神，导致大学生创新人格发展的异化。因此，正确把握创造性的人文蕴涵，深入反思大学生创造性发展的人文性偏差，对于促进大学生健康成长是十分必要的。从我国大学生创新思维培养的现状看，大学生创新思维培养总体上呈现重人力轻人性、重物性轻心性、重功利轻理想的人文性偏差。

（一）创造性的认识：重人力轻人性

大学生创造性的认识重人力轻人性，具体体现为仅仅关注创造性的认知、能力成分，忽视人格、精神等人文性成分，只看到外在物质创新功能，忽视创新思维的人文功能和对于生命的意义，忽视创新思维发展的“个体享用”功能和精神超越功能。这种创造性的“人力化”倾向实质上是从本体意义上窄化了生命的意义，使“生命变为单纯的功能”，从而使生命“失去了其历史的特征”。①

由于这种“人力化”倾向，一些大学生在创新活动中仅注重以能力、技巧为核心的创造性人力因素的发展，片面追求这种人力因素所带来的外在成就，忽视创造性给个体自身带来的幸福感和心理、精神的和谐，尤其是健全心理的发展和整体人性的完善。一项关于北京、广州、香港、台北四地的大学生创造观的研究显示：北京和广州的大学生在创新思维的认识与评价上相对狭窄，他们多从治国的突出成就和科技上的重大突破的角度来看待个人的创新思维表现，将创新思维

---

① 卡尔·雅斯贝斯. 时代的精神状况. 王德峰译. 上海：上海译文出版社，1997：40.

与著名政治家和科学家紧密结合起来，绝少考虑创新思维在社会其他领域（如艺术、商业等）的多元表现，更没有考虑创新思维在平常生活中的表现。这说明他们在创新思维观念上认知范式单一，仅仅以实用性为核心，看重外在的政治和科技成就，轻视创造力在社会广泛领域的表现（特别是在日常生活中的表现），也轻视创新思维在个体内在精神生活中的表现（如艺术性与幽默感）。①有研究表明，西方人对创造力的理解主要包括动机、自信、审美观、独立性、幽默感和批判思维等核心因素②，这里的“幽默感”“审美观”等显然涉及人的精神生活和精神上的超越性，因而这一点是值得我们借鉴的。

片面发展大学生以认知能力为核心的“人力化”创造性，不仅会造成全面素养发展的偏差，更容易造成物欲的膨胀、情感淡漠、道德沦丧。“物质主义对生活和人的本性的看法却纵容我们利用自己的知识去获取财富和权力，把爱自己放在首位，达到无以复加的地步，而把公正和美好视为个人利益和快乐之后的次要东西。物质主义哲学的另一个同样有害但却不那么明显的后果，则是生活中的创造性、艺术性和敏感性等因素远远不像科学、逻辑和技术等等那样受到重视，部分原因在于后者给我们更多的机会去积蓄财富和权力。由此而造成的内心冲突和心灵空虚可能通过酗酒和其他麻醉大脑的药物或刺激情绪的音乐以及寻求各种极端的生活体验来暂时地弥补。”③

在“人力化”思想的影响下，大学生物质创新能力固然有了较好的发展，但是一些大学生的情感、意志能力却减弱了。这样，他们一旦遇到物质追求中的挫折，往往缺乏创造性的心理调试和超越能力，可能出现病态的心理，有的甚至走向堕落。

（二）创新思维的培养：重物性轻心性

我国一些大学在大学生创新思维的培养上重物性轻心性，主要表现是在创造性培养中重物轻人，将物的规律应用于人。一些大学在创新性思维培养上忽视心理与物理的区别，只注重创新的物质机理，以创新的认知规律和物质机理为依据来培养创造性，忽视创新过程中的情感、人格的规律，重成物和物理，而忽视成己和心理机理。例如，只关注大学生物化的创造性产品、专利、成果产生的认知、思维研究，将其看作创造性过程的全部，忽视创造性的人本身，尤其是忽视

① 岳晓东. 两岸四地大学生对创造力特征及创造力人才的认知调查. 心理学报，2001（2）：148-154.

② Helson R. Creative personality. In Gron K，Kaufmann G，Innovation：A Cross Disciplinary Perspective. Oslo：Norwegian University Press，1988，29-64.

③ 丹尼尔. 精神心理学. 陈一均译. 北京：社会科学文献出版社，1998：15-22.

情感、态度、道德等整体人格。重物性轻心性的创造性发展将外在物质产品视为衡量大学生创造性高低的唯一尺度，在激发创造性的方法指导和训练中，常常局限于解决物质世界的创新问题，至于如何解决个体心理或精神层面的疑惑，如何以创造性的方法克服心理障碍等问题，则不被视为创造性的题中之义。

创新活动会面临许多心理和精神冲突，对于从事现代科技创新活动的人来说，以创造性方式超越自己的精神和心理是创新活动得以顺利进行的必要保证。由于大学生创造性发展的“物性化”，大学生的创新活动被视为一种单一的物质超越和创新活动，与精神交流提升相分离，大学生的耐挫能力和心理调试能力无法在创新活动中得到锻炼与发展。这样，一些大学生在创新思维和技能发展中尽管能够超越物质世界的困惑，但是缺乏情感能力和意志能力的锻炼，难以摆脱自身的心理和精神困惑，可能出现心理危机。这种心理危机具体体现为心理障碍、生活空虚、幸福感缺失等。

一项调查显示，大学生对生活的认识态度低沉，33%的人认为“生活空虚、沉闷和厌烦”①，而心理障碍问题是大学生心理危机的最突出表现。据调查，大学生中有中度以上心理不健康症状的比例达 15.5%，而有轻度症状者达 49%②；有心理反应异常者占 26.99%，在强迫症状、人际关系敏感、忧郁、敌对、偏执 5 项因子明显高于全国常模③。这说明，大学生的心理危机已经成为一个较为普遍的问题，尽管造成心理危机的原因众多，但是“物性化”创造性的发展所导致的心理超越能力的丧失是一个重要的原因。

（三）创新思维的目标：重功利轻理想

大学生创新思维的目标重功利轻理想集中体现为忽视创造性活动的个体发展功能，将创造性仅仅当作获取名利的手段。创造性被看作外在的人力和物性，所以必然是可见的、外表的，能够以显眼的方式呈现在人们眼前。因而，在社会活动过程中，一些大学生极力包装自己这种外在的“创造性”，将体现人性特质的创造性窄化为“商品”向社会推销，以显示自我的价值或获得一份良好的职业来满足短期的功利性要求。这就使得人格“商品化”“市场化”，有碍创造性的全面发展。

弗洛姆在描述工业化社会给现代人带来的弊端时，曾指出一种非创造性指向

---

① 吕澜. 当代大学生的学习与生活：对 1768 名大学生的调查. 浙江学刊，1999（3）：81-83.

② 凌苏心，陈卫旗. 广州大学生心理健康状况与教育对策. 心理科学，2000（5）：628-629，631.

③ 诸杰，闫振龙，顾利民，等. 影响我国大学生心理健康状况的因素及其干预对策的研究. 西安体育学院学报，2001（1）：108-110.

的性格特征，这就是“市场指向”的性格特征。具有这种市场指向性格特征的人，注重占有已有成果，逃避创新；其成功与否主要依靠其在市场上如何推销自己，从而获取一份现成的利益，因而不是注重自身内在的发展和创新，而是着力于外部的包装和自我推销。这种占有而非创造性的性格特征在我国市场经济的环境中也有所体现。由于物欲主义的侵蚀和一些大学的“市场性格”，部分大学生逐渐养成了“商品人格”，即缺乏“我就是我”的独立人格，不以自我发展和创新为本位，而渐渐养成“我就是你所需要的”迎合式人格，使人的价值、才华取决于市场效应。

目前，无原则地迎合市场、不切实际地推销自己成为部分大学生追求的时尚。据报道，一些大学毕业生热衷于包装自己的“面子工程”，重面子轻本质。每年毕业季，一些大学生精心设计自己的简历，但对应聘的具体目标却不做分析；为了使自己的“包装”胜人一筹，部分大学生在包装自己和推销自我的时候甚至造假；还有些大学生在求职中缺乏诚信，毁约频繁，给用人单位造成困扰。至于有的大学生在论文写作中伪造数据、抄袭剽窃等行为更是其急功近利、追求“占有”而畏惧创新的商品人格的集中写照。

为了解决大学生创新思维发展的人文性方面的问题，我国大学教育必须在观念和行为上消除“物性化”倾向，强化创新思维发展的人文蕴含，使创新思维发展成为“人性”与“人力”的有机统一。其一，必须注重大学文化环境的建设，弘扬以自由精神、批判精神、超越精神等为核心的大学精神，克服大学的市场习气。其二，必须正本清源，正确认识创造性的全面内涵，要超越将创造性视为“物性化”人力和物质创新产品的局限，把对创新思维的认识提高到人性完善与大学生“成人”的高度，从真、善、美的视角全面把握创新思维的人性内涵。其三，要避免大学教学活动的片面化，丰富教学活动的内涵，充分挖掘大学学科教学的文化资源，充实和丰富教学活动的内涵，将逻辑演绎的科学课程体系还原成生动活泼的、包含知识的历史过程和文化内涵的实践课程体系，充分体现知识的真、善、美的丰富营养。只有在知识的构成和获取方式上丰富教学活动的内涵，提供真、善、美的丰富资源，才能使大学生在认知性的物质活动中通过创新客观世界的科学实践而获得知、情、意的完整体验，在提高创造力“人力”的同时，使精神达到“日新”，成就“人性”的完善。

二、创新思维培养的认识前提

创新思维培养的认识前提是树立新的课程观。哲学认识论是教学理论研究与大学教学实践的最重要哲学基础。历史上，以理性主义和经验主义为主要表现形式的科学认识论对课程教学产生了深远的影响，决定了当今我国大学课程教学的基本面貌。传统的科学认识论将认识看作纯理性的活动，看作生活的工具而不是生活本身，将认识中的主客体视为对立的、分裂的外在认识关系。这就造成课程教学中知识的客观化、目标的理性化、教育的工具化和教学的逻辑化。

现代认识论强调的是一种“生活认识论”，它主张主客体的自然融合，将认识的对象从单一的客观科学世界扩展为真、善、美的生活世界，强调认识要遵循实践、生活的逻辑。对于教学来说，“生活认识论”强调教学要面向生活世界，主张教学过程中生活意义和人性价值的理解。这对大学教学观念的创新具有较大的启示。

（一）教学认识观：科学逻辑向生活逻辑转型

教学过程是一个特殊的认识过程，从教育的本质出发，教学中的“认识”不仅是体现逻辑化、客观化的科学逻辑，还是体现人的生活意义的生活逻辑。

科学认识活动作为人性的对象化、物质化，它的真正动机来自人类个体对真、善、美的整体追求，只是由于近代实证主义的还原论和客观论原则的影响，科学的认识才变得过分理性化、机械化而与人性的隐形因素分离。而以“科学认识论”为导向的教学认识观，将科学课程中的人文性成分蒸发掉，使课程成为一个单一的客观逻辑体系，使大学教学失去了人文性生成的资源。因此，必须在教学认识观上转变狭隘的科学逻辑观，树立全面的生活逻辑观。

具体地说，就是要“对认识做人的或人的生活的理解”，而不是把认识仅看作是科学的、纯客观和纯理性的活动、看作是生活以外的东西；不能将认识仅看作“为了生活”但却存在于生活之外的工具，而是要从生活世界观出发，“把认识本身视为生活”。①只有树立生活的认识观，将认识视为人的活生生的生活组成，使认识不脱离生活，大学教学才能成为大学生生动活泼的、密切联系其生活经验的人性化活动，才能调动个体的全面体验和感受。只有这样，大学生才能在教学的认识活动中全面感受科学知识的精神意义，提升人文修养水平。

在生活逻辑观的视野中，课程知识是一个多层、多维的综合体，它不仅仅包含信息、逻辑和符号等显性成分，也包含情感、审美和智慧等隐性成分。从大学教学中的知识状态看，知识的多重成分体现为现象描述层面、思想方法层面、方法论层面、文化层面等。多层面多成分的知识整体也具有多方面的功能，一般而言，知识具有信息功能、认识功能、创造功能及文化功能等。信息功能就是知识

① 李文阁. 生活认识论：认识论之现代形象. 南京社会科学，2001（2）：12-16.

给人们提供一些确定的信息，这是知识最表层的和直接的功能；知识并不是孤立的，其有一定的逻辑联系，即人们常说的“来龙去脉”，因而具备有逻辑地再生知识的逻辑演绎功能和认识功能。除此之外，知识作为人的整体活动的结果，作为历史文化的载体，必然蕴含着创造过程的思想方法以及文化的、人性的意义，具有促进人的精神发展和提高文化修养的功能，这些都是深层的、间接的功能。

按照生活逻辑观，大学教学应该将知识和获取知识的认识活动恢复到历史的、生活的、实践的生动情景中，使知识的这种多重成分、多种功能完整地体现出来。

（二）课程知识观：显性知识与隐性知识并重

知识或知识成分有“显性”和“隐性”之分，这种“隐性”知识就是英国著名科学家和哲学家波兰尼所说的“意会知识”（tacit knowing）或“个人知识”。“一般人总以为言传知识是人类知识的全部，而实际上它只不过是巨大的冰山露出水面的那个小尖顶，而意会知识却是隐匿在水下的宏大部分。与言传知识相对应的传统认识论，所依靠的是可明确表述的逻辑理性，而在波兰尼看来，人们恰恰长期忽视了意会知识及与之相对应的意会认知，它是一种与个体的认知活动密不可分、只可意会而无法言传的隐性认知功能，是一切知识的基础和内在本质，它所倚重的是一种隐性的理性。”①科学知识中的显性成分显然不会直接涉及人文性成分，其人文性成分往往属于“意会”“隐性”的知识范畴。只有充分认识到知识的“隐性”和“意会”特征，才能正确处理好大学教学中客观知识与人文内涵的辩证关系，为大学生人文素养的养成提供应有的空间。

其实，意会知识和意会认知也被现代脑科学研究所证实。按照脑科学的理论，思维从其生理机制上来说就是神经细胞通过复杂的运动对信息进行接收、加工和传递的过程。其中，这种过程在有些脑区域（如左脑）能为主体所意识，体现为言语的、分析的、逻辑的、抽象的功能，这些区域我们不妨称之为脑的逻辑区域。过去人们通常认为脑的左半球是逻辑功能区域，其实还有其他脑区域也有明显的逻辑功能。②此外，还有一些脑区域，它们的思维活动不能完全为主体所清楚地意识到，体现为非言语的、感觉的、综合的、直观的功能，我们将这些区域称为脑的非逻辑区域。思维活动是全脑的活动，在信息加工过程中，脑的逻辑区域与非逻辑区域是紧密联系、协同运行的。但是，非逻辑区域的思维活动往往不为我们所意识到，这种思维即心理学上所说的“潜意识思维”，它正是我们产

① 黄瑞雄. 波兰尼的科学人性化途径. 自然辩证法通讯，2000（2）：30-37，13.

② 布莱克斯利. 右脑与创造. 傅世侠，夏佩玉译. 北京：北京大学出版社，1992：105.

生灵感、顿悟等非逻辑思维现象的重要原因①，也是我们体验和感受知识的人文成分的途径。因而，知识的显性功能和隐性功能大体上来源于人脑的逻辑区域和非逻辑区域，语言和逻辑只能揭示知识的显性功能，而知识的隐性内涵尤其是人文内涵只能由主体进行“意会认知”或非逻辑式的体悟。

法国学者吉罗根据“国际学校成就评估协会”的调查，认为教学对于学生知识的实际影响是很小的，教学只能部分地决定个体的知识。②他认为，教学与知识之间不存在严密的相关性，教学只能激励和引导学生进行（心理学意义的）“学习”，实际上是学生自己在掌握和丰富他的知识。知识来源于多方面，各人都使其能得到的知识适应“自己的方式”。他认为在导致学业成绩差异的因素中，只有10%—20%是教学方面的，未确定因素占60%以上。这一研究从实证的角度表明：教学的“知识传授”所给予学生的“显性”知识是极其有限的，学生获取知识，尤其是“隐性”的知识更多的不是通过老师的“传授”，而是通过“自己的方式”。这种自己的方式尽管十分复杂和多样，但其最大的特征就是非逻辑领悟。显然，大学教学中只有部分显性知识或显性的知识成分可以讲解、分析、传授，大部分隐性知识（尤其是人文的知识）只能靠大学生以个体的方式去体悟。

（三）课堂教学观：文本叙述与暗示体验结合

大学教学中，科学知识中客观性、逻辑性的成分可以通过文本叙述的方式进行讲解传授，但是真正体现人性发展价值的、以主观性和价值性为主要特征的人文性成分大多只能以暗示体验的非逻辑方式进行意会与渗透，强调言外之意。而且，这种隐性的人文性知识内涵不是孤立存在的，它与知识的逻辑、显性成分紧密相联，体现在逻辑话语和字里行间。这就要求教师在课堂教学中打破逻辑一统天下的模式，将逻辑性的文本叙述、讲解、论证与暗示、感染、体验等非逻辑方式有机结合起来，点化和启发学生对客观性的知识作文化的、主观的、精神的、个体性的理解和感悟。

例如，一个数学公式，其文字、符号、逻辑关系、证明等是可以表达、推理和论证的显性知识，是可以讲解和传授的。然而，公式本身所体现的审美特征，如简洁、优美、雅致等，以及所体现的人类探索精神、求知意志等，却需要个体体验的隐性成分，并且由于这种体验和感受的个体差异性大，因而无法用语言表达，只能通过暗示、感染使学生以自己独特的方式，进行非逻辑式的意会。

为了将文本叙述和暗示体验真正地、有机地结合起来，必须对专业教材上文

① 李小平. 潜意识思维的内部规律与调控初探. 湖北大学学报（哲学社会科学版），1994（4）：107-110.

② 罗歇·吉罗，张人杰. 教学对知识的实际影响. 外国教育资料，1984（2）：38-44.

本的、被还原和客观化了的科学知识进行挖掘，将其中已经蒸发和丧失的、体现人性化的真、善、美成分充分地展现出来。通过知识产生背景的提供、知识运用情景的营造，揭示科学知识的人文内涵、美学成分、情感和意志意蕴。

三、创新思维培养的现实关键

创新思维培养的现实关键是克服学习的“占有性”倾向，大学生的学习活动是其成长和发展的基本途径，因此，学习的方式以及效果将直接影响大学生素质的高低。由于功利主义思想的影响，部分大学生在学习中存在急功近利的“占有性”学习倾向，即只注重知识的外在占有，例如注重知识的记忆、累积和实用等表层功能，而不注重知识内化，将知识的学习视为外在工具，脱离自身的体验感受和身心发展。这种倾向势必造成大学生学习与发展相背离，阻碍其素质的养成，必须引起高度重视。

（一）大学生“占有性”学习倾向的基本特征分析

“占有性”学习并不是对知识的真正占有，而是重外在轻内化、重功利轻发展，知识的学习被当作外在的手段和工具，比如分数、证书或工作机会。“占有性”学习方式通常不以探求知识为本位，而是以考试、分数、证书等外在事物为目的，知识学习与自身身心发展相分离，是一种“占有性的生存方式”①。具有“占有性”学习倾向的大学生对于新思想、新观念往往感到迷惑，缺乏创新意识和探求精神，因为新思想、新观念是不宜以信息的形式去占有的。这种“占有性”知识与个体的心灵、精神相分离，没有内化为大学生全面品质发展的养分，其学习因脱离个体发展而异化，这不仅造成大学生丧失学习乐趣，还导致大学生生存态度和人格的畸形发展。

（二）我国大学生形成“占有性”学习倾向的原因分析

从我国大学生学习现状看，出现“占有性”学习倾向主要有以下原因。

一是社会上功利意识的影响。我国部分大学生在学习上存在功利性的意识倾向和占有性的学习方式，他们在学习目的、学习内容、专业选择和学习策略等方面带有强烈的功利色彩。

二是知识观的片面逻辑化、客观化。从我国大学教学的现状看，内隐于教育者头脑中的知识观深受“唯理性”“唯科技”思想的影响，教学内容呈现明显的

① 马斯洛，等. 人的潜能和价值：人本主义心理学译文集. 林方主编. 北京：华夏出版社，1987：330-348.

逻辑化和客观化倾向，使得知识窄化为可用于记忆、占有的信息。教学中将逻辑看作知识的唯一特征，否认知识的非逻辑性、体验性特征；部分课程和教材基本上是知识的逻辑连接和演绎组成，很少有历史、文化的成分以及鲜活的、叙事性的描述，教学也是遵循教材的引导而以逻辑传授为主，缺乏师生、教材、学生之间对话、互动的空间，这就使教与学活动难以有体验、感染、暗示的余地，淡化了知识的非言传特征，阻碍了学生对知识的感性、精神因素的体验。

三是忽视隐性知识和意会认识。科学知识中的显性成分显然已经被记忆和占有，但是其隐性成分往往属于意会的范畴，只能被领会、体验，无法被外在性地占有。只有充分认识到知识的隐性和意会特征，才能有效克服“占有性”学习倾向，促进大学生学习中的自主体验和内化。

（三）克服大学生“占有性”学习倾向的基本教学途径

为了克服大学生“占有性”学习倾向，促进大学生素质的真正提高，从大学教学的实际看，必须重点把握以下几点。

第一，在观念导向上，要恢复知识的丰富内涵，将教学中的知识看作一个包含认识、情感、意志的综合载体，充分认识到知识的显性与隐性、表达与体验、客观与主观等辩证统一的特征，通过知识产生背景的提供、知识运用情景的营造，揭示科学知识的人文内涵、美学成分、情感和意志意蕴。

第二，在教学活动构建上，要完善知、情、意的多元化教学模式，就是使课堂教学由逻辑的讲解、传授知识的活动变为交往、体验、探索的整体人性活动。具体地说，就是要注重思维过程的完整体验，在活生生的思维过程中体验人的认知、情感和意志；将知识的历史、文化线索和生活线索融入逻辑体系，充分展示知识发生发展中生动活泼的认知、情感和意志过程；充分运用人的认知、情感、意志的发生机理和相互作用机制，注重知识的情感因素、精神成分在教学活动中的体现。

第三，在师生关系上，要克服教师与学生那种单一的“桶”和“水”的上对下的关系模式。实践表明，如果教师作为“专家”“权威”“控制者”“知识的拥有者”等角色出现，与学生的交往关系就成了一种以知识为纽带的单向式关系。这种关系使得知识如同教师给予学生的物品一样，学生只是接受与占有，助长了学生学习的“占有性”倾向。因此，师生在课堂活动中不仅要成为知识上的合作者，更应该是思想、情感的交流者。课堂上师生的“心灵感应”，学生与教师坦诚的语言交流、相互的生活了解，教师赞许的表情、关爱和鼓励的眼神，甚至一个手势、一个微笑等，都能体现师生的情感互动、感染，从而以隐性的方式促进学生心理发展，使知识的学习成为一种自主性的整体体验，成为大学生身心内化的过程。

四、创新思维培养的实践路径

创新思维培养的有机一体性存在于社会性实践中，存在于从事着社会实践活动、具有社会关系的现实的人身上。创新思维培养的内在和外在特征，即“人性”与“人力”特征，包括“对象性功能”与“本体性功能”，真、善、美等特征常常被割裂，这是因为人们往往离开人的社会活动、社会关系，而只是从抽象的角度去看待人，从静态的、不变的和绝对的眼光去看待人的创造性和创新思维培养。按照马克思主义的观点，人是具有活动性、社会性的现实的人，人同时也是历史的、变化的人，人的本质体现在人的劳动中，因而人的创造性的全面内涵也只能体现在创造性的社会活动中。科学主义对人的创造性的“物性化”认识以及人本主义对人的创造性的“泛性化”认识，其根本缺陷就在于没有将人与人的创造性置于全面的创造性实践活动和社会关系中去考察。正是创造性的实践活动的丰富多彩性决定了人的创造性的丰富多彩性。

（一）在创造性的社会实践活动中培养创新思维

对于教育而言，促进人的创造性发展的根本点就是，提供丰富多彩的、体现人的全面本质的创造性实践活动，使学生在此活动中发展全面的创造性。根据目前我国的教育实际情况，这样的创造性实践活动尤其应具备以下几点。

（1）教育实践中物质创新活动的精神化

教育实践中物质创新活动的精神化，从活动的层次性来说，就是要在物质性的创造活动中体验精神意义，使物质创新与精神境界的提升相互促动、融为一体，也就是达到“人性”与“人力”的协调统一。这就需要在这些物质性活动的目标、评价导向中不要过分地渲染功利的色彩、淡化实用主义的价值观。例如，在大学生课外创新实践、课外科研、创业开发等实践活动中，不能仅仅将成果、专利、效益等因素放在首位，而要通过这些物质创新活动弘扬探索的精神、合作的态度、创新的情感体验、成果的社会意义和精神价值等。只有这种精神提升的过程才能使物质创新成为精神追求的延伸，使创造性的全面品质（尤其是“善”和“美”的品质）得以体现。这种物质活动的精神化需要学生在活动中发挥主体性，只有主体性活动才能使物质活动成为自身精神追求的对象，使物质活动成为全面精神提升的手段。

（2）活动中主体关系的全面性

这是从活动的主体状态来说的，这种全面性就是创新活动中学生与实践客体之间建立全面的关系和发挥全面的主体性。人的主体性“指人在与一定对象的关系中所具有的这种主动态势、能动作用、积极态度和支配地位。当一定的人在与一定对象的关系中获得并实现了这种功能属性时，则他们成为这一对象的主体，这一对象相应地成为其客体”①。人在其创造性社会实践活动中不仅与客观对象有认识的关系，而且有价值的关系、审美的关系，因而人不仅是认识的主体，而且是价值的主体、审美的主体，即全面关系的主体。只有在创造性社会实践活动中实现认识上、意志上、情感上的有机和整体超越，人的全面的主体性才能得以显示。因此，在学生创新实践活动中，不仅要在对客体的行为和认知关系上实现主动、能动、积极、支配和超越，而且要在对客体的价值、情感、意志等多重关系上实现主动、能动、积极、支配和超越。只有在全面的主客体关系中发挥学生的主体性功能，才能实现真、善、美全面的超越，从而促进创造性全面发展。学生在创新活动中只有具有自决意识、自主学习、自我控制，才能体现这种全面的主客体关系和主体性，才能体现全面的超越性和真、善、美有机一体的创造性。

（3）创新实践活动中学生的自由自觉性

这是从活动的性质来说的，这种自由自觉性就是摆脱重复性劳动、常规的精神惯势等限定性因素的束缚，克服盲目自发、被动和被强制的心理状态。学生在创新实践活动中的自由自觉性就表现为摆脱常规思维束缚或思想枷锁的超越、摆脱物化意识和功名思想、获得丰富和新颖的情感体验（包括道德感、审美感）等。创新实践活动应该充分体现学生的内在需要，从而使学生产生创新的内在动机。只有在这种内在动机的驱使下，学生在创新实践中才能将内在兴趣与社会目标、人力活动与人性发展有机结合起来，才能最大限度地发挥创造性的多种潜能。自由自觉性是创造性实践活动的基本特征，是丰富多彩的人性得以生长和展现的基本保障，因而是创造性的有机一体性的必要条件。

（4）创新实践活动中的社会性

这是从活动的现实性来说的，是指创新实践活动中一定要有和谐的人际关系、社会规范、道德情操和社会责任意识等。没有社会性成分的保证和调节，创新活动必将成为一种无序的、异化的活动。目前在我国教育领域，尤其是在大学

---

① 黄楠森. 人学原理. 南宁：广西人民出版社，2000：245.

教育中，自然认知和社会认知的分离较为普遍，创新活动中的个人主义、社会道德失范等现象时有发生。例如，一些大学生受物欲的奴役，在创新活动中伪造和删改实验数据，在毕业设计中剽窃他人创造成果，在创新作品中争名夺利和忽视他人劳动等行为、意识和情感，反映出其创新活动中社会意识、社会规范和社会情感的缺乏，这种缺乏社会性规范和社会性意识、责任、情感的创新实践活动只会造成个人主义的膨胀，造成人性发展的扭曲。因此，良好的社会性因素是保证实现学生创造性的有机一体性发展的现实性保证。

（二）创新思维培养的基本途径

创新思维培养的基本途径是实现认知教学与情感教育的有机融合。大学生处于专业发展的重要时期，其主体活动是专业课程的学习。因此，大学生的创新思维培养不能脱离专业学习与日常教学，必须将人文追求渗透于专业教学中，实现认知教学与情感教育的有机融合。

（1）在知识构建上注重知识的丰富内涵

在知识构建上注重知识的丰富内涵，按照创新思维的内在规律，教学必须转变以认知为单一价值取向的知识观，挖掘知识的知、情、意等的全面内涵。只有包含知、情、意和体现真、善、美的全面的知识才能滋养全面的创造性。转变以认知为单一价值取向的知识观，达成知、情、意相和谐的知识观是发展大学生全面创新思维的教学基础。大学专业知识作为人类认识的结晶，不仅包含信息、逻辑等理性的成分和因素，还包含情感、道德、精神的意蕴，这些成分通常以隐性的形式存在，具有极强的个体性，无法通过语言以逻辑演绎的形式讲授和灌输。因而，仅仅按照逻辑演绎而获得的知识是片面的知识，是知识的显性成分。知识的重要蕴涵（即隐性的情感、道德和精神成分）需要个体根据自我的经验和背景去建构。只有避免将知识割裂成单一的逻辑演绎体系，挖掘知识的全面意蕴，达成知、情、意相和谐的教学，才能使学生创新思维的发展成为全面的人性特质的发展。

（2）在教学过程中注重非逻辑体验

在教学过程中注重非逻辑体验就是要打破“逻辑一统天下”的教学传统，注重教学过程的完整体验。从思维上讲，应注重思维过程的完整体验，而不仅仅追求知识结果的逻辑论证，尤其要重视失败的体验，鼓励“有裂缝”的思想，在活生生的思维过程中体验人的情感和意志；在课程线索上，要将知识的历史、文化线索融入逻辑体系之中[1]，充分展示知识发生发展中生动活泼的认知、情感和意志过程；在教学模式和策略上，必须研究和运用人的认知、情感、意志的发生机理和相互作用机制，将感染、渗透、体验、暗示的策略引入课堂教学，加强学习中的情感交往，发挥教师的人格影响力，使认知活动成为一种知、情、意交融的交往活动。

（3）在专业学习中注重精神滋养

在专业学习中注重精神滋养，就是要注重专业实践中的人文因素，引导大学生精神生活与物质生活的融通；就是要注重在专业创新实践活动中追寻精神体验，探索文化意义，使外在的物质创新活动与内在精神体验相得益彰。正如梁漱溟先生所言："教育就是帮助人创造。它的功夫用在许多个体生命上，求其内在的精益开展，而收效于外。"[2]

由于精神的体验是隐性的，相对于看得见、摸得着、易于控制和测评的物质创新活动来说，其实施比较困难，因而在大学生创新活动中常被忽略。精神方面的体验不能用知性的、物质的模式去衡量，精神的体验与境界的提升是在潜移默化中以"润物细无声"的方式完成的，其效果往往不能立竿见影，也无法有一个固定的、普遍适用的操作模式，需要教育者发挥其创造性。在大学生创新思维发展中，创新精神境界的提升能为其创造力提供不竭的动力，并给予其健全的精神生活，影响其一生的成就和幸福。

大学生创新精神的滋养并不需要过多的灌输，所要做的仅仅是在创新活动中不扰乱创新精神生长的正常进程：不要过多地营造使大学生内在精神生长失去平衡的外在功利的诱惑；为创新精神的提升提供良好的文化环境与人文环境；引导大学生将物质创新活动中的成就感和超越的态度迁移到精神生活中，鼓励和帮助其以独特的方式超越自身心理的困惑，感受精神创新的体验与愉悦。

（4）在日常生活中体验丰富的创造性

在日常生活中体验丰富的创造性，就是要使教学贴近现实生活，使大学生在生活中体验创新思维。英国社会学家吉登斯（A. Giddens）认为，"创造性的经验是个人具有价值感并因此也是心理健康的基本支撑，如果个体不能创造性地生活"，那么"慢性忧郁症或精神忧郁症倾向都可能发生"。[3]大学教育与社会现实

① 李小平. 突破大学传统教学的单一模式：论大学学科教学的基本线索及其整合. 高等教育研究，1999（3）：64-68.

② 转引自宋恩荣. 梁漱溟教育文集. 南京：江苏教育出版社，1987：217.

③ 安东尼·吉登斯. 现代性与自我认同. 赵旭东，方安译. 北京：生活·读书·新知三联书店，1998：46.

生活的隔离是大学生创新思维发展中精神与物质失衡的一个重要原因。让教学贴近生活，让大学生在生活中体验创造，更能体会创新思维的人文意蕴，达成“内在超越”与“外在超越”的协调一致。因为生活是综合的，是物质和精神的统一，大学生在生活中遇到种种精神困惑时，不仅需要创新的思维方法和技术来解决，更需要这些创新方法和技术背后的创造性人格、精神、态度，需要个体创新精神和能力的协调运用。鼓励大学生在生活中体验创造性，就是要以生活事例为素材，通过认知、感染、暗示、渗透等多种途径引导他们以独特新颖的方式追求生活的意义和体验生命价值，摆脱心理的冲突与疑惑并实现超越，赋予平凡生活全新的内涵。

充分挖掘大学生创新思维发展的人文蕴涵，是科学发展观在大学教育中的具体体现，对大学教育具有深远的意义。在大学教学改革中，我们必须充分挖掘大学生创新思维发展的人文蕴涵，克服功利主义和实证主义的“物性化”思想，真正做到以“以人为本”的理念发展大学生全面的创造性。

（三）创新思维培养的实践

创新思维培养的实践，关键是克服片面的教学范式。人的社会实践活动的性质决定了其品质发展。丰富多彩的人性只有在人的全面社会实践活动中才能发展，片面的活动必然造成人性的异化和人的片面发展。以知识建构为核心的大学教学活动是大学生全面发展的基础和主渠道，大学生全面品质的培养要求大学教学活动成为全面的活动，就是要将知、情、意三者整体地、有机地结合起来，为学生全面发展提供丰富的营养。因此，教学要促进学生在以认知为主线的活动中实现真、善、美的全面体验，以促进其全面品质的发展。同时，教学在促进个体发展的过程中，真、善、美的体验和知、情、意的发展是融为一体、不可分割的。

然而，目前一些大学教与学活动实际上还处于支离、片面的状态，没有真正成为整体性、有机性的全面活动。其主要体现为教学观念中片面的认识论取向、教学中对知识的人性化因素的罢黜、课堂上师生交流的单向性、教学方式的机械化等。这些现象导致知识中真、善、美的全面人性成分被割裂和流失，使这些大学教学的整体性和有机性被破坏，变为一种单向和片面的纯认知过程，造成部分大学生片面发展。

（1）知识的唯逻辑化和纯客观化导致教学内容的“营养蒸发”

教学中的知识素材是人类认识实践活动的创造性产物和结晶，而人的认识实践活动从本质上讲是人的真、善、美的整体力量的有机运作和体现，人的理性、情感、意志等因素作为一个整体在认识实践活动和知识的形成中发挥作用。因此，“人的知识”作为人的活动的产物和结晶也必然体现出全面、生动、丰富多彩的人性内涵。

尽管中西方知识观存在较为明显的差异，但在人类教育史上，知识历来被视为发展人的真、善、美等全面品质和知、情、意等整体心理的基础。不可否认，客观性和逻辑性是知识的重要特征，同时，以静态方式存在的课程与教材等文本性知识更多地只能展现其逻辑、客观的一面。但是，通过生动、鲜活的教学，在动态的师生知识交往和个体能动的知识生成过程中，知识所蕴含的真、善、美全面成分必然被激活，知识的人性价值和全面发展功能由此实现。无论是古希腊的苏格拉底还是我国春秋时期的孔子，都十分注重启发式教学。启发的意义不仅在于让学生感知知识的内在逻辑联系，更是为了帮助学生获取知识的道德、情感、精神等方面的营养。

然而，由于近代自然科学尤其是现代科技给人类带来了巨大的物质财富，人们在充分享受物质成就的同时，也越来越崇尚以自然科学的眼光和科技的方式看待世界，将世界视为一个物质模型，忽视人文价值，排斥人格和精神因素。这种科学主义思维方式只承认那些具有客观、可测、可操作、可确证的知识，忽视价值领域的个体性体验知识和主观知识。尤其是随着信息技术和电脑网络的发展，知识的客观性和逻辑性更是独占鳌头，而涉及精神、情感、体验等非逻辑特征的主观性知识被渐渐忽略。“在如此普遍发生嬗变的环境下，知识的本质不改变，就无法生存下去，只有将知识转化成批量的咨询信息，才能通过各种新的媒体，使知识成为可操作和运用的资料。甚或可以预言：在知识构成体系内部，任何不能转化输送的事物，都将被淘汰。一切研究结果都必须转化为电脑语言。”①这样，知识的知、情、意成分逐渐被肢解，变得客观化、逻辑化。

在这种知识观的支配下，教学逐渐被演变成一种外在符号和信息的逻辑操作，知识离人的精神越来越远，与人的生活也越来越脱离。这样的教学使得知识与生活的关系被颠倒，“生活成了知识的谓语”②，知识的人性养分流失，全面、鲜活的人在知识的传授中变成消极传播和接受信息的工具，有生命色彩、有独特个性、充满理性与情感灵性的知识建构活动被置于单一的、凝固的逻辑之

① 让-弗朗索瓦·利奥塔. 后现代状况：关于知识的报告. 岛子译. 长沙：湖南美术出版社，1996：35.
② 鲁洁. 一个值得反思的教育信条：塑造知识人. 教育研究，2004（6）：3-7.

下，而“不可比的、朦胧的、知觉的、纯属心灵的东西”则被排斥[①]。

大学教育是专业教育，其中“知识材料，尤其是高深的知识材料，处于任何高等教育系统的目的和实质的核心”[②]，而大学专业知识的高科技化和高理性化使知识的人文性逐渐被掩盖，更是要求通过教学充分挖掘专业知识素材中的真、善、美全面的营养，要求大学教学活动成为一种全面的知识构建活动。然而，内隐于我国一些大学教学者头脑中的知识观受“唯理性”“唯科技”思想的影响，使得一些教学内容呈现出明显的唯逻辑化和纯客观化倾向。

第一，教学中将逻辑看作知识的唯一特征，否认知识的非逻辑性、体验性特征。在教学活动中，一些教师只是遵循教材的逻辑引导而以逻辑传授为主，缺乏师生、教材、学生之间对话、互动的空间，教与学活动难以有体验、感染、暗示的余地，因而科学知识中所隐含的历史、情感、文化成分以及鲜活的叙事性描述难以体现。不可否认，大学课程和教材主体上由科学知识的逻辑连接和演绎组成，但是教师如果不能超越这种逻辑局限，则必然埋没知识的非言传特征，阻碍学生对知识的感性、精神因素的体验。

第二，就是将知识的客观性奉为至上。主要表现为一些教师只关注知识的共通性一面，忽视知识的个体性特征，在教学中强调知识的客观成分而忽视知识的主观价值，忽视知识的人文蕴涵，或者将知识的科学性与情感性、价值性相分离，将人文教育游离于学科教学之外，忽视科学知识中真、善、美的有机一体。其实，知识按照参照系的不同，有些建立在对客观事物的共同认识上，体现为客观知识或共通性知识，具有逻辑性，可统一表达；但更多的知识以个体内部为参照，渗入了个人情感理解和体验，表现为主观知识或者个体性知识，这种个体性的知识与个体的情感取向、生活背景密切相关，无法逻辑表述，因而被称为“意会知识”“隐性知识”等。

事实上，知识的情感、意志、智慧性成分和精神性因素都是不能被客观描述、逻辑讲解和语言传授的，对知识的客观性的过分尊崇使得一些大学教学建立在片面的科学认识论的基础上，教学的艺术性、人文性以及人格和精神功能被忽略，知识成了学生主体之外的纯客观认知对象，这些大学的教学活动变为单一的认知活动，讲解也成了操作性的逻辑演绎程序。于是，部分学生缺乏自主性的生成体验，知识中具有个体性的情感、意志、道德、审美成分和丰富生动的生活营

① 让-弗朗索瓦·利奥塔. 后现代状况：关于知识的报告. 岛子译. 长沙：湖南美术出版社，1996：231-232.

② 伯顿·R. 克拉克. 高等教育系统：学术组织的跨国研究. 王承绪，徐辉，殷企平，等译. 杭州：杭州大学出版社，1994：12.

养与实践智慧被蒸发掉了。

（2）“讲解传授”的教法定势造成学生主体性的偏斜

马克思所指出的“人也按照美的规律来建造”“人化自然”等，都说明人的“求真”活动也体现“善”和“美”的整体品质，“求真”的过程同时也是“向善”和“臻美”的过程。但是，这必须以人在活动中的主体性为前提。教学中，学生只有作为主体与知识相遇，才能对知识进行全面的再创造与再认识，从而激活知识的真、善、美全面内涵，获取知识的丰富营养和生成智慧。

学生在认识活动中主体性如何，除自身的主体意识外，还受教材、教学氛围、教师人格、教学方法等诸多因素的影响。教学知识的定制面目、教师的权威人格、僵化的教学氛围、“传达”“灌输”式的教学方法都会对学生的主体性产生抑制作用。其中，教学方法是影响学生主体性的直接因素和集中体现。因为在教学情境中，专业性的知识和教材文本通常以客观、逻辑的形式呈现，知识、教材、学生、教师、教学氛围等客观因素处于相对静止、分离的状态，学生主体性的发挥和教学全面育人功能的实现，需要将诸多因素有机整体地融合在一起。只有通过灵活的、有艺术性和创造性的教学方法，通过师生主体性的交往、对话互动，知识中丰富的人文成分才能得到充分挖掘，学生的主体潜能和生活经验才能被充分调动，教师自身的人格魅力才能发挥作用。因此，教学方法“必然成为课程教材文本与学生素质发展的活力的纽带，它的功能取决于教师对教育目标的理解、对教材的把握、对学生的研究、策略选择和适切性程度，这之中的理性与非理性投入、技术与艺术的阐释、教师独特的风格与创造，将举足轻重。教学是艺术，艺术即有其形象性、情感性、个性创造性的诸多特征，这些特征绝不是教会学生掌握的问题，而是会微妙地调控学生的基本品质发展”①。

然而，在当前一些大学教学中，教学艺术性的丧失使知识成为客观的“物性”可表达、可传递物，并逐渐造成教师讲解传授的教法定势，学生难有施展主体性的空间。逻辑演绎为基本特征的教材成了既定的教学轨道，所谓“启发”不过是使学生如何沿着这一逻辑轨道接受专业的知识信息。部分教师迷信以语言讲解、逻辑分析为法宝的讲解灌输法的万能功效，将教学的主要精力集中于准确无误的讲解，勤勤恳恳、一丝不苟的传授，相信以此便能使学生获得知识的全部内涵。有调查显示，目前一些大学课堂教学行为中，讲授和板书是课堂上发生的高频行为，大部分教师认为“学生来上课，主要是听老师讲”②。一些教师热衷于

① 杨启亮. 论教法在素质教育实践中的张力. 课程教材教法，2001（6）：21-25.

② 周作宇，熊春文. 大学教学：传统与变革. 现代大学教育，2002（1）：15-21.

孜孜不倦地讲解、演示、论证，所谓教学方法，不过是如何按逻辑的不变规则进行讲解和灌输的方法；一些教师或者采取“科普式”的逻辑表述方法，或者采取“论证式”的逻辑推理方法。在这样的大学里，“教法成为教材附庸，教法远没有发挥出它的潜力和张力来”，“学校里充斥着的追求只是教材以及重复教材的拓展，不能超越培养知识仓库型人才的基本理念”。①

英国创造学家德波诺指出，“教育教人以知识是因为再没有别的东西可教；因为知识、信息是现成的，很容易教”②。“讲解传授”的教学方法实际上使教学中的知识窄化成了客观的现成的信息，使充满探索智慧的教学成了一种简单的逻辑操作，使知识生成、构建的全面活动窄化成了一种信息传递活动，从而使学生主体性的知识生成过程变成了被动的信息接受过程。具体地说，讲解传授的教学方法从两个方面扼杀了大学生的主体性：一是它使得教材具有既定的面目，学生的思维被教材的逻辑性固化，思维的艺术性、创造性、自主性被消解，学生成了接受者，“不是为一种真正的、绝对的求知意志所激励”③；二是它使得教师具有权威的面孔，成为知识的拥有者与给予者，这就罢黜了学生的自主性对话权力与探索意识，学生占有知识的多少取决于教师给予和传授的多少，而不是取决于学生自主性的探索和对知识内化的程度。

（3）师生交往的单向性引起教学过程中情感的缺失

与一般的认识活动相比，教学活动的最基本特征就在于它是人与人的交往、互动活动，不管教育方针、教育目的、教材等在教学过程中施加多大影响，教学的整体性、有机性功能的实现需要在师生的“人与人”的关系中得以实现。师生关系对于教学活动效果的影响是隐性的，但其作用是巨大的，师生之间的互动感染、教师的人格魅力、师生情感的融洽是教学的巨大力量，是影响大学教学成功的重要因素。

从我国大学教学现状看，师生交往或师生关系的情形还远远没有发挥出这种隐性的力量。教师与学生很少有认识范畴以外的交往活动，即使有这样的交往活动，教师也往往作为“专家”“权威”“控制者”“知识的拥有者”等角色出现，与学生的交往关系成了一种以知识为纽带的、单向式的交往关系。例如，多年来，在一些大学师生实际观念中，教师与学生在教学中处于“桶”与“杯”的关系，即教师以“一桶水”去灌学生“一杯水”的上对下的关系，或者教师作为知识的“供应商”与学生作为知识的需求“顾客”的单一的关系等。具体体现

---

① 杨启亮. 论教法在素质教育实践中的张力. 课程教材教法，2001（6）：21-25.

② 德波诺. 思维的训练. 何道宽，许力生译. 北京：生活 • 读书 • 新知三联书店，1987：8-14.

③ 卡尔 • 雅斯贝斯. 时代的精神状况. 王德峰译. 上海：上海译文出版社，1997：129.

在以下几点。

一是知识成为师生交往与关系模式的唯一纽带。在部分大学教学中，师生只关注知识传输、储存、评价上的交往，教师对学生的精神状态和内心世界漠不关心，学生也只关心知识的功用价值、评价分数等。在这种师生交往的关系模式中，师生没有真实的、直接的精神和情感交流，没有和谐的情感、尊严、自由与价值的追寻，教师和学生仿佛在教学中不是作为活生生的、整体的人存在的，而是作为知识的工具和单纯的知识角色存在的。

笔者对某大学 11 个院系的 139 名学生进行了调查访谈，结果显示，学生对教师的印象普遍不深，很难与教师有交往的机会。许多学生反映："有的班主任一年难得见一次面。""大多数教师给人的印象是模糊的，老师们和学生只是置于一种教学关系上。"很少有学生对于师生交往和师生关系满意的，笔者从他们的言谈中深感其对于师生交往的渴望。

二是师生交往的单向性与不平等性。交往的本意是主体间平等的、双方共同的活动，但是部分大学教学中的交往实际上是"教师对学生"的交往，而不是"教师与学生"的交往，在这种交往中，学生处于被动和不平等的地位。例如，一些课堂交往只是教师简单的提问、学生应付的回答，部分学生往往因为关心考试而向老师提问，并非真正处于交往的地位。从调查访谈中笔者感到，大学生对于教师的好感与赞许大都来自教师的学识、责任心等，属于一种下对上的"崇敬"之感，缺少由交往引起的主体间平等的和谐与好感。

还有一项调查显示，现行大学课堂交流的方式有三个方面的特点：一是其具体方式比较单一，仅仅是单一的语言对话，缺乏表情感染和情感沟通；二是其主要体现在师生之间的交流，缺乏生生之间的交流；三是课堂上的交流一般是由教师主动发出的单向交流。①

师生交往的单向性还体现在教师对于课堂的控制，即课堂进程、活动安排完全是由教师安排的，学生处于被动接受或应付的状态。例如，"点名"成为教师控制学生或了解学生的一种"有效手段"。这种情况在大学课堂教学中较为普遍。

大学教学活动中，师生的交往与建立良好的师生交流、互动关系是发展大学生情感素质的重要途径，师生交往、互动的缺乏或者交往的单向性必然导致大学教学活动中认识与情感的分离，造成部分大学生情感冷漠，不利于其整体心理品质的发展，使大学教学活动的知、情、意整体、有机的功能难以实现。

---

① 周作宇，熊春文. 大学教学：传统与变革. 现代大学教育，2002（1）：15-21.

（4）大学生学习的“占有性”形成知识的“外循环”

正是由于大学教学知识观的偏差、教学方法的机械化和师生关系的冷漠等原因，加上社会上功利思潮的影响，大学生的学习成了一种具有功利性的“占有式”的学习，即只注重知识的记忆、实用等表层功能，而不注重知识的内化和对自身的发展功能。这种“占有”倾向的、“外循环”式的知识学习过程使得知识“营养”流失、枯燥乏味，容易导致大学生生存态度和人格发展的不健全。

综上所述，由于知识观的片面理性化、教学过程的逻辑机械化、师生交往的单向狭窄性、大学生学习的功利占有性等，本应是整体有机的大学教学活动变成了一种支离、单一的认识活动，审美、情感、交往、体验等非认识因素被罢黜，由此带来的后果就是教学中知、情、意等整体人性养分的流失，教学活动的整体育人功能由此缺失，最终造成大学生的片面发展。从近几年我国大学生个体发展的现状看，部分大学生身上反映出的心理障碍、情感冷漠、道德失范等现象，从一个侧面也反映了大学教学在真、善、美等方面有机一体性的失衡。因此，为了从根本上解决大学生片面发展的问题，大学在加强专门的道德教育、情感教育的同时，必须充分重视日常教学这一主渠道，对大学教学进行整体性、有机性改造。在师生关系上，应注重师生文化差异的消除，教师应了解当代大学生的情感需要和生活现实，加强师生间个体生活经验的沟通，消除教学中的权威心态，把握好教学中的语言习惯，发挥教师的人格影响力。这样才有利于在教与学活动中与学生产生情感沟通，使认知活动成为一种知、情、意交融的交往活动，从而使大学生体验到学习的乐趣，激发学习的内在动机，克服学习中的功利性、“占有性”意识，使学习成为一种完整的人格构建和发展全面品质的活动。

参 考 文 献

专著

阿道夫·桑切斯·巴斯克斯. 1987. 实践的哲学. 白亚光译. 哈尔滨：黑龙江人民出版社.

阿里特舒列尔. 1987. 创造是精确的科学. 魏相，徐明泽译. 广州：广东人民出版社.

阿瑞提. 1987. 创造的秘密. 钱岗南译. 沈阳：辽宁人民出版社.

埃里希·弗洛姆. 2003. 健全的社会. 王大庆，等译. 北京：国际文化出版公司.

埃米尔·涂尔干. 2000. 社会分工论. 渠东译. 北京：生活·读书·新知三联书店.

别尔嘉耶夫. 2000. 论人的使命. 张百春译. 上海：学林出版社.

董振华. 2011. 创新实践论. 北京：人民出版社.

恩格斯. 1971. 恩格斯自然辩证法. 中共中央马克思恩格斯列宁斯大林著作编译局译. 北京：人民出版社.

恩斯特·卡西尔. 1985. 人论. 甘阳译. 上海：上海译文出版社.

斐迪南·腾尼斯. 1999. 共同体与社会. 林荣远译. 北京：商务印书馆.

冯友兰. 1993. 中国哲学简史. 台北：蓝灯文化事业股份有限公司.

弗洛姆. 1987. 追寻自我. 苏娜，安定译. 延吉：延边大学出版社.

傅世侠，罗玲玲. 2000. 科学创造方法论. 北京：中国经济出版社.

高清海. 1996. 高清海哲学文存（1—4 卷）. 长春：吉林人民出版社.

高清海. 2011. 找回失去的“哲学自我”——哲学创新的生命本质. 北京：北京师范大学出版社.

郭湛. 2011. 主体性哲学——人的存在及其意义. 北京：中国人民大学出版社.

韩庆祥. 2011. 马克思的人学理论. 郑州：河南人民出版社.

贺善侃. 2006. 创新思维概论. 上海：东华大学出版社.

黑格尔. 1981. 哲学史讲演录（第 2 卷）. 贺麟，王太庆译. 北京：商务印书馆.

亨利·柏格森. 1989. 创造进化论. 王珍丽，余习广，译. 长沙：湖南人民出版社

胡珍生，刘奎林. 2010. 创造性思维方式学. 长春：吉林人民出版社.

黄楠森. 1999. 人学的足迹. 南宁：广西人民出版社.
卡尔·波普尔. 2003. 客观的知识：一个进化论的研究. 舒炜光，卓如飞，梁咏新，等译. 北京：中国美术学院出版社.
康晓玲. 2015. 创新思维与创新能力. 北京：电子工业出版社.
考夫曼. 1987. 存在主义：从陀斯妥也夫斯基到沙特. 陈鼓应，孟祥森，刘崎译. 北京：商务印书馆.
克劳塞维茨. 2007. 战争论. 李传训译. 北京：北京出版社.
李小平. 2002. 创造技法的理论与应用. 武汉：湖北教育出版社.
厉以贤. 1992. 马克思主义教育思想. 北京：北京师范大学出版社.
列宁. 1972. 列宁选集（第 4 卷上）. 中共中央马克思恩格斯列宁斯大林著作编译局编. 北京：人民出版社.
刘放桐. 1990. 现代西方哲学（下册）. 北京：人民出版社.
刘奎林. 2010. 灵感思维学. 长春：吉林人民出版社.
刘奎林，杨春鼎. 1989. 思维科学导论. 北京：人民出版社.
卢明森. 2005. 创新思维学引论. 北京：高等教育出版社.
罗素. 1986. 西方哲学史. 何兆武，李约瑟译. 北京：商务印书馆.
马克思. 1997. 共产党宣言. 中共中央马克思恩格斯列宁斯大林著作编译局译. 北京：人民出版社.
马克思. 2000. 1844 年经济学哲学手稿. 中共中央马克思恩格斯列宁斯大林著作编译局译. 北京：人民出版社.
马克思，恩格斯. 1971. 马克思恩格斯全集（第 20 卷）. 中共中央马克思恩格斯列宁斯大林著作编译局译. 北京：人民出版社.
马克思，恩格斯. 1972. 马克思恩格斯全集（第 23 卷）. 中共中央马克思恩格斯列宁斯大林著作编译局译. 北京：人民出版社.
马克思，恩格斯. 1974. 马克思恩格斯全集（第 25 卷）. 中共中央马克思恩格斯列宁斯大林著作编译局译. 北京：人民出版社.
马克思，恩格斯. 1979. 马克思恩格斯全集（第 42 卷）. 中共中央马克思恩格斯列宁斯大林著作编译局译. 北京：人民出版社.
马克思，恩格斯. 1979. 马克思恩格斯全集（第 46 卷上）. 中共中央马克思恩格斯列宁斯大林著作编译局译. 北京：人民出版社.
马克思，恩格斯. 1979. 马克思恩格斯全集（第 47 卷）. 中共中央马克思恩格斯列宁斯大林著作编译局译. 北京：人民出版社.
马克思，恩格斯. 1980. 马克思恩格斯全集（第 46 卷下）. 中共中央马克思恩格斯列宁斯大林著作编译局译. 北京：人民出版社.

马克思，恩格斯. 1982. 马克思恩格斯全集（第 49 卷）. 马克思恩格斯列宁斯大林著作编译局译. 北京：人民出版社.
马克思，恩格斯. 1995. 马克思恩格斯选集（第 1—4 卷）. 马克思恩格斯列宁斯大林著作编译局译. 北京：人民出版社.
马克思，恩格斯. 2003. 德意志意识形态. 马克思恩格斯列宁斯大林著作编译局译. 北京：人民出版社.
马克思，恩格斯. 2009. 马克思恩格斯文集（第 1—10 卷）. 马克思恩格斯列宁斯大林著作编译局译. 北京：人民出版社.
马克斯・韦伯. 1981. 世界经济通史. 姚曾廙译. 上海：上海译文出版社.
马克斯・韦伯. 2002. 新教伦理与资本主义精神. 李修建，等译. 西安：陕西师范大学出版社.
马斯洛，等. 1987. 人的潜能和价值：人本主义心理学译文集. 林方主编. 北京：华夏出版社.
苗力田，李毓章. 1990. 西方哲学史新编. 北京：人民出版社.
彭加勒. 1988. 科学的价值. 李醒民译. 北京：光明日报出版社.
普尔. 2005. 猜想与反驳：科学知识的增长. 傅季重，纪树立，周昌忠，等译. 上海：上海译文出版社.
钱学森. 1985. 思维科学探索. 太原：山西人民出版社.
钱学森. 1986. 关于思维科学. 上海：上海人民出版社.
钱学森. 2001. 创建系统学. 太原：山西科学技术出版社.
沈亚生，李莹，袁中树. 2010. 人学思潮前沿问题探究. 北京：社会科学文献出版社.
舒炜光. 1990. 科学认识论（1—5 卷）. 长春：吉林人民出版社.
孙洪敏. 2004. 创新思维. 上海：上海科学技术文献出版社.
孙利天. 2014. 高清海哲学思想讲座. 北京：中国社会科学出版社.
孙正聿. 2003. 哲学通论. 沈阳：辽宁人民出版社.
塔尔科特・帕森斯，尼尔・斯梅尔塞. 1981. 经济与社会. 刘进，等译. 上海：上海译文出版社.
陶伯华. 2010. 智慧思维学. 长春：吉林人民出版社.
涂又光. 1995. 楚国哲学史. 武汉：湖北教育出版社.
涂又光. 1997. 中国高等教育史论. 武汉：湖北教育出版社.
托马斯・H. 黎黑. 1998. 心理学史（上）. 李维译. 杭州：浙江教育出版社.
王跃新. 2010. 创新思维学. 长春：吉林人民出版社.
谢勒. 2001. 技术创新——经济增长的原动力. 姚贤涛，王倩译. 北京：新华出版社.
杨适. 1991. 中西人论的冲突：文化比较的一种新探索. 北京：中国人民大学出版社.
袁贵仁. 2017. 马克思主义人学理论研究. 北京：北京师范大学出版社.
张岱年. 1999. 中国文化与中国哲学. 重庆：重庆出版社.

张浩. 2010. 思维发生学. 长春：吉林人民出版社.
张序. 2000. 天才之道：西方思想史上的天才观. 成都：四川人民出版社.
赵敦华. 2001. 现代西方哲学新编. 北京：北京大学出版社.
朱智贤，林崇德. 1986. 思维发展心理学. 北京：北京师范大学出版社.
Copeland M. 2005. Socratic Circles：Fostering Critical and Creative Thinking in Middle and High School. New York：Stenhouse Publishers.
Dacey J S. 1989. Fundamentals of Innovative Thinking. New York：Free Press.
Dacty J S，Lennon K H. 1998. Understanding Creativity. San Francisco：Jessey-Bass.
Gilhooly K J. 1988. Thinking：Directed，Undirected and Creative. Salt Lake City：Academic Press.
Lewis W A. 1955. The Theory of Economic Stages of Growth. Homewood：Richard D lrvin.
Newell A，Shaw J C，Simon H A. 1959. The Processes of Innovative Thinking. Santa Monica，CA：Rand Corporation.
Runco M A. 2003. Critical Creative Processes. New York：Hampton Press.

期刊

陈培永. 2018. 马克思人的本质学说的演变路径及当代价值. 北京教育学院学报，(5)：25-30.
程素平. 1996. 问题解决中的元认知研究综述. 教育理论与实践，(3)：16-19，60.
邓春莲. 2004. 从生存到生成：马克思人学思想的发展路径. 学海，(2)：188-193.
丁立卿. 2008. 论马克思主义哲学“实践观点”的思维方式. 社会科学论坛（学术研究卷），(1)：13-16.
董振华. 2011. 论创新实践的生成机制. 哲学研究，(12)：120-122.
冯大彪，李晓光. 2015. 马克思人性观的内在逻辑与当代价值. 思想教育研究，(9)：40-44.
高清海. 1993. 人是哲学的奥秘——我对哲学如是说. 哲学研究，(6)：26-36.
高清海. 2002. 中国传统哲学的思维特质及其价值. 中国社会科学，(1)：52-55，206.
高清海. 2002. 重提德国古典哲学的人性理论. 学术月刊，(10)：9-13.
高清海，余潇枫. 1999. “类哲学”与人的现代化. 中国社会科学，(1)：70-79.
顾明远. 2017. 马克思论个人的全面发展——纪念《资本论》发表 150 周年. 教育研究，(8)：4-11.
郭湛. 2001. 无法消解的主体性. 湘潭师范学院学报（社会科学版），(6)：5-9.
何中华. 1997. 类哲学的提出及其对当代中国哲学的启示——类哲学：意义与启示. 学术月刊，(3)：19-21.
胡海波. 1998. 追寻人类本性的“类哲学”. 吉林大学社会科学学报，(1)：13-18.
李小平. 1998. 论潜意识思维的可控性及其对大学教学的启示. 高等教育研究，(4)：75-78.

李小平. 2001. 论大学生创造性的基本特征. 高等教育研究，(3)：70-74.

李小平. 2002. 新世纪创新人才应具有全面的创造性. 高等教育研究，(6)：71-75.

李小平. 2017. 高等教育发展中的占有与体验——后大众化时代我国高等教育的困境及其超越. 高等教育研究，(1)：60-61.

李小平. 2019. 大学科研的本质特征及其育人意蕴. 高等教育研究，(5)：14-19.

刘振怡. 2006. 论人的本质的双重内涵——马克思人学思想浅析. 学术交流，(8)：5-8.

母小勇. 2014. 马克思人学视野中的大学创新人才培养机制. 教育研究，(7)：9-14，36.

张奎良. 2011. 关于马克思人的本质问题的再思考. 哲学动态，(8)：5-11.

张三元，顾世果. 2016. 创新发展与人的创新能力建设. 理论探讨，(6)：51-57.

张曙光. 2015. “类哲学”与“人类命运共同体”. 吉林大学社会科学学报，(1)：125-132.

赵凯荣. 2011. 马克思哲学的主体性问题——《1844 年经济学哲学手稿》研究. 武汉大学学报（人文科学版），(3)：27-36.

Esler W K. 1982. Brain physiology：Research and theory. Science & Children，19（6）：44-45.

Esler W K. 1984. The new learning theory：Brain physiology. Clearing House，58（2）：85-89.

Moore W E. 1967. Creative and critical thinking. Creative & Critical Thinking，34（1）：23-27.

Webster P R. 1990. Creativity as innovative thinking. Music Educators Journal，(9)：35-40.

